肥料
田间试验指南

FEILIAO

TIANJIAN SHIYAN ZHINAN

全国农业技术推广服务中心 编著

中国农业出版社

北　京

主　　编　辛景树　徐　洋　傅国海

副 主 编（按姓氏笔画排序）

马荣辉　王　帅　孔庆波　代天飞　丛日环

冯娜娜　李剑夫　吴远帆　沈　欣　陈　娟

郜翻身　姜　娟　索全义　戴志刚

编写人员（按姓氏笔画排序）

于立宏　马荣辉　王　帅　王　健　王　颖

王华云　孔庆波　代天飞　丛日环　冯娜娜

曲明山　任　涛　刘顺国　阳路芳　李小坤

李剑夫　吴长春　吴远帆　何　权　何宝生

辛景树　沈　欣　沈金泉　张　青　张世昌

张淑贞　陈　娟　岳虹羽　周　璇　赵春晓

钟建中　郜翻身　姜　娟　索全义　栗方亮

夏　颖　徐　洋　高　娃　郭跃升　唐珍琦

陶姝宇　康六生　董艳红　傅国海　傅晓岩

鲁剑巍　戴志刚

前　言

　　肥料是粮食的粮食，对保障国家粮食安全和重要农产品有效供给发挥了重要重用。规范的肥料田间试验是肥料新产品市场准入的前提，是肥料新产品、施肥新技术大面积推广的基础。多年来，各地农业部门通过开展田间试验示范，引导企业按照发布的肥料配方生产供应配方肥，引导农民科学选肥，推动肥料新产品应用、新技术推广，将科学施肥技术落实到农民看得见摸得着的肥料上，实现技物结合，有力地推动了科学施肥的普及。随着肥料产业的发展和化肥零增长行动的深入，无论是肥料新产品，还是施肥新技术，均有了较大的变化。肥料新产品多元化趋势已经形成，复合化、长效化、集成化、专一化、功能多样化已成为肥料新产品的最明显标识，施肥方式突出农机农艺融合、水肥耦合、种肥同播、基施与追施配套。

　　为了规范肥料田间试验操作，提高试验数据质量，更好地服务于农业生产，全国农业技术推广服务中心在系统总结提炼肥料田间试验工作的基础上，组织有关专家编写了用于指导全国肥料田间试验的工具书《肥料田间试验指南》。全书共分七章：第一章为概述，包括田间试验概念及特点、田间试验的重要性、田间试验的要求、国内外肥料田间定位试验介绍等；第二章为肥料田间试验的设计，包括田间试验设计原理、田间试验方案设计、试验田间设置方法、肥料田间设计的特殊要求等；第三章为肥料田间试验主要类型及设计，包括"3414"田间试验、田间"2＋X"肥效试验、肥料利用率试验、不同施肥时期和施肥方式试验、其他肥料肥效试验等；第四章为田间观察记载，包括生长性状调查、产量性状调查、品质性状调查、作物抗性指标调查和数据记载要求；第五章为样品采集与检测，包括土壤样品采集与制备、植株样品采集与制备和样品检测方法；第六章为统计分析，包括数据处理、统计分析方法与原理、数据分析；第七章为肥料田间试验报告编制，包括撰写试验报告的目的与意义、试验报告的构成要素和试验报告规范要求与范例。为了方便广大读者，本书还附了有关标准。

在本书的编写过程中，我们得到了全国农业技术推广服务中心领导的大力支持，得到了有关省（自治区、直辖市）土肥推广部门、科研院所和高等院校专家的指导，在此一并表示感谢！

由于时间仓促，加之水平有限，书中不足之处难免，敬请广大读者批评指正。

编　者

2018 年 12 月

目 录

第一章
综 述

一、田间试验概念及特点

(一) 田间试验基本概念

田间试验是指在田间土壤、自然气候等环境条件下栽培作物,并进行与作物有关的各种科学研究的试验。田间试验是最接近于大田生产条件的方法,但同时,田间试验不同于一般的大田作业,它以小区为种植单位,面积较小,一般在几平方米到几百平方米之间。它的结果可以为准确评价农业科学成果提供可靠的科学依据。任何一项农业科研成果或先进技术措施的引进与推广,都必须首先通过田间试验的鉴定,考察其在实践中的表现,才能避免盲目性,防止对农业生产造成损失。

肥料田间试验是一种研究肥料对作物营养、产量、品质及土壤肥力等作用的试验方法,是农业化学的主要研究方法之一。通过合理的试验设计、实施技术与统计方法力争以较少投资、较短时间在人为控制条件下探明各种农业化学规律,提出合理施肥措施,达到提高产量、品质、经济效益以及培肥土壤、减少环境副作用的目的。

(二) 田间试验特点及种类

1. 田间试验的特点

田间试验与环境条件、农业生产条件密切相关。复杂性是田间试验的重要特征。外界环境条件会对田间试验产生很大的影响。生物体与外界环境条件是不可分离的。环境条件的许多因素,例如地势、土壤、水分、肥料、气候条件、耕作、栽培技术和病虫害等,对于作物的生长发育、作物的产量和品质有着显著的影响。而且在自然条件下,这些自然因素是多种多样和变化多端的。例如,试验区的土壤及其肥沃度的不一致、地形的不一致、田间管理的不一致等,都会影响田间试验的结果。因此,在进行田间试验的过程中,必须深刻考虑试验在这些方面的特点;必须设法防止和减少各种偶然发生的自然因素对于田间试验的影响,并设法控制各种自然因素使其与规定的要求相接近。环境条件的某些自然因素(水分、空气、温度、日光和养料等)是作物生长发育所必需的,作物对于这些因素的要求不是孤立、分离的,而是综合和密切联系着的。其中某一因素发生变化,常常会使其他因素发生变化,从而对植株的生长发育有所影响,因此必须在田间试验工作中慎重处理、密切注意。由于农作物的生长发育受气候条件的限制和影响,所以农作物田间试验的季节性很强，试验需要较长的时间。从试验开始到试验结束，常常需要整个生长季节，而且常常是一年只能进行一次，今年试验告一段落后，要到明年才能继续进行，不少试验要继续进行若干年才能获得比较正确的结果。

肥料田间试验和培育新品种的田间试验、作物栽培田间试验有不同之处。概括起来，肥料田间试验的具体特点如下。

（1）肥料田间试验具有严格的地域性和季节性　农业生产的最大特点之一是地域性很强。肥料试验会因时间、地点和条件的不同而表现出不同的效果。在一个地区进行田间试验获得的研究成果，最适宜在当地推广应用。由于作物生长发育受气候条件的影响和限制，所以田间试验的季节性也很强。而且，田间试验的周期长，从试验开始到结束，常常需要作物的整个生长季节，有的一年只能进行一次，有的试验还要继续进行若干年，才能获得可靠结果。

（2）作物产量的高低和品质的优劣是由多种因素决定的，如气候、品种、土壤、肥料、管理等　而影响产量的因素因情况不同而不同，如旱地上种庄稼，降水量常常是决定产量高低的主要因素，在一般土地上影响产量高低的主要因素常是肥料。只有在其他因素能满足供应作物的需要时，肥料才能发挥较好的作用。所以一般肥料试验要争取在其他因素均有利的情况下，研究如何使作物得到足够的养分，以达到高产、优质、低成本的目的。

（3）每种作物有特定的养分需求规律，所以不同作物对不同肥料有不同的反应　春小麦对磷素的反应很灵敏，施用磷肥后可发现株高、叶色都有变化；玉米对磷素的敏感性就不如小麦。同一种肥料对不同作物效果是不同的，绝不能将小麦肥料试验的结果随意地套用到玉米上去。肥料的效应只能通过具体的作物来反映。

（4）影响作物产量和品质的因素很多，有些因素年际间影响产量和品质的变动较小，有些因素年际间影响产量和品质的变动较大　肥料试验结果的变动是较大的，其试验结果因地点、年份而有很大的差异，而且试验常受微小的土壤条件和水分变化的影响。简单和短时间的试验很难得出正确的结论，甚至同一试验要连续几年才能得到较正确的结果。所以要注意肥料田间试验有较大的相对性。

（5）田间试验普遍存在试验误差　由于田间试验受到试验因素以外各种内在的、外在的非试验因素的影响，特别是受到客观存在的土壤差异的影响，使田间试验结果常常包含不同来源的试验误差。因此，在进行田间试验的过程中，应采取各种措施尽量降低试验误差，采用相应的统计分析方法分析试验资料，以正确估计试验误差，得到可靠的结论。

2. 田间试验的种类

为使田间试验的结果能正确地反映客观实际，有效地应用于农业生产，田间试验必须符合一定的要求，具有一定的特点。肥料田间试验从试验研究的目的、任务、要求、方法、期限、场所等不同角度可划分为不同种类。试验种类按其因素分类，可将田间试验分为单因子试验、复因子试验及综合试验。

（1）单因子试验　田间试验中研究的对象称为试验因子，同一试验因子中的几个不同水平或类别称为试验处理。单因子试验是指在同一试验中只研究一个因子的若干处理效应的试验。例如，若要研究几种形态氮肥对水稻产量的效应，则氮肥形态即为试验唯一研究的因子，试验过程中除氮肥形态不同外，其他栽培和管理的技术措施相同。又如，在同一肥力水平上，要比较几个品种作物的产量，那么作物品种就是所要研究的试验因子，而每一个不同的品种就是一个处理。通过处理间的比较，了解品种因子对产量的影响，因此，这个品种试验就是单因子试验。单因子试验目的单纯，试验规模较小，应用范围较窄，如在酸性缺磷土壤上比较几种形态磷肥的肥效与在石灰性土壤上得出的结果会有很大的差别，即使在同一土壤条件，氮肥施用量的大小也可能导致磷肥效果较大的变化。因此单因子试验结果是在某种条件下得出的局部规律，应用范围不宜随意扩大。在实践中，往往是针对生产上的关键问题开展单因子试验。由于仅包含一个因子，所以做起来比较简单，容易得到明确的结果，应用比较广泛。

（2）复因子试验　指在同一试验中，研究两个以上因子作用的试验。例如，氮、磷二因素肥料用量试验，研究对象为氮肥和磷肥用量两个试验因子，而氮、磷、钾三因素肥料用量试验，研究对象为氮肥、磷肥、钾肥用量三个试验因子。又如，研究某作物的两个品种三种密度的试验，便是 2 个因子的复因子试验，其中品种为一个因子，密度为另一个因子，这两个因子可组成 $2 \times 3 = 6$ 个处理组合。通过这些处理间的比较，可了解不同因子间的相互联系、相互制约及其综合作用。复因子试验能够研究不同肥料之间或肥料与其他农业措施之间的相互关系，说明问题比较全面，但因子数目以及各因子水平数不宜过多，否则试验规模庞大，试验精度下降。在做复因子试验之前可先进行单因子试验以明确每个因子的效应，然后取重要因子开展复因子试验，从而减小试验规模，提高试验效率。

（3）综合试验　指探索若干因子的优良水平配套在一起的综合效果试验。它不研究且不能研究因子主效应和因子间交互作用效应。综合试验通常是在试验的主导因子及其交互作用已基本清楚的基础上设置一种或几种优良水平组合，再与当地常规处理作比较，选出较优的综合性处理，因此对该综合性处理具有检验和示范作用。此外，为了检验单项措施的效果，常进行该项措施与当地常规措施的对比试验，这种试验也属于综合性试验范畴。

也有将肥料试验按照试验目的划分为以下 4 种基本类型。

（1）肥料品种试验　例如施用硫酸钾和氯化钾的比较、复合肥与单养分肥料的比较，以及当前各种叶面肥、菌肥、植物生长调节剂的增产效果比较等。

（2）施肥时期试验　例如基肥、追肥量的不同分配，不同追肥时期的比较等。

（3）施肥方法试验　如碳酸氢铵的深施与浅施比较，基肥撒施、条施及穴施的比较等。

（4）肥料用量试验　目的是确定一种或多种养分肥料的最佳施用量。

二、田间试验的重要性

作物生产是在田间进行的，田间是各种作物的基本生活环境。作物的产量、品质及特征特性的表现是田间各种自然环境条件综合作用的结果。由于农业科学试验的材料和内容具有多样性和复杂性，除田间试验外，还要采用多种其他试验方式予以配合，如实验室试验、温室试验、人工气候箱（室）试验等。但田间试验是最基本的试验方式。因为农业生产主要是在田间进行，通过接近生产条件的田间试验来鉴定效果，方可确定其应用价值和适应的区域。我们强调田间试验是农业科学试验的基本方式，并不意味着否定其他试验方式。盆栽试验、温室、试验室及人工气候室试验，在很多问题的研究上起着重要作用。实验室或温室试验能较严格地控制在田间条件下难以控制的某些试验条件（如温度、光照、土壤水分等）并简化试验条件和过程，有助于揭示作物生长发育规律；利用人工气候箱（室）进行试验，可对温度、湿度、日照和光强等同时调节，模拟某种自然气候条件，对研究农业生产的理论问题具有重大的意义。但这些试验研究结果能否在大田生产中推广应用，还必须经过田间试验的检验。田间试验的环境条件是接近大面积生产的有代表性的条件，其研究成果应用到实际生产中容易获得预期的效果，实现大面积推广，很快转化为现实生产力。这也说明了田间试验不仅是农业科学试验的基本方式，而且也是联系农业科学理论与农业生产实践的桥梁。在正确的观点指导下，应用正确的方法，不断地揭示农作物的生长发育规律，探讨提高生产力，增进品质的途径，为生产不断地提供新技术、新品种，并为发展农业科学理论做出贡献。因此，田间试验是大面积推广农业科技成果的准备阶段，是农业科学试验的重要形式，也进一步说明了田间试验在农业科学研究中具有不可代替的重要地位，是联系科学理论与实践的桥梁。

田间试验比较接近大田情况，所以田间试验的成果在大田推广更有效。田间试验有一套多年累积的方法：从试验设计、田间试验方法到试验结果处理。如结合大田调查资料做核对，这样就可在较短时间得到可靠的结论。

肥料是作物的粮食，没有肥料作物就生长不好。有了肥料，如果施用不当，作物同样也生长不好。当前，不善于科学用肥是影响农业可持续发展的一个突出矛盾。肥料田间试验就是要通过一系列的试验，得出一个地区各种肥料对各种作物的效用，以及施用量和施用时期等，从而达到科学施肥和合理用肥的目的。

肥料长期定位试验以长期固定的土壤管理模式使土壤性质按不同的方向不断地改变，从而形成具有不同肥力性状和生物活性的各种土壤类型。不论是追踪上述发展变化的过程，还是比较发展变化后的结果，肥料长期定位试验为土壤科学和其他相关学科提供了极为珍贵的研究对象。利用这一类试验，有可能对一些十分复杂或似是而非的问题得以深入地认识并给予科学阐述。肥料长期定位试验能系统地研究土壤肥力和肥效的变化规律，能反映因气候变化对肥效的影响，能对土壤中养分的平衡、作物对肥料的反应、施肥对土壤肥力的影响、轮作施肥制度的建立等合理施肥问题进行长期、系统、历史的定位研究，并作出科学的评价。它具有常规试验不可比拟的优点，是农业生产和农业科学的一项重要基础工作，历来受到土壤肥料界的重视。

三、田间试验的要求

（一）田间试验基本要求

作物生长在自然环境的土壤中，其生长发育过程始终受到各种外界环境因素的综合影响。各地的自然环境条件不同，对作物的生长发育具有不同的影响，在不同环境条件下的试验结果也不尽相同。由于田间试验是在生产环境下的田间进行，田间环境条件难以精确控制，试验条件控制不好，就会给试验带来较大的误差，甚至得不到正确的结论。从这一点来说，田间环境条件增加了试验的复杂性，使试验结果一般都存在或大或小的试验误差。为了有效地开展试验，使试验结果能够在提高农业生产和农业科学水平上发挥应有的作用，田间试验应有以下基本要求。

（1）**试验目的要明确** 为了提高农业生产的水平和效益，推动农业科学发展，在深入生产实际调查和阅读大量农业科技文献的基础上，选择有科学性、创新性、针对性、现实性、预见性的研究课题进行试验研究，以解决当前生产中的实际问题。对试验的预期结果要心中有数，进行试验前最好能对试验结果提出符合科学理论的假说。

（2）**试验条件要有代表性和先进性** 试验条件的代表性是指试验地的自然条件和农业技术条件应有代表性，自然条件包括土壤类型、地势、气候条件等。农业技术条件包括耕作制度、灌溉设施、施肥水平等，都要对准备推广试验成果的地区有代表性。试验条件有无代表性关系到试验成果能否在生产上推广和应用。

肥料试验条件必须能代表将来准备推广试验结果地区的自然条件（如土壤种类、肥力水平、地势条件、气象条件等）与栽培条件（如水利状况、轮作制度等）。例如，推广地区土壤大部分为青紫泥，土壤比较肥沃、排水不畅，则肥料试验地和栽培措施必须与这些具体条件相适应。否则，如果选择河边排水良好、肥力较差的沙土做试验，并选用仅适于沙土的栽培措施，那么试验结果就不能在当地大面积推广。试的先进性是指田间试验密切结合当前实际，在考虑了试验条件的代表性的同时，也不仅仅局限在现实条件内，也要考虑到在不久的将来可能发展变化的条件，考虑农业发展的前景。使试验研究工作始终处在生产的前面，体现试验研究是生产的先行。

（3）**试验结果要具可靠性** 可靠的试验结果，才能对生产起指导作用，否则还可能给生产带来损失。要使试验结果准确可靠，必须保证试验的准确性和精确性。准确性是指试验中对某一试验指标的观察值与其相应真值的接近程度。接近程度越高，准确性越高。精确性是指对某一试验指标的重复观察值之间彼此接近的程度。重复观察值之间越接近，精确性越高。在一般情况下，准确性难以度量，这是因为试验指标的真值常常是未知的，而试验的精确性则是可以度量的。在一定条件下，试验的准确性与精确性有着密切关系。当试验不存在系统误差时，二者的表现是一致的，即当试验不存在系统误差时，精确性越高，准确性也越高。因此，要使试验结果正确可靠，应尽可能地在消除系统误差的前提下，提高试验的精确性，相应地也就提高了试验的准确性。另外，为保证试验的准确性，在试验中，除了试验研究的项目外，试验的其他条件都应尽可能一致，以排除其他因素的干扰，减少试验误差。如肥料试验是比较各种肥料的用量、比例、施用时间、施用方法等的效益，所以在试验中除肥料这一因素可以改变外，其他因素应该尽量一致。

（4）**试验结果具有重演性** 所谓重演性即规律性，是指在相似的条件下，重复进行同一个试验能够得到相似的结果。这样的试验结果才是规律性的东西，只有规律性的东西才能用于生产，指导生产。试验具有重演性方可使研究成果推广后，达到预期效果，否则无推广价值。要使试验结果具有重演性，除保证试验的代表性、可靠性好，还必须明确试验结果是在什么样的情况下获得的。这就需要做好田间基本情况的记载，建立田间档案，观察记载作物的生育期和生育状况，记载有关的气象情况，为重复同一试验获得类似结果提供依据。此外年份不同气候条件也常有所不同，为了确切了解某一新品种或某项新措施在一般气候条件下的反应，试验应重复进行2～3年。

（二）田间试验设计及其基本原则

田间试验设计的主要作用是控制、降低试验误差，提高试验的精确性，获得试验误差的无偏差估计，从而对试验结果进行精确的统计分析。要使一个田间试验能真正反映事物的客观规律，能为生产上所应用，同时又能最大限度地减少工作量，即多、快、好、省地进行试验，其试验设计需要遵循以下几个原则（图1-1）。

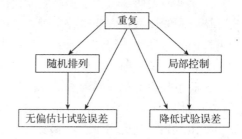

图1-1 田间试验设计三个基本原则的关系和作用

（1）处理间设置重复 试验中同一处理种植的小区数即为重复次数。每一处理种植一个小区，则为一次重复；每一处理种植两个小区，即为两次重复。重复的主要作用是估计试验误差。试验误差是客观存在的，但只能由同一处理的几个小区间的差异估得。同一处理有了2次以上重复，就可以从这些重复小区之间的产量（或其他性状）的差异估计误差。如果试验的各处理只种一个小区，则同一处理将只有一个数值，无从求得差异，也就无法估计误差。设置重复的另一作用是降低试验误差，因而可提高试验的精确度。标准误与标准差的关系是：误差的大小是与重复次数的平方根成反比的。故重复多，则误差小。有四次重复的试验，其误差将只有一次重复的同类试验的一半。此外，通过重复也能更准确地估计处理效应。因为单一小区所得的数值易受特别高或低的土壤肥力的影响，所以多次重复所估计的处理效应比单个数值更为可靠，使处理间的比较更为有效。

（2）随机排列 随机排列是指一个重复中的某一个处理究竟安排在哪个小区，不要有主观意识。虽然设置重复提供了估计误差的条件，但为了获得无偏的试验误差估计值，也就是误差的估计值不夸大和不偏低，则要求试验中的每一处理都有同等的机会设置在任何一个试验小区上。随机排列才能满足这个要求。因此，用随机排列与重复结合，试验就能提供无偏的试验误差估计值。

（3）局部控制 局部控制就是分范围、分地段地控制非处理因素，使对各处理的影响趋向于最大程度的一致。因为在较小地段内，影响误差的因素的一致性较易控制。这是降低误差的重要手段之一。田间试验设置重复能有效地降低误差。但是根据土壤差异通常所表现的邻近区肥力比较相似的特点，如试验田增大，土壤差异也要随之增大，因此，增加了重复，相应增加了全试验田的面积，必然会增大土壤差异。如果同一处理的各个重复小区完全随机种植，则会由于土壤差异的增大，重复的增加将不能最有效地降低误差。为了克服这种情况，可将试验田按重复次数划分为同数的区组。如有较为明显的土壤差异，最好能按肥力划分，每一区组再按供试品种或处理数目划分小区，一个小区安排一个不同品种或处理。由于每一重复（区组）的不同处理设置在较小面积的试验田而相邻在一起，处理间的差异就较少受土壤差异影响。而受土壤差异影响较大的区组间的差别则可以应用适当的统计方法予以分开。因此，能影响试验误差的只是限于区组内较小地段的土壤差异。

而与增加重复扩大试验田而可能增大的土壤差异无关。这种布置就是田间试验的"局部控制"原则。

一般来说主要是利用以上三个基本原则做出田间试验设计，配合应用适当的统计分析，就能准确地估计试验处理效应，获得无偏的、最小的试验误差估计。除此之外，研究者们还关注了以下两项原则。

（1）正确地确定因素和水平　在试验中需要考查哪些因素，各取多少水平以及需要考虑哪些因素的交互影响，要根据这次试验所要解决的问题是什么，它的主要矛盾可能在哪里，生产上为解决这个矛盾可能采取的措施以及这些措施间可能存在的互相制约和依赖的程度而定。为此，就需要对上述问题广泛地搜集有关资料和进行必要的调查，否则试验就陷于盲目性或者使试验的结果在生产上不能应用。

（2）适当地确定小区的面积　小区面积的大小对试验的结果和工作量有很大的影响。小区面积过大，势必加大区组的面积，在地形变化大的地方或试验材料不一致时，同一区组内的各小区间就丧失了可比性。因此，要考虑试验地的条件，在区组内立地条件大体一致的前提下，来安排小区的面积大小。面积过小的小区，会增加相同的各小区间的差别，要达到既定的精度，就要增加重复的次数。尤其在进行某些处理效应对邻近小区的边缘植株会产生明显的影响而需要设置较宽的保护带的试验（如施肥试验、不同密度试验等）时，土地利用更不经济。因此，小区的面积要综合考虑试验地的情况、试验的内容等因素，权衡决定。

（三）田间试验对土壤的要求

1. 试验地的土壤差异

试验地是田间试验最重要的基础条件，土壤差异是田间试验误差最主要、最普遍的来源。田间试验设计、小区安排和试验实施过程中，许多减少试验误差的措施主要都是针对控制土壤差异而采取的。土壤差异的形成有以下两个原因。

一是土壤形成的基础，即成土母质或地形地势不同，造成土壤的物理、化学性质方面的差异。土壤形成基础方面的差异往往是较大范围的，通过选择试验地的适当位置，一般不会造成很大的试验误差。虽然土壤形成基础产生的差异往往导致系统误差，但只要了解土壤差异情况，合理安排试验小区，可以使其对试验结果的影响降低到最小。

二是土壤利用过程中产生的差异。土壤利用的历史不同，前茬种植的作物不同，种植作物的过程中土壤耕作、施肥等技术措施上的不一致导致土壤差异。例如，在一块地的不同位置分别种植花生和玉米，或红薯与大豆，由于作物的养分吸收与利用、根系分布、残留物的多少等方面的差异，会使土壤的结构、肥力等特性产生差异，影响后季作物的生长。土壤差异一旦形成，会维持较长时间，短期内难以消除。因此，选择试验地时，应该了解其前作作物及土地利用情况，这对降低田间试验误差，提高试验正确性有十分重要的意义。

土壤差异是可以测量的。最简单的办法是目测法，即根据前茬作物生长状况是否一致予以判断。更精细地测定土壤肥力差异可采用空白试验。空白试验是指在整个试验地上种植一个植株个体较小的作物品种；从整地到收获的整个作物生长过程中，采用一致的栽培管理措施；对作物生长状况仔细观察，遇有特殊情况，如严重缺株、病虫害等，注明地段、行数，以便将来分析时予以考虑；收获时，将整个试验地划分为若干个形状与面积相同的小区，依次编号，分开收获，得到产量数据。根据各小区的产量高低，就可获知试验地土壤差异情况。

土壤差异的表现形式大致可分为两种：一种是肥力呈梯度变化，即肥力高低有规则地从大田的一边到另一边逐渐变化；另一种是肥力呈斑块状变化，有的地点肥，有的地点瘦，变化无规律。针对这两种土壤差异的表现形式，布置小区时应有所区别。

2. 试验地的选择

正确选择试验地是减小土壤差异、控制试验误差和提高试验正确性的重要措施。除了试验地所在的自然条件、农业条件更有代表性以外，还应注意以下几点。

（1）试验地的位置要适当　试验地的环境要有代表性，符合种植试验作物的要求，地势、土质等要能代表当地主要土壤情况。试验地应选择阳光充足、四周有较大空旷地的地段，不宜选择靠近楼房、高树等屏障旁边的地段，以免遮阴影响或造成试验小区环境不一致。试验地也应便于管理，周围有相同作物的田地，应与道路、村庄、牧场保持一定距离，避免人、畜践踏。

（2）试验地最好选用平地　平地的土壤水分和养分等条件的均匀性一般优于坡地，产生的试验误差通常较小。如果试验地高低不平，就会造成土壤水分、温度和养分的较大差异，增大试验误差，也不便于田间管理。若没有平地，应选用沿一个方向倾斜的缓坡地，并在布置小区时，尽可能使得同一区组的各小区设置在同一等高线上。

（3）试验地的土壤结构和肥力要均匀一致　如果试验处理数目较多，试验占地面积较大，至少应做到一个区组的土壤结构和肥力尽可能均匀一致。如果土壤肥力差异较大，要适当减少处理数目，使试验占地面积较小，土壤结构和肥力容易均匀一致。

（4）试验地应有土地利用的历史记载　以往土壤利用的不同对肥力的分布、均匀性，甚至土壤结构都会有较大影响，因此应根据试验地土地利用的历史记载，选择近年来在土地利用上相同或接近的田块。对不宜连作的作物，应避免选用多年连续种植该作物的田块。

（5）试验地采用轮换制　为了避免因前作试验处理造成的土壤肥力差异的影响，使每年的试验能设置在土壤肥力较均匀一致的土地上，应对试验地采用轮换制。经过不同处理的试验后，尤其是在肥料试验后，由于不同小区施肥量甚至肥料种类不同，作物生长状况也有一定差异，原试验地的土壤肥力的均匀性也受到较大影响，在一定时间内难以恢复，只能用做一般生产，以期试验地的土壤肥力逐渐恢复均匀性。或者通过以下措施来降低土壤肥力的差异。

一是匀地播种，在整块试验地上种植同一品种的作物，采取一致的耕作栽培技术措施，经1~2年，使肥力恢复均匀后再作试验地使用。

二是增施大量有机肥，在整块试验地上增施大量同一种有机质肥料或绿肥，并适当进行深耕，以减少土壤差异。

3. 合理规划小区控制土壤差异

合理规划小区可以有效地控制土壤差异及田间操作管理引起的误差，提高试验精确性。小区技术一般包括以下几个方面：

（1）小区面积的确定

① 试验的性质。一般地说，栽培试验的小区面积要比品种试验的大一些。在栽培试验中，耕作、排灌、施肥等试验的小区宜大，而播种期、播种量、密植等试验的小区可以小些。在育种过程中，初期世代的材料数量多、种子量少又不需要计算产量，故小区面积可以小些，而进行品系鉴定或品种对比试验时，面积就要大些，到了生产试验阶段，则需种植 $666.7 \sim 2\,000\ m^2$，才能反映该品种在大田生产中的推广价值。

② 作物的种类。小株作物如稻、麦等的试验小区面积可以小些，而大株作物如甘蔗、高粱等的小区面积要大些。植株变异较小的自交作物如稻、麦等小区面积可以小些，植株变异较大的作物如玉米、甜菜、油菜等的试验小区面积要相应大些。

③ 土壤肥力差异的程度。土壤肥力差异较大的试验地，小区面积应大些；差异小的试验地，小区可以小些。

④ 试验的具体条件。如试验的处理数较少，而人力物力条件又充裕的，试验小区可以大些，反之则宜小些。

一般来说，在一定范围内，试验误差随着小区面积的增大而降低，因为小区面积扩大后，种植的株数增多，受土壤差异等偶然因素的影响则趋于缓和。但是，土壤差异的减少与小区面积的扩大并非成等比例的，当小区面积扩大到一定程度后，其作用就渐渐不明显了，甚至由于小区面积的扩大，使不同小区的距离拉大，导致小区间的土壤差异加剧，反而加大了试验误差。浙江农业大学曾做过水稻的空白试验，当小区面积为 $5.34\ m^2$ 时，变异系数为 6.32%，小区面积为 $10.67\ m^2$ 时，变异系数为 4.80%。因此，他们认为 $6.67\ m^2$ 或 $10.00\ m^2$ 的小区面积，误差可以保持在 6% 以下，以此作为水稻田间试验的最小小区面积是适宜的。据各地经验，油菜、甘蔗、高粱等大株作物的小区面积以 $16.68 \sim 133.40\ m^2$ 为宜，水稻、小麦等小株作物的小区面积以 $6.67 \sim 33.35\ m^2$ 为宜。

（2）小区的形状与排列方向　设计小区时，除要有适当的面积外，还必须注意采用合适的形状。在通常情况下，长方形的小区，特别是小区的长边沿着土壤肥力或地形、地势变化的方向扩展时，则每个小区内所包括的土壤差异越全面，小区间的土壤差异会相对减少，试验准确性可相应提高（图1-2）。这也是试验小区排列方向的重要原则。此外，长方形小区也便于各项操作管理和观察记载。但是小区的形状也不能过于狭长，以免加大小区的四周边界，增加边际的影响。一般采用的长宽比例以（3～8）∶1较为适宜。对于一些边界效应较大的试验，如肥料试验、灌溉试验等，应尽量采用近方形的试验小区，可以减小小区间的相互影响。

（3）重复次数　重复次数应根据试验所要求的精确性、土壤差异的大小、试验材料（如种子）的数量、试验地面积、小区大小、处理数目的多少等具体情况决定。试验精确性要求较高、土壤差异较大、试验材料较多、试验地面积较大、小区面积较小、处理数目较少时，重复次数应多些。试验精确性要求不高、土壤差异较小、试验材料较少、试验地面积较小、小区面积较大、处理数目较多时，重复次数可少些。田间试验一般设置3～4次重复。

（4）保护行的设置　为了使各处理小区所处的环境条件尽可能一致，保护试验材料不

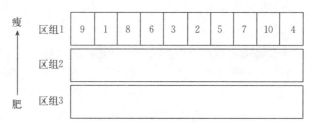

图1-2　按土壤肥力变化趋势确定小区和区组排列方向

注：1，2，3，…，10表示处理。

受外来因素的影响，如人、畜践踏和损害，防止靠近试验地四周的小区受所处特殊空旷环境的影响，避免边际效应，从而进行处理之间的正确比较，常在小区试验地的周围设置保护行。

保护行的多少依作物而定，禾谷类作物一般至少种植4行。大多数试验小区与小区之间连续种植，一般不设保护行；重复区（区组）之间一般也不设保护行。

保护行种植的品种，可用对照品种，或用比供试品种略为早熟的品种以减少试验小区收获时发生的误差及鸟害。

（5）重复区（区组）和小区的设置　将一个重复全部小区安排于土壤肥力等环境条件相对均匀一致的一小块土地上，称为一个区组。设置区组是控制土壤差异和其他田间管理产生的差异等最简单、最有效的方法。田间试验一般设置3～4次重复，即设置3～4个区组。每个区组安排全部处理，称为完全区组。这时重复与区组等同。当处理数较多时，每个区组只安排部分处理，称为不完全区组。

区组和小区设置的原则：尽可能将土壤差异分配到不同的区组之间，同一区组内各小区的土壤肥力应尽可能一致，而不同区组之间的土壤肥力可以存在较大差异；同一区组中各小区内可包括较大的土壤差异，小区间的差异要小。尽管区组间的土壤差异较大，由于可利用适当的统计分析方法将区组间的差异从试验误差中分离出来，并不增大试验误差，所以，按上述原则设置区组和小区，能有效降低试验误差，提高试验的精确性。

区组的设置依试验地的形状、地势、土壤差异情况而定，有两种设置方式。

① 密集式。有区组相邻地排列在一块试验地里。当小区数不太多时，每一区组可排成一行，试验地呈长方形。试验地为正方形而长度设置不下整个区组时，一个区组也可排成两行，相邻在一起。试验地平坦而靠近坡地时，区组的设置最好与坡地平行。试验地本身为坡地时，同一区组的各小区设置在同一等高线上。当肥力呈梯度变化时，区组要与肥力变化方向垂直，即同一区组的各小区设置在同一肥力水平带。

②分散式。各个区组可以单独或成群地设置在试验地各个不同部位，甚至不同地块。注意，同一区组内的各小区不能分开设置。

（四）田间试验对肥料的要求

不同类型的田间试验和土壤类型对肥料的要求不尽相同。肥料对提高作物产量，改善农产品的品质有着重要的作用。了解肥料种类、性质及其施入土壤后的变化，以及不同性质肥料间的反应，针对不同的田间试验，选用合适的肥料种类，采用合理的施用技术，对减少养分损失和提高肥料利用率有着重要的现实意义。

1. 氮肥种类、性质和施用

化学氮肥种类繁多，主要分为铵态氮肥、硝态氮肥和酰胺态氮肥。

铵态氮肥常见的有碳酸氢铵、硫酸铵、氯化铵、液氨和氨水。其中最常用的为碳酸氢铵，简称碳铵。

模拟试验表明，在不同类型土壤上（潮土、红壤和水稻土）与其他氮肥品种比较，土壤对铵态氮中铵的吸附量最大。碳铵可做基肥和追肥，但不能做种肥。坚持深施并立即覆土是碳铵的合理施用原则，施用深度以 6～10 cm 为宜。做基肥时，无论水田或旱地均应施用后立即耕翻。做追肥也应注意深施，以防止氨挥发和熏伤作物；水田追肥时，灌水并保持一定水层。施肥结合灌水可减少氨的挥发。碳铵应选择在低温季节或一天中气温较低的早晚施用，以减少挥发，提高肥效。在安排试验计划时，可将碳铵与其他氮肥品种配合施用，低温季节如早春、晚秋及冬季用碳铵，而高温季节则选用其他性质较稳定的品种，如硫酸铵、尿素。

肥料中的氮素以硝酸根形态存在的均属于硝态氮肥，如硝酸铵、硝酸钠、硝酸钙、硫硝酸铵和硝酸铵钙。硝酸铵是其中主要的一个氮肥品种，简称硝铵。硝铵宜做追肥，一般不做基肥，且不能做种肥。旱地做追肥应分次深施覆土，施用深度为 10 cm 左右。硝铵一般不宜施用于水稻田中。硝酸钠和硝酸钙均宜做旱地追肥，但不宜施用于水稻、茶树、马铃薯等。二者所含的阳离子不同，其在施用上略有差别。硝酸钠不宜在盐碱土上施用，旱地做基肥应适当深施，对喜钠作物有显著增产效果。硝酸钙适用于酸性土壤、盐碱土或缺钙的旱地土壤，对甜菜、大麦、燕麦、亚麻有良好的肥效。

尿素是酰胺态氮肥的代表。尿素适宜于各种土壤和作物，可做基肥和追肥。不论在哪种土壤上施用，都应适当深施或施用后立即灌水，通过控制水量使尿素随水渗入土层内，由于深层土壤脲酶的活性较低，从而减缓了尿素的水解。尿素因其含氮量高，并含有少量缩二脲，一般不做种肥，以防烧种。如必须做种肥，则应严格控制用量在 37.5 kg/hm² 以下，与种子相隔 3 cm，严禁与种子直接接触。尿素做根外追肥最为适宜，因其分子体积小，易透过细胞膜；呈中性、电离度小，不易引起细胞质壁分离；又有一定的吸湿性，能使叶面保持湿润状态，以利叶片吸收；进入细胞后很快参与同化作用，肥效快。对于大多数作物，尿素以 0.5%～1% 的浓度喷施为宜，早、晚喷施效果较好。

2. 磷肥种类、性质和施用

磷肥在农业上的作用并不亚于氮肥，在缺磷的土壤上，磷素常常成为作物生长的限制因子，必须施用磷肥进行调节。磷肥主要分为三种类型：水溶性磷肥、弱酸溶性磷肥和难溶性磷肥。

水溶性磷肥主要包括普通过磷酸钙（普通过磷酸钙）和重过磷酸钙。二者均为速效性磷肥。过磷酸钙简称普钙，是水溶性磷肥的代表。无论施在酸性土壤或石灰性土壤上，过磷酸钙中的水溶性磷均易被固定，在土壤中移动性小。合理施用过磷酸钙的原则：尽量减少它与土壤接触的面积，降低土壤固定；尽量施于根系附近，增加与根系接触的机会，促进根系对磷的吸收。过磷酸钙可做基肥、种肥和追肥，均应适当集中施用和深施。追肥时，旱作可采用穴施和条施，水稻可采用塞秧根或沾秧根的方法，即每公顷用过磷酸钙 45～75 kg 与 2～3 倍的腐熟有机肥混合，用泥浆拌成糊状，栽时蘸根，随蘸随栽。做种肥时，可将磷肥集中施于播种沟或穴内，覆层薄土，再播种覆土，一般用量 75～150 kg/hm²。在强酸性土壤中，配合施用石灰也可提高过磷酸钙的有效性，但必须严禁石灰与过磷酸钙混合，施石灰数天后，再施过磷酸钙。过磷酸钙做根外追肥，喷施前，先将其浸泡于 10 倍水中，充分搅拌，澄清后取其清液，经适当稀释后喷施。重过磷酸钙施入土壤后的转化过程和施用方法，与普钙基本相似。但其肥料中的有效成分含量高，其施用量应相应地减少。

凡所含磷成分溶于弱酸的磷肥，统称为弱酸溶性磷肥，又称为枸溶性磷肥，主要包括钙镁磷肥、钢渣磷肥、沉淀磷肥和脱氟磷肥。其中钙镁磷肥应用最为普遍。钙镁磷肥在酸性土壤上的肥效相当或超过过磷酸钙，而在石灰性土壤肥效低于过磷酸钙。近年来，由于我国北方地区石灰性土壤速效磷含量普遍较低，因此，在严重缺磷的石灰性土壤上，对吸收磷能力强的作物，适当施用钙镁磷肥，仍可以获得一定的增产效果，并有利于土壤中有效磷的积累。钙镁磷肥宜撒施做基肥，酸性土壤也做种肥或沾秧根。钙镁磷肥做基肥时，提前施用，让其在土壤中尽量溶解，也可先与新鲜有机堆肥、沤肥或与生理酸性肥料配合施用，以促进肥料中磷的溶解，但不宜与铵态氮肥或腐熟的有机肥料混合，以免引起氨的挥发损失。

凡所含磷成分只能溶于强酸的磷肥称为难溶性磷肥，如磷矿粉、鸟粪磷矿粉和骨粉。磷矿粉应首先用于吸磷能力强的作物，如油菜、萝卜、荞麦及豆科作物。磷矿粉是一种迟效性磷肥，宜做基肥，均匀撒施后耕翻入土，尽量使肥料与土壤混匀，利用土壤酸度，促进磷矿粉的溶解。鸟粪磷矿粉的施用方法与磷矿粉相似。骨粉一般宜做基肥，先与有机肥料堆沤以促进磷酸盐的溶解，施于酸性土壤，当年肥效相当于过磷酸钙的 60%～70%，并有一定的后效。

3. 钾肥种类、性质和施用

钾是重要的品质元素。对农副产品优质的追求使得钾肥的需求日益增多。常见的钾肥品种有氯化钾、硫酸钾、窑灰钾肥和草木灰。

氯化钾为化学中性，生理酸性肥料。大量、单一和长期施用氯化钾会引起土壤酸化，其影响程度与土壤类型有关，酸性土壤应适当配合施用石灰、钙镁磷肥等碱性肥料。氯化钾中含有氯，若施用过量，带入土壤的氯随之增加，对甜菜、甘蔗、马铃薯、葡萄、西瓜、茶树、烟草、柑橘等忌氯作物的品质有不良影响，故一般不宜施用。若必须施用时，应控制用量或提早施用，使氯随雨水或灌溉水流失。实践表明，在多雨地区施用适当，一般不会影响作物的产量和品质，如福建省，施用 300 kg/hm² 氯化钾，甘蔗增产明显，含糖量提高。氯能抑制硝化细菌的活动，减缓铵态氮的硝化速率，从而减少多雨地区氮素的流失。氯化钾可做基肥和追肥。在酸性土地区注意配合碱性肥料和有机肥料施用，在有施用磷矿粉习惯的地区，与磷矿粉混合施用有利于发挥磷矿粉的肥效。

硫酸钾也属化学中性、生理酸性肥料，在酸性土壤上，宜与碱性肥料和有机肥料配合施用。硫酸钾含硫（S）17.6%，在缺硫土壤上，以及需硫较多的洋葱、韭菜、大蒜、花生、大豆、甘蔗等作物上施用硫酸钾，其效果优于氯化钾。硫酸钾可做基肥、追肥、种肥和根外追肥。

　　窑灰钾肥是水泥工业的副产品，为碱性肥料，可做基肥和追肥，不能做种肥，宜在酸性土施用。施用时，严防与种子或幼苗根系直接接触，否则会影响种子发芽和幼苗生长。窑灰钾肥不能与铵态氮肥、腐熟的有机肥料和水溶性磷肥混合施用，以免引起氮损失或磷有效性降低。

　　草木灰是一种常用的农家肥料，它是农作物秸秆、枯枝落叶、野草和谷壳等植物残体燃烧后的残灰。草木灰中钾的形态主要是碳酸钾，其次是硫酸钾，氯化钾较少。由于含有碳酸钾和较多的氧化钙，草木灰属碱性肥料，不宜与铵态氮肥、腐熟的有机肥料和水溶性磷肥混用。

（五）田间试验设计方法

　　按处理分配到小区的方法，试验设计可分两类：顺序设计和随机设计。顺序设计也称为顺序排列的设计。它是指在一个重复区内，各处理按编号顺序，依次施加于各个小区。随机设计也称随机排列的设计，它是指处理施加于小区的方法是随机的。顺序设计虽然不符合环境设计中的随机化原则，但在某些特定的情况下，也有其应用价值，例如在育种试验的初期阶段，多属观察性试验，由于试验材料较多，试验的任务着重于优良性状的选择，一般不作显著性测验，应用顺序设计便于实施。

1. 顺序设计

顺序设计一般包括对比设计和间比设计两种。

　　① 对比设计。对比法设计的特点是每隔两个处理加一个对照，使每个处理旁都有一个对照与之比较。当处理数为偶数时，每个重复区的第一个小区安排处理，第二个小区安排对照，然后每隔2个处理安排一个对照，最后一个小区仍为处理。当处理数为奇数时，每个重复区的第一个小区安排对照，然后每隔2个小区再安排一个对照，最后一个小区为处理。

　　对比设计的优点是设计、实施、观察、记载都比较方便。运用了环境设计的重复和局部控制原则，其局部控制的范围实际上是处理和其邻近对照的2个小区，所以即使在一个重复区内的土壤等环境差异较大，也不会影响处理与对照比较的精确度。对比设计的缺点：对照处理占地面积较大，为试验地面积的1/3或更多，不够经济，同时也增加了操作管理的工作量。由于处理小区采取顺序排列，使试验误差估计受到影响，处理之间的比较精确度低。

　　② 间比设计。与对比设计类似，间比设计也是将各处理顺序排列在每个重复区内的各个小区上。所不同的是，间比设计各重复区的第一个和最后一个小区一定是对照，每两个对照之间排列相同数目的处理，通常为4个、9个或19个处理。当各重复区排列成多排时，不同重复区内各个小区上处理的排列可采用阶梯式或逆向式。如果一块土地上不能安排整个重复区的小区，则可在另一块土地上接着安排，但开始时仍需设置一个对照（称为额外对照）。

　　与对比设计类似，间比设计也应用了田间试验设计的重复和局部控制两个原则。由于每一段（即连续4个、9个或19个）处理两侧都有对照作比较，对减少因土壤肥力差异造成的试验误差方面具有一定程度的作用。间比设计的另一个优点是可以比较方便地安排大量的处理，对照所占试验地较对比设计少，适宜在处理数较多时（如新品种选育中原始材料观察和早期的品系选择或株系鉴定）使用。

2. 随机排列设计

随机排列设计就是将各处理随机排列在重复区内各个小区上。这种设计可有效地避免系统误差的产生，能无偏估计试验误差，对试验结果进行精确的统计分析。随机排列设计方法很多，主要包括完全随机设计、随机区组设计、拉丁方设计和裂区设计。

① 完全随机设计。完全随机设计是随机设计中最简单的设计方法，是一种无局部控制的随机设计。这种设计的特点是将同质的全部试验单元（或小区）随机地分成与处理数相同的组，各组的试验单元（或小区）数可相等也可不等，分组后每组施加一个处理。这种设计要求每个试验的全部试验单元（或小区）条件一致。这种设计常用于盆栽试验、室内试验以及动物试验等。田间试验在处理数很少，小区条件一致，不需局部控制时也有应用。

完全随机设计应用了试验设计的重复和随机两个原则，优点是设计容易，处理数与重复次数都不受限制，统计分析也比较简单；缺点是没有应用局部控制原则，当试验环境条件差异较大时，试验误差较大，试验的精确性较低。因此，完全随机设计主要用于能较严格控制在田间条件下难以控制的某些试验条件的盆栽试验，以及在实验室、温室、人工气候室中进行的试验，田间试验通常不采用完全随机设计。

② 随机区组设计。随机完全区组设计简称随机区组设计，其设计特点是根据试验重复次数的要求划分区组，试验重复几次就划分几个区组，在每个区组内再根据处理数划分小区，区组内的小区要求同质、区组间可存在差异，在每个区组内各处理施加于小区的方法是随机的。

随机区组设计的优点：一是设计简单，容易掌握；二是灵活性大，单因素试验、多因素试验、综合性试验等都可以采用；三是符合试验设计的三原则，能无偏估计试验误差，能有效地减少单向土壤肥力差异对试验的影响，降低试验误差，试验的精确性较完全随机设计高；四是对试验地的形状和大小要求不严；五是易于统计分析。

③ 拉丁方设计。拉丁方设计是从横行和直列两个方向对试验环境条件进行局部控制，使每个横行和直列都成为一个区组，在每一区组内独立随机安排全部处理的试验设计。在拉丁方设计中，同一处理在每一横行区组和每一直列区组出现且只出现一次，所以拉丁方设计的处理数、重复数、横行区组数和直列区组均相同。

拉丁方设计的优点：由于每一横行和每一直列都形成一个区组，具有双向局部控制功能，可以从两个方向消除试验环境条件的影响，试验的精确性较随机区组设计高。拉丁方设计的缺点：由于重复数等于处理数，故处理不能太多，否则横行区组、直列区组占地过大，试验效率不高；若处理少，则重复次数不足，导致试验误差自由度太小，会降低试验的精确性和检验处理间差异的灵敏度。因此，拉丁方设计缺乏伸缩性，一般常用于 5～8 个处理的试验。田间布置时，不能将横行区组和直列区组分开设置，要求有整块方形的试验地，缺乏随机区组设计的灵活性。

④ 裂区设计。两因素裂区设计的步骤是先将试验地划分为若干个区组，区组数等于试验的重复数；再将每个区组划分为若干个主区，主区数等于主区因素的水平数；然后将

每一主区划分为若干个副区，副区数等于副区因素的水平数；将主区因素各水平（即主处理）独立随机排列在各区组内的主区上，将副区因素各水平（即副处理）独立随机排列在各主区内的副区上。由于在设计时将主区分裂为副区，故称为裂区设计。

四、国内外肥料田间定位试验介绍

长期定位试验是田间试验的重要代表。它是一种在固定田块上多年连续进行相同处理的农业定位研究方法。土壤肥料长期定位试验在农业化学研究中应用最早。土壤肥料长期定位试验是一种采用既"长期"又"定位"的方法的试验。它具有时间的长期性和气候的重复性等特点。长期定位试验信息量丰富，准确可靠，解释能力强，能为农业发展提供决策依据，所以它能够更全面地评价试验结果，具有常规试验不可比拟的优点。我国长期定位试验与国外的同类试验相比，有非常鲜明的特色：一是结合了极具我国特色的一年两熟或三熟制；二是设置了较为全面的试验处理；三是我国长期定位试验分布广，几乎每一个省份都有试验布置，但这些试验大多分布在农民的承包地上，长期坚持下来的不多。下面以英国的洛桑试验站和我国的祁阳、禹城试验站为例进行介绍。

(一)洛桑试验站

究竟持续多长时间才叫长期试验，似乎无明确规定。一般至少要一二十年以上才算长期试验。世界上最早的长期定位试验是 1843 年 Lawes 在英国的洛桑开始进行的，距今已有 170 多年的历史。洛桑试验站位于英国伦敦北部约 80 km 的中部平原，海拔高度为95～134 m，占地总面积为 330 hm²，土壤类型为排水良好的细壤质土壤。洛桑试验站成立最初的目的是比较不同有机、无机肥料对作物产量的效应。洛桑试验站有多个长期定位试验，保持至今超过百年的试验有 7 个（表 1-1），其中以 Broad balk 小麦试验、Hoos field 大麦试验和 Park grass 牧草试验最为著名。试验包括了一系列氮、磷、钾、镁、钠、硅、有机肥处理及不施肥对照，氮处理包括了不同水平氮量和氮形态（铵态、硝态）。

长期试验的处理并非一成不变。开始每个处理试验小区面积均较大，后来根据试验结果及农业发展的新需求将小区进行裂区。在裂区中保留了原有的处理，也引入了新的处理，如轮作、施用石灰、使用农药和秸秆还田等处理，另外对一些处理停止施用肥料，以供观察土壤肥力和植物多样性的变化。20 世纪 90 年代还在轮作中引入玉米这一 C4 植物，以便后人采用 ^{13}C 同位素比率研究土壤碳的转化。试验处理缺少重复是洛桑试验站长期定位试验的一个先天缺陷。剑桥大学数学系毕业生 Fisher 于 1919—1933 年在洛桑试验站工作，分析长期试验的数据，很快意识到这些长期试验的缺陷，在此基础上建立了试验设计、方差分析等一系列现代统计方法，成为生物统计学最重要的奠基人。

以洛桑定位试验中氮损失研究为例（表 1-1）。Lawes 在长期定位试验的早期就已经关注氮素损失的问题。英国冬小麦生产体系中，氮的主要损失途径是硝酸盐淋失，淋失量随着氮肥用量的增加而增加，尤其是氮肥用量超过最佳经济投入量时尤甚（图 1-3）。图 1-3还表明，施用有机肥的处理小区，由于肥料施用量较大（每年有机肥鲜质量 35 t/hm²），导致较多的硝酸盐淋失。此外，即使在 100 多年未曾施用氮肥的对照小区，仍然存在少量硝酸盐淋失，其主要来源是大气氮沉降，这说明要完全消除氮素损失是不可能的。

洛桑试验站的长期试验还有一个独特的优势，即试验样品的长久保存，自始至今已经累计保存约 30 万份土壤、植物、肥料样品。这些样品为后人研究元素循环、环境变化提供了极为宝贵的材料。

表 1-1　洛桑站"经典田间试验"情况

长期定位试验名称	观测项目	面积（hm²）	建立时间（年）
Broad balk 作物连作、轮作	作物产量、土壤碳库、氮素淋失量、二氧化硫排放量等	4.65	1843
Barn field 根茎类作物连作试验	根茎作物产量、碳氮循环和硝态氮渗漏等	-	1843
Hoos field 大麦连作肥料试验	大麦产量、土壤养分（N、P、K 等）、厩肥残效等	1	1852
Garden clover 试验	红三叶草	-	1854
Exhaustion land（土地耗竭）试验	厩肥残效、土壤养分等	1	1856
Park grass 多年生黑麦草地肥料试验	植物物种多样性、土壤养分等	-	1856
Alternate wheat and fallow（小麦轮作和休耕）试验	种植制度差异性	-	1856
Broad balk and geescroft wildernesses 试验	-	-	1882

（黄丹丹等，2014）

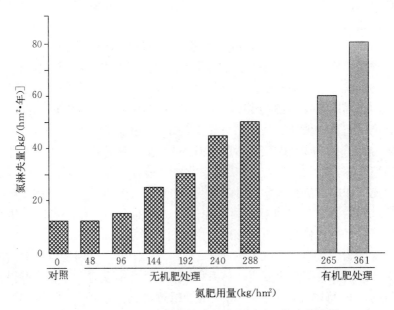

图 1-3　Broad balk 长期定位试验不同处理氮素淋失量

（赵方杰，2012）

（二）祁阳试验站

我国系统的土壤肥料长期定位试验起步较晚。湖南祁阳红壤实验站成立于 1960 年，现隶属中国农业科学院农业资源与农业区划研究所（原中国农业科学院土壤肥料研究所），是我国农业研究历史上最悠久的实验站之一，建站初始主要开展红壤改良的科学研究工作，现已成为中国农业科学院在南方唯一的农业综合性实验站，是我国重点农业生态野外科学观测实验站之一，长期从事红壤丘陵区农业生态环境要素变化规律、红壤丘陵区农业生态系统结构和功能演变过程及其对环境效应、红壤地区农业可持续发展模式与技术体系等研究任务，其观测的数据为资源优化配置、中低产田改造和区域综合开发等提供了第一手基础资料，为政府农业生产战略决策提供了强有力的科学依据。

20 世纪 60 年代初，为响应"改良中低产田"号召，中国农业科学院土壤肥料研究所派科技人员赴湖南省祁阳县官山坪村成立低产田改良联合工作组，祁阳站的前身正式成立。经过 50 多年的发展，祁阳站现已建立长期定位试验 7 个，观测项目涵盖了作物产量、土壤性质、土壤微生物、温室气体、杂草等内容。目前，该站已从开展单一的土壤肥料研究试验发展成为从事农业环境、土壤肥料、农业生态、区域治理、果树、油料、畜牧等多学科研究的综合性试验基地，成为我国农业系统红壤丘陵区人才培养、国际合作、国内外学术交流的主要窗口之一。祁阳站具体野外长期定位观测试验如表 1-2。

表 1-2　祁阳站野外长期定位观测试验情况

长期定位试验名称	观测项目	面积	建立时间（年）
稻田阴离子	Cl^-、SO_4^{2-}、N、P、K	25 m^2	1975
水稻丰产因子	PKM（-N）、NKM（-P）、NPM（-K）、M、NPK、NPKM、CK、水稻产量	212 m^2	1982
稻田耕作制	稻田耕作制度、作物产量	37.5 m^2	1982
网室生土熟化	作物生长发育调查、作物经济性状考查、作物产量结果、土壤肥力状况、田间记录	8 m^2	1982
生态恢复	植物种类和数量；土壤含水量、地表空气湿度、土壤温度、空气相对湿度；土壤中氮、磷、钾养分和土壤有机质含量	12 m^2	1983
国家肥力网红壤肥力与肥料效益	考种和经济性状测定；植株样品分析	2.82 m^2	1989
水土流失	年水土流失量、年径流量、不同层次深度土壤水分含量年度变化、田间小气候观测（地温、湿度、蒸发）	2.33 m^2	1996

（黄丹丹等，2014）

（三）禹城试验站

禹城综合试验站成立于 1979 年，1987 被批准为中国科学院首批开放试验站，1989 年被列入中国生态系统网络基本站，并于 1999 年被国家科技部确定为首批国家重点试验站。

中国科学院禹城综合试验站（简称禹城站）位于山东省禹城市，东经 116°22′至 116°45′，北纬 36°40′至 37°12′。地貌类型为黄河冲积平原，土壤母质为黄河冲积物，以潮土和盐化潮土为主，表土质地为轻—中壤土。所在地区属暖温带半湿润季风气候区，该地区黄河古道形成的风沙化土地、渍涝盐碱地、季节性积水涝洼地相间分布，历史上干旱、渍涝、盐碱、风沙等自然灾害频繁，生态环境脆弱，但生产潜力很大，是黄淮海平原的主要农业生产区。该地区农业生态系统以种植业（小麦、玉米、蔬菜为主）、畜牧业（牛、鸡、猪为主）、水产养殖业为主要结构，在黄淮海平原的农业类型具有典型性和代表性。

禹城站的重点研究任务是通过试验观测数据的长期积累，开展长期观测、研究和示范。学术研究方向：以水、土、气候、生物等自然资源的合理利用与区域可持续发展为目标，深入开展地球表层的能量物质输送和转换机制、模型的建立和空间尺度转换方法的实验研究；进行测定方法的革新与仪器的改进和研制；结合地理学、生态学、农学的理论、方法和手段，研究农业生态系统的结构、功能，开展生态系统优化管理模式和配套技术的试验示范。经过三十年的长期研究积累，在农田生态系统水分和能量转换机理、作物生长过程和生态学机制、实验遥感技术、农田节水技术、农业试区试验示范等方面形成了优势。

禹城站现有自主产权的农田和试验土地约 40 hm²，在试验地内设置了下列试验场地（表 1 - 3）。

世界各国长期田间肥料试验如表 1 - 4。

表 1 - 3　禹城站野外观测情况

主要观测场	研究项目	观测仪器及手段
农田生态系统综合观测场	农田生态系统中物质能量输送和生产力研究	大型称重式蒸发渗漏仪、土壤中子水分测试管、小气候梯度仪、土壤水势仪、作物叶面积测定仪、气孔计和生理生态测定仪
农田水量平衡观测场	农田水分平衡和地表水与地下水运动规律	TDR 水分测定仪、中子测定仪、土壤水势仪、地下水位计
农田微气象观测场	农田水分、能量和二氧化碳输送通量研究	涡度相关装置、小气候梯度仪、作物光合作用仪、叶面积测定仪
水面蒸发场	陆地潜在蒸发和农田蒸散研究	20M2 蒸发池、5M2 蒸发池、AG 蒸发器、ГГИ - 3 000 蒸发器和 E—601 蒸发器
常规气象观测场	观测全年的天气气象	全自动气象和太阳辐射观测装置、人工常规观测仪器
农田养分平衡观测场	农田养分平衡的长期定位监测	30 个养分池，按 N、P、K、空白等多种养分处理
遥感试验场	实验遥感研究	30 m 高铁塔

表1-4　世界各国长期田间肥料试验

国别	试验机构或地点	试验内容及名称	起止年份（年）
英国	Rothamsted 的本站试验场	(1) Broad balk 小麦连作肥料试验	1843—
		(2) Hoosfield 大麦连作肥料试验	1852—
		(3) Parkgrass 多年生黑麦草地肥料试验	1856—
		(4) Barnfield 饲用甜菜连作肥料试验	1843—1959
		(5) Agdell 作物轮作—肥料试验	1848—1951
	Rothamsted 的 Woburn 试验站	(6) Staokyard 小麦、大麦连作肥料试验	1877—1926
	Rothamsted 的 Samundham 试验场	(7) 试验Ⅰ作物轮作—肥料试验	1899—1965
	Rothamsted 的本站试验场	(8) Highfield 和 Foster 草田轮作试验	1949—
		(9) Reference plots 作物轮作下的肥料试验	1856—
		(10) Great Field Ⅰ土壤深松及深施磷钾肥试验	
法国	Grignon 国立农业研究所	(1) Deherain 小麦、甜菜肥料试验	1876—
		(2) 小麦连作肥料试验	1876—
美国	Illinois 州立大学	(1) Morrow 轮作—肥料试验	1875—
	Gottinge 农业研究所	(2) Morrow 磷矿石粉肥效试验	1900—
联邦德国	Limburgerhof 农业研究站	(1) E-Field 轮作下的肥料试验	1873—
	Weihenstepham 试验站	(2) 多年生黑麦草肥料试验	1873—
		(3) 化肥对作物产量及产品质量试验	1938—
		(4) 钾肥对作物及土壤影响试验	1913—
丹麦	Askov 试验站	(1) 轮作下的肥料试验	1894—1972
荷兰	Sappemeer	(1) 泥炭土肥料试验	1881—1934
	Groningen	(2) 耕地和裸地施肥对土壤腐殖质影响试验	1910—1970
	Ameland 岛	(3) 草地肥料试验	1899—1969
	Geert Veenhuizenhoeve 站	(4) 马铃薯肥料试验	1918—
芬兰	heteensuo 试验站	(1) 磷、钾肥试验	1905—
	Moystod 试验站		1922—
挪威	Voll 试验站	(1) 轮作—肥料试验	1917—
	挪威农业大学		1938—
比利时	Gomboux	(1) 连作及轮作下的肥料试验	1909—
奥地利	维也纳农业大学	(1) 轮作—肥料试验	1906—

（续）

国别	试验机构或地点	试验内容及名称	起止年份（年）
	Grossenzerdorf 试验场		
波兰	华沙农业大学	（1）轮作—肥料试验	1921—
	Skierniewice 试验场		
	Konosu 中央农业试验验站		1926—
日本	Aomori 县农业试验站	（1）水稻连作肥料试验	1930—1961
	Aichi 县农业试验站		1926—1966
	Hokkaido 农业试验站		1926—1966
捷克斯洛伐克	Pohorelice，Caslav 和 hukavec	（1）长期肥料试验	1957—

（傅高明和李纯忠，1989）

第二章
肥料田间试验的设计

一、田间试验设计原理

田间试验设计与统计分析是密切关联的，根据统计学的理论，凡欲进行试验资料的显著性测验，必须计算试验的偶然误差，要从试验获得适当而合理的误差估计量。但是，如果没有适当的试验设计，这种合理的偶然误差则无法估计，而这一偶然误差又是我们比较试验结果必不可少的要素。所以，为了取得试验设计与统计分析两方面的密切联系，必须遵循田间试验的三个基本原理：设置重复、随机排列和局部控制，同时应用方差分析方法，这样田间试验的误差就可以适当地估计，试验所得的结论也就可置疑。

田间试验最大困难之一在于试验地土壤肥力的变异性，这种困难在理论上可用"设置重复"加以克服。设置重复的目的有两个：减少试验误差和估计试验误差。这两个目的若能够完全达到的话，其必要条件有两方面：一是试验地土壤变异的"局部控制"，以达到降低试验误差；二是试验小区的"随机排列"，以达到获得适当而合理的试验误差的估计。重复、随机排列和局部控制各有意义，三项基本原则的关系如图 2-1 所示。因此，只有在设计时统筹考虑，使其相互配合，才能起到减少误差和正确地估计误差的作用。

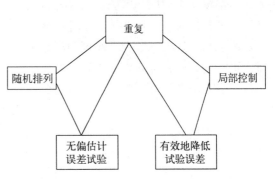

图 2-1　试验田间设置三原则作用与关系示意

（一）设置重复

同一处理在试验中出现的次数称重复，如在田间试验中每个处理设置 3 个小区，就称为 3 个重复或 3 次重复；只重复一次的试验称为无重复试验。复因素试验方案的水平重复，称为"隐重复"。在试验中设置重复非常重要，有以下作用。

（1）降低试验误差，扩大试验的代表性　一般试验都是属于抽样观察，每一个处理就是一个样本，重复次数就是样本容量 n，根据误差的分布规律，若总体标准差 σ 的估计值

为 S，则处理平均数标准差 $S_{\bar{x}} = \dfrac{S}{\sqrt{n}}$，其中 S 和 $S_{\bar{x}}$ 分别是对抽样总体和抽样样本变异（即试验误差）的量度。S 对既定试验来说是一定的，因此，重复次数 n 越大，$S_{\bar{x}}$ 越小。这是由于在试验中设置重复，同一处理就可能处于试验环境中较广泛的部位并包括较广泛的供试材料个体，因此就可扩大试验的代表性，并且降低试验误差。例如，在田间试验中土壤肥力高情况就增大该处理的效果，反之就缩小该处理的效果；若设置几个重复，就可能包括不同土壤肥力的情况，几个重复的平均数要比仅一个小区的数据的误差小，也就能更好地反映这个处理的效果。又如，在田间试验中，如能在不同土壤肥力条件下分别设置重复，得到的试验结果反映情况就较为全面。

重复不但有空间上的，而且还有时间上的，尤其是农业试验受气候条件影响很大，一个试验重复几年，就能代表不同年份的情况。

（2）估计试验误差大小，判断试验可靠程度　试验误差既然不可避免，要判断试验的可靠程度，就必须估计出试验误差的大小。如果试验没有重复，试验结果每一处理只有一个数据，是无法估计误差的；如果试验设置几个重复，同一处理的试验结果，在不同重复中的差异，就反映了试验误差，我们可以通过数理统计的方法估计出试验误差的大小，判断试验的可靠程度。

对于采用回归分析的试验，回归分析的目的是根据各处理的效应变化趋势建立试验因素与试验效应之间的回归关系，在下列少数情况下可以不设重复。

（1）生产示范试验　如近 10 年来在全国各地实施的测土配方施肥技术推广试验示范中，各地根据多年田间小区肥效试验，普遍提出了当地的经济合理的施肥配方，为在大田生产下验证其准确性，设置了 3 个处理区（配方施肥、习惯施肥、无肥对照），这就属于生产示范试验。这类试验由于小区面积较大，一般为 $35\sim70\ \mathrm{m}^2$，而且是在小区试验结论基础上进行的，试验地块作物生长一向比较均匀，可以不设重复。

（2）多点分散试验　如测土配方施肥技术推广进行的上述试验系多点分散肥料试验。即在全省较大区域范围内不同肥力土壤上，采用 3×3 设计，统一布置了多点分散小区试验。虽然每个试验点未设重复，但对整个试验来说又是有重复的。它相当于一个随机区组试验，每个试验点就是一个区组。

在回归分析试验中，如果对产量限制因子（如土壤最小养分等）有比较清楚了解并通过设肥底等措施予以消除，而且据专业知识和以前的研究，试验效应模式已经认定，只要试验方案符合回归设计的要求（如有足够剩余自由度等），也可以不设重复。因为在这种情况下，模型误差虽然对随机误差有干扰，但可以被忽略，不影响对回归方程进行拟合性检验。

（二）随机排列

随机排列就是指一个处理或处理组合被安排在哪一个试验小区以随机方法确定，而不受人的主观影响，避免系统误差。随机排列与重复相结合可以提供一个无偏的试验误差无偏估值，具体方法是使各试验处理占有不同试验材料或试验条件的机会相等，即任何处理都有同等机会分配给任何一个田间试验小区。为此必须通过查随机表或抽签等手段，使处理对小区的分配随机化。

误差理论以概率论，即随机事件发生的规律为基础。只有随机排列，才能对试验结果进行统计检验。与此相反，顺序排列，可能使某一处理总是处于偏畸的试验条件下而产生系统误差，不符合误差理论的统计检验条件。

（三）局部控制

局部控制是指分范围、分地段控制非处理因素，使这些非处理因素对处理的影响能够最大限度趋向一致，从而有效降低由于试验地土壤肥力或其他地块自身差异（如土层深浅、质地差异等）而引起的试验误差，提高试验准确性。因为在田间试验中，特别是处理较多时，很难找到大面积肥力水平均匀的地块，因此，要对试验条件进行局部控制。局部控制的具体方法就是将试验条件划分为若干个相对一致的组分，称为区组，将要比较的全部或部分处理安排在同一区组中，从而增加区组内处理间的可比性。至于区组间的差异，可以作为试验系统误差用统计分析的方法检验和剔除。在方法选择上，如设计处理数相对较少，可以据试验条件的变异情况分别采用完全随机区组设计、拉丁方设计、裂区设计等。在处理数较多、地块面积较小时，还可以采用均衡不完全区组设计、混杂设计等复杂的方法设计。回归设计一般以完全随机区组设计为主，当处理数相对较多时，可采用正交区组方法。

在试验条件差异较大条件下，局部控制就更为重要。如在坡地做试验，坡顶、坡腰、坡底可作为三个区组；在多点试验中，每个试验点可作为一个区组；当处理较多时，如正交设计，可以将高级连应（交互作用）的不同水平作为不同区组；在机械化耕作条件下，可以一定面积的一个或几个播幅为一个区组。

二、田间试验方案设计

（一）基本概念

（1）因素和水平　对某事物的存在状况能够产生影响的其他事物，通常称为某事物的影响因素。例如，水分、肥料、气温等能影响某作物的产量状况，就称水分、肥料、气温等为某作物产量的影响因素。为了考察某些影响因素对某事物的影响程度，人为地控制该影响因素的变化状态，使其影响程度可以得到准确的测量或判断，通常称这种要考察的因素为试验因素。例如，要考察氮肥施用量对某作物产量的影响，将某作物氮肥施用量人为地控制在几种状态下（例如每 667 m^2 施用 0 kg、5 kg、10 kg，三种状态），观察其对某作物产量的影响。这里氮肥用量就是试验因素，而氮肥用量的三种状态就称为氮肥用量这个试验因素的三个水平。不同施肥方法、不同肥料品种等质的状态也称为水平（如氮肥在品种上就有硫酸铵、硝酸铵、尿素等不同的种类）。在试验设计中，只允许对试验因素设不同水平。

（2）处理和方案　为研究试验效应而人为设置的不同水平或不同水平的组合称为试验处理，同一试验所有处理的总和称为试验方案。例如，某氮肥用量试验共设 4 个施肥水平：N_0、N_1、N_2、N_3，则这 4 个水平就是 4 个试验处理并构成氮肥试验方案。再如，某氮、磷肥料配合试验，氮、磷各设 3 个水平：N_0、N_1、N_2，P_0、P_1、P_2。它们相互搭配可得到 9 个试验处理：即 N_0P_0、N_0P_1、N_0P_2、N_1P_0、N_1P_1、N_1P_2、N_2P_0、N_2P_1、N_2P_2，则这 9 个处理就构成氮、磷肥试验方案。

（3）效应与交互效应 试验因素的效应是指试验因素对所研究的性状（如产量、蛋白质含量、维生素含量或其他性状）的影响，这种影响既有其相对独立作用，又彼此联系，相互制约。下面以表 2-1 氮、磷二因素二水平的 2×2 设计为例进行说明。

因素的简单效应：在复因素试验中，一个试验因素两种水平间在另一试验因素的某一水平上的相差效应，即该因素的相对独立作用，称为这一个因素的简单效应。在表 2-1 中，氮在 P_0、P_1 条件下（每 667 m^2）的简单效应分别为：

$N_1P_0 - N_0P_0 = 156.5 - 116.5 = 40$ kg

$N_1P_1 - N_0P_1 = 201 - 138 = 63$ kg

磷在 N_0、N_1 条件下（每 667 m^2）的简单效应分别为：

$N_0P_1 - N_0P_0 = 138 - 116.5 = 21.5$ kg

$N_1P_1 - N_1P_0 = 201 - 156.5 = 44.5$ kg

因素的主效应：同一因素各简单效应的平均值称为该因素的主效应或平均效应。

氮（每 667 m^2）的主效应 $= \dfrac{(N_1P_0 - N_0P_0) + (N_1P_1 - N_0P_1)}{2} = \dfrac{40 + 63}{2} = 51.5$ kg

磷（每 667 m^2）的主效应 $= \dfrac{(N_0P_1 - N_0P_0) + (N_1P_1 - N_1P_0)}{2} = \dfrac{21.5 + 44.5}{2} = 55.3$ kg

因素的交互作用效应：不同因素相互作用产生的新效应称为这些因素的交互作用。它反映一个因素的各水平在另一因素的不同水平中反应不一致的现象。也就是 A 因素与 B 因素相互作用产生的 A 和 B 以外的 C 效应。在表 2-1 中，（$N_1P_1 - N_0P_0$）为氮和磷的综合效应，（$N_1P_0 - N_0P_0$）和（$N_0P_1 - N_0P_0$）分别为氮、磷的单独效应。

氮、磷（每 667 m^2）交互作用

$$= \frac{(N_1P_1 - N_0P_0) - (N_1P_0 - N_0P_0) - (N_0P_1 - N_0P_0)}{2} = \frac{84.5 - 40 - 21.5}{2} = 11.5 \text{ kg}$$

交互作用也称连应，它的产生至少涉及两个因素。凡两个因素之间的交互作用称为一级连应，三个因素之间的交互作用称为二级连应，余者以此类推。

表 2-1 水稻氮、磷肥试验的产量效应（kg，667 m^2）

氮肥	磷肥		
	P_0	P_1	$P_1 - P_0$
N_0	116.5	138	21.5
N_1	156.5	201	44.5
$N_1 - N_0$	40	63	23

交互作用可能为正值，也可能为负值或零值。它们分别表示正交互作用，负交互作用和无交互作用。图 2-2 中 a 说明，氮肥的效应随磷肥施用量增加而增加，为正交互作用；图 2-2 中 b 说明，氮肥效应随磷肥施用量增加而减少，为负交互作用；图 2-2 中 c 说明，氮肥效应与磷肥施用量无关，为无交互作用。

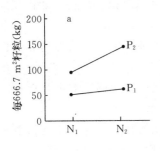
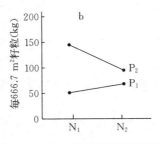
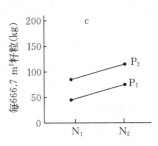

图 2-2　氮、磷肥交互作用示意

（二）试验方案设计原则

试验方案指只研究试验处理或试验因素的试验效应，而不考虑因素间或因素与性状间数量关系，其实质是制定能够通过统计分析揭示试验效应的措施。一个好的试验设计方案应具有较高的试验效率并能达到预期的研究目的。为此，设计时必须遵循一定的设计原则。

（1）要有明确的试验目的　植物营养的田间研究属于生物效应试验，是获得各种作物最佳施肥量、施肥时期、施肥方法的根本途径，也是筛选、验证土壤养分测试技术、建立施肥指标体系的基本环节，往往涉及许多方面，目的各不相同，通常典型目的有明确肥料效应（如肥料对比试验）、建立指标体系（如"3414"试验、"2+X"试验）、探索肥料配方（如配方校正试验）、示范推广展示（如示范试验、2处理综合试验）等。

但一个试验的研究因素不可过多，因素越多，处理数也就越多，如设试验因素水平数为 r，因素数为 P，则方案处理数 $N=r^P$。处理数过多，不但增加试验成本，而且难以找到面积适当、土壤肥力均匀的地块。因此，要明确研究目的，分析土壤中哪些养分是产量限制因子，抓住限制因子做试验。如果同时存在几个限制因子而又无力都研究时，可通过设肥底等措施将其中一个或几个因子控制起来，逐步扩大研究领域。例如，氮和磷是某作物产量限制因子，那在植物营养和施肥的研究中应首先予以考虑。土壤中钾和某些微量元素也可能缺乏，成为产量限制因子，可以通过辅助试验或附加处理进行探索。在我国南方水稻区，氮、磷、钾通常都是产量限制因子，如果条件不允许同时研究，可以通过设肥底，只研究其中 1～2 个养分因素。切不可不分主次，不顾试验条件，将设计方案搞得过于庞大，否则将事倍功半，反而达不到预期的试验目的。

（2）要有严密的可比性　要想分析一个试验处理或试验因素的试验效应，必须遵循单一差异的原则。即试验中，除了要比较的因素以外，其他因素均保持不变或一致。例如氮肥品种比较试验，除了氮肥品种不同外，单位面积上施用的纯氮量及其他条件应基本相同，才能比较出不同品种氮肥肥效的高低。要使试验具有可比性，在设计时还要注意以下3点。

① 设肥底。设置肥底的实质是使非试验因素处于相对一致和适宜的状态，使试验因素的效应能充分发挥并且具有可比性。例如，某潮土中水稻钾肥用量试验，可以氮肥做肥底。肥底肥料除用量一致外，还必须注意用量的适宜性，因此，根据生产经验和以前的试

验，将每 667 m^2 最佳施氮量 9.5 kg 作为氮肥肥底施用。过高或过低，都将可能构成新的限制因子，干扰钾肥效应的发挥。

② 设对照。通过设对照处理可以对试验因素效应做出正确评价。在植物营养的田间试验中，通常可以设置 3 种对照。

一是空白对照（CK$_1$）。如无肥处理，它可以用于确定肥料效应的绝对值，评价土壤自然生产力和计算肥料利用率等。

二是肥底对照（CK$_2$）。肥底对照可以用来估计施肥处理的肥底效应。如某红壤水稻土的磷用量（P$_1$、P$_2$、P$_3$）试验，因试验采用氮、钾肥作肥底，就要设氮、钾肥底对照。于是需要 5 个处理的试验方案：处理一，不施肥（CK$_1$）；处理二，NK（CK$_2$）；处理三，NK＋P$_1$；处理四，NK＋P$_2$；处理五，NK＋P$_3$。该方案中处理二与处理一相比较，就可以分析出 NK 作底肥的效应。

三是标准对照（CK$_3$）。标准对照指标准肥料，某常规或习惯施肥措施等。如在示范试验中，农民的习惯施肥措施就属于标准对照。如果要评价磷矿粉的效应，就需用过磷酸钙作标准对照，以消除土壤供磷能力对磷矿粉效应评价的干扰。于是得到下面设计方案：处理一，不施肥（CK$_1$）；处理二，NK（CK$_2$）；处理三，NK＋过磷酸钙（CK$_2$）；处理四，NK＋磷矿粉。又如肥料的根外喷施试验，仅设置喷肥与不喷肥两个处理，虽然可比，但不够严密，因为喷肥处理不仅喷了肥，而且还喷了水，所以，即使喷肥处理增产，但无法判断是肥料的作用还是水的效果，因此，在这个试验中，在已有不喷肥作为标准对照的基础上，还应再增加喷洒等量清水的处理作为标准对照，这样才能比较出喷肥的真正效果。

当然，一个试验方案，不一定要同时设置三种对照，究竟设置什么样的对照，需要依试验目的和试验材料（如土壤养分状况）而定。要具体问题具体分析，不可生搬硬套。

（3）具有均衡性　一个复因素试验，如果需要用方差分析方法分析因素主效应和交互作用，试验方案必须具有均衡性，其原因将在试验设计方法一节中作进一步阐述。

（4）要提高试验效率　试验效率是指单位人力物力的投入所获得试验信息的多少，复因素试验处理较多，尤其要注意提高试验效率。

适当减少试验因素是提高试验效率的有效途径。此外应注意因素水平的设计，对重点研究的因素，水平数可适当增加。如某地区土壤的氮、磷有效养分水平较低，钾营养水平中等，交换性钾 95 mg/kg，如要确定某作物氮、磷、钾肥的合理用量，应将过量施用易造成某作物倒伏的氮肥作为主要试验因素，设 3 个水平；磷肥次之，设 2 个水平；钾肥只用附加处理做探索试验。于是提出下列设计方案：N$_1$P$_1$、N$_2$P$_1$、N$_3$P$_1$、N$_1$P$_2$、N$_2$P$_2$、N$_3$P$_2$、N$_0$P$_0$、N$_2$P$_2$K。这是一个 2×3＋2 设计方案，共 8 个处理，较 3×3×3 设计（27 个处理），试验效率大为提高。采用正交设计也是提高复因素试验效率的有效方法。

（5）设计与统计方法的统一性　试验结果必须进行统计分析和统计检验。不同的试验方案要求采用不同的统计方法；而不同的统计方法又对试验设计有不同的要求，这二者是统一的，互为前提的。此点必须在试验设计时就考虑到。

　　采用方差分析方法的复因素试验，方案必须均衡，必须设置重复；而采用回归分析方法的复因素试验，方案可以均衡也可以不均衡。在限制因素明确、效应模式认定、有足够剩余自由度的情况下也可以不设重复。对报酬递减效应的研究，因素水平不能少于3个。不管是否设重复，处理数都不能少于效应模式待估参数个数。如果不了解这些原则，盲目设计，做完试验后，很可能无法按预期方法进行数据处理，得不到应有的试验信息，造成人力物力的浪费。例如表2-2某作物氮、磷肥试验设计方案，由于方案不均衡，无法用方差分析方法分析出氮、磷主效应及其交互作用，又因处理数少于建立二元二次回归方程所要求的数目（至少有6个），也无法进行回归分析。只能将5个处理作为一个试验因素，比较5个氮、磷肥组合的优劣，因而丢失了许多试验信息。

表2-2　某作物氮、磷肥试验设计方案

试验处理	N_0P_2	$N_2P_{0.5}$	$N_{1.5}P_0$	$N_{0.5}P_1$	$N_1P_{1.5}$
氮肥水平	0	2	1.5	0.5	1
磷肥水平	2	0.5	0	1	1.5

（三）试验方案设计方法

　　（1）确定因素水平间距　水平范围指试验因素水平的上、下限区间，其大小取决于研究目的。单因素试验只研究一个因素的效应，水平范围和水平间距较容易确定，而复因素试验（至少有2个试验因素的试验称为复因素试验）的主要目的是考察因素的主效应及其交互作用，确定不同因素不同水平的优化组合。

　　以施肥量试验为例，如果研究某作物产量随施肥量增加而变化的全过程，水平范围较大，可分别以不施肥和超过最高产量的施肥量作为因素水平的下限和上限。如果在以前试验的基础上，进一步探索有限施肥量范围的产量效应，水平范围可适当小些。

　　水平间距指试验因素不同水平的间隔大小。水平间距要适宜，过大没有什么实际意义，过小易于被试验误差所掩盖。例如氮肥施用量试验，水平间距为每 $667\ m^2\ 0.5\ kg$ 氮肥，$0.5\ kg$ 氮肥的增产效果也不明显，处于误差范围内，无法说明氮肥不同用量的效果。具体大小因作物种类、土壤肥力水平、试验条件和植物营养元素不同而异。需肥量大的作物，肥力水平低的土壤和试验条件不易控制时，水平间距可适当大些。就不同作物对各种肥料的效应差异而言，我国各地土壤的肥料增产效应不同，而且随土壤肥力水平和产量水平的不断提高，肥料效应有不断下降的趋势。在这种情况下，试验设计时应根据具体情况适当加大施肥水平间距。随着土壤肥力和产量水平的不断提高，目前我国各地土壤的肥料效应有不断下降的趋势。因此，制定单因素试验方案时，根据研究的目的要求及试验条件，把要研究的因素分成若干水平，每个水平就是一个处理，再加上对照和底肥处理（有时要考虑肥底的效应）就可以了。

　　具体的水平间距设计还取决于试验地土壤肥力变异、重复次数和统计检验的置信度。表2-3是国际水稻研究所的资料。从表2-3中可以看出，在变异系数10%、重复4次的条件下，处理差异只有大于平均数的14.5%，才能达到95%的置信度要求。据此，如果每 667 m² 水稻产量为 500 kg，处理差异至少要为 500×14.5％＝72.5 kg。设每千克 N 增产稻谷 10 kg，则氮肥水平间距应在每 667 m² 7.2 kgN 以上。

表 2-3 不同重复次数、不同变异系数的两个处理平均数间最低置信差值（95％置信度时）

重复次数	最低置信差值（％）			
	CY＝8％	CY＝10％	CY＝12％	CY＝14％
2	18.1	22.6	27.1	31.7
3	13.7	17.2	20.6	24.0
4	11.6	14.5	17.4	20.3
5	10.3	12.9	15.4	18.0
6	9.3	11.6	14.0	16.3
7	8.6	10.7	12.9	15.0
8	8.0	10.0	12.0	14.0

（土壤学会，1983）

（2）选择试验设计方案类型　下面以氮（N）、磷（P）、钾（K）三因素肥料试验为例说明复因素肥料试验类型和方案选择，常用的复因素试验方案可分为完全实施方案和不完全实施方案。

① 完全实施方案。将各试验因素不同水平一切可能的组合均作为试验处理，这种设计方案称为完全实施方案。例如，氮、磷、钾三因素二水平构成的 2×2×2 设计完全实施方案的各因素和水平搭配关系如下：

$$N_1 \begin{cases} P_1 \begin{cases} K_1 \rightarrow N_1 P_1 K_1 \\ K_2 \rightarrow N_1 P_1 K_2 \end{cases} \\ P_2 \begin{cases} K_1 \rightarrow N_1 P_2 K_1 \\ K_2 \rightarrow N_1 P_2 K_2 \end{cases} \end{cases} \qquad N_2 \begin{cases} P_1 \begin{cases} K_1 \rightarrow N_2 P_1 K_1 \\ K_2 \rightarrow N_2 P_1 K_2 \end{cases} \\ P_2 \begin{cases} K_1 \rightarrow N_2 P_2 K_1 \\ K_2 \rightarrow N_2 P_2 K_2 \end{cases} \end{cases}$$

于是得到 8 个处理的完全实施方案。在具体设计时，按表 2-4 的方法进行就更为方便。设 1 水平为不施肥，就得到表中的 8 个施肥处理。

完全实施方案是最常见、最简单的复因素试验设计。该设计主要有两个优点：一是每个因素和水平都有机会相互搭配，方案具有均衡可比性和正交性。所谓"均衡可比性"是指一个因素不同水平进行比较时，与这些不同水平搭配的其他因素和水平是相同的，因而便于试验效应的直观分析。二是因素间不产生效应混杂，提供的试验信息较多。例如，从表 2-4 方案可以分析出 7 个试验效应：N、P、K 的主效应；N、P、K 的一级交互作用 N×P、N×K，P×K；N、P、K 的二级交互作用 N×P×K。推而广之，P 个因素 2 水平完全实施方案可以分析出 2^P-1 个试验效应。

设水平数为 r，因素数为 P，则完全实施方案的处理数 $N=r^P$。处理数随试验因素和因素水平的增加而增加。处理数过多会给田间试验的实施带来很大的困难，所以完全实施方案一般只适于因素和水平不太多的试验。这是该设计的主要缺点。为克服这一缺点，在试验因素较多的情况下，往往需要采用不完全实施方案。

表 2 - 4　氮、磷、钾肥效试验完全实施方案

处理号	N	P	K	处　理
1	1	1	1	CK
2	1	1	2	K
3	1	2	1	P
4	1	2	2	PK
5	2	1	1	N
6	2	1	2	NK
7	2	2	1	PK
8	2	2	2	NPK

　② 不完全实施方案。用完全实验方案的一部分处理构成试验方案就得到不完全实施方案。不完全实施方案可以是均衡方案，如表 2 - 5 所示；也可以是不均衡方案，如表 2 - 6 所示。它们都是由表 2 - 4 部分处理构成的。

表 2 - 5　氮、磷、钾肥效试验均衡不完全实施方案

处理号	N	P	K	处　理
1	N_1	P_1	K_1	CK
2	N_1	P_2	K_2	PK
3	N_2	P_1	K_1	NK
4	N_2	P_2	K_2	NP

表 2 - 6　氮、磷、钾肥效试验不均衡不完全实施方案

处理号	N	P	K	处　理
1	N_1	P_1	K_1	CK
2	N_2	P_1	K_1	N
3	N_1	P_2	K_1	P
4	N_2	P_1	K_1	NP
5	N_2	P_2	K_2	NPK

　这两个方案的共同点是处理数较少。其中表 2 - 5 方案，由于具有均衡性，可以分析出氮、磷、钾的主效应和交互作用。表 2 - 6 方案在总体上是不均衡的，无法分析出各营养元素主效应及其交互作用。但它突出了氮、磷效应的研究，其中 1、2、3、4 号处理构成氮、磷二因素均衡方案，可以分析出氮、磷主效应及交互作用。通过 4、5 号处理比较还可以分析出 K 的作用。该方案适于我国北方富钾土壤的肥料试验。类似于表 2 - 6 那种在总体上不均衡，但部分是均衡的设计方案，在植物营养研究的田间试验中是颇为常见的。表 2 - 5 是比较简单的均衡不完全实施方案，要得到比较复杂的均衡不完全实施方案，

常需借助于正交表进行正交设计。

（3）落实设计方案内容　试验设计方案内容的确定，常用方法有正交设计和回归设计，应根据试验目的与统计分析方法需要，明确处理内容。正交设计往往适于用 t 检验或方差分析方法分析不同试验处理或试验因素的效应；而在需要研究产量等生物效应与施肥量等试验因素之间的定量关系时，则需要制定能够和有利于进行回归分析的回归设计。

① 正交设计。按正交表制定试验方案称为正交设计（表 2-7），正交设计方案具有均衡性，即可以从任何一列单独分析出一个研究因素（包括交互作用）的效应。当试验因素较多时，采用正交设计既可减少试验处理数，又可保持方案的均衡性。正交表可用一定的符号表示，如 L_8（2^7）表示该表为 8 行、7 列，有 2 个水平，可安排 8 个处理 2 个水平的试验，最多能分析出 7 个试验效应，即 7 个研究因素（包括交互作用）。而正交表 L_8（4×2^4），可以设置 8 个处理，最多可进行 5 个因素的研究，其中一个因素为 4 水平，其余因素为 2 水平。正交表在构造上有两个特点：一是每一列不同数字出现次数相同，如正交表 L_8（2^7），每列 1 和 2 各出现 4 次。二是任何 2 列构成的有序数出现次数相同，如表 L_8（2^7）中 3、4 两列组合的有序数 11、12、21、22 各出现 2 次。

表 2-7　L_8（2^7）正交表

处理号	列　号						
	1	2	3	4	5	6	7
1	1	1	1	1	1	1	1
2	1	1	1	2	2	2	2
3	1	2	2	1	1	2	2
4	1	2	2	2	2	1	1
5	2	1	2	1	2	1	2
6	2	1	2	2	1	2	1
7	2	2	1	1	2	2	1
8	2	2	1	2	1	1	2

应用正交设计时，表头设计是正交设计的关键，表头设计的实质是确定试验因素的列号位置。正交设计多为不完全实施方案，因为列数有限，往往不足以安排完全实施方案所能研究的全部试验因素，因而发生效应混杂，即试验效应不能用统计分析的方法分析出来。例如，L_4（2^3）表对 2 因素试验，是完全实施方案，可以分析出 $2^2 - 1 = 3$ 个研究因素的效应：N、P 主效应及其交互作用，没有混杂。而对 3 因素（表 2-8 括号内）试验，它就是一个不完全实施方案。如前所述，3 因素完全实施方案可以分析出 $2^3 - 1 = 7$ 个研究因素的效应，而 L_4（2^3）表只有 3 列，因而必然出现效应混杂。若进行 N、P、K 3 因素试验，第三列安排 K 因素时，K 效应就与 N、P 交互作用发生了混杂。

由于效应混杂而给试验带来的误差称为模型误差。既然"混杂"不可避免，为减少模型误差，表头设计时应尽可能使研究因素与高级连应混杂。因为在一般情况下，连应级别越高，其交互效应越小。

表 2 - 8 用 L_4 (2^3) 正交表安排 N、P、K 三因素试验时 K 效应与 NP 交互作用混杂情况

处理号	列 号		
	N (N)	P (P)	NP (K)
1	1	1	1
2	1	-1	-1
3	-1	1	-1
4	-1	-1	1

正交表各因素之间混杂情况可由交互作用表查出。例如，由表 2 - 9 知，L_8 (2^7) 表的 (1)、(2) 二列交互作用在第三列，(2)、(4) 二列交互作用在第六列，其余类推。现以有机肥 (A)、氮 (B)、磷 (C)、钾 (D) 4 因素试验为例，说明表头设计方法。由于该试验只研究上述 4 个因素，而不考察它们的交互作用，所以选择具有 7 列的 L_8 (2^7) 正交表。据表 2 - 9 因素混杂关系得表 2 - 10 的表头设计。

表 2 - 9 L_8 (2^7) 交互作用表

列号	1	2	3	4	5	6	7
1	(1)	3	2	5	4	7	6
2		(2)	1	6	7	4	5
3			(3)	7	6	5	4
4				(4)	1	2	3
5					(5)	3	2
6						(6)	1
7							(7)

表 2 - 10 L_8 (2^7) 有机肥和 N、P、K 化肥试验表头设计

列号	1	2	3	4	5	6	7
因素	A	B	A×B C×D	C	A×C B×D	B×C A×D	D

由表 2 - 10 得知，3、5、6 列存在一级交互作用，不宜安排试验因素。1、2、4、7 列虽然也存在交互作用，但均是高级连应，对试验因素影响较小。如第一列为 (2)、(3) 列交互作用和 (4)、(5) 列交互作用，即 B×C×D，但它属于高级连应。第二列为 (4)、(6) 列交互作用及 (5)、(7) 列交互作用，即 A×C×D，也为高级连应。若要研究 A×B、B×C、B×D 3 因素交互作用，表头设计时，就要避免它们与其余试验因素的混杂，于是可采用表 2 - 11 表头设计方案。在表 2 - 11 中，第二、四、六列，虽然存在试验因素和一些一级交互作用混杂，但它们不是研究对象，因而方案可行。

表 2-11　L_8（2^7）有机肥与 N、P、K 化肥交互作用试验的表头设计

列号	1	2	3	4	5	6	7
因素	B	A C×D	A×B	C A×D	B×C	D A×C	B×D

　　将正交表试验因素的水平赋予具体实施内容就得到了实施方案。以上述有机肥和 N、P、K 肥试验为例，由表 2-10 得知，试验处理由 L_8（2^7）正交表的 1、2、4、7 列不同水平搭配构成。其余各因素不同水平实物量是根据植物营养专业知识和施肥知识及试验目的确定的。将表 2-12 各因素不同水平的实施内容代入正交表 L_8（2^7）就构成表 2-13 的 4 因素 2 水平正交设计实施方案。至于其他交互作用列，仅供统计分析用，在实施上无具体意义。

表 2-12　试验因素水平表（kg，667 m^2）

水平	因　素			
	有机肥用量 A	氮肥用量（N） B	磷肥用量（P_2O_5） C	钾肥用量（K_2O） D
1	4 000	3	2	2.5
2	8 000	6	4	5.0

　　最后需要指出，由于正交表的效应混杂是客观存在的，正交设计仅在交互作用不明显的情况下适用。试验因素越多，水平越多，混杂越严重；选用的正交表越简化，混杂的也越严重。所以对因素和水平较多的试验，不要图省事，随意选择处理较少的正交表。本节对 4 因素试验选用 L_8（2^7）表，只是用以说明正交设计的原则和方法。在实际试验中，当因素间交互作用不清楚时应选用更为复杂的正交表。

表 2-13　L_8（2^7）正交设计实施方案（kg，667 m^2）

处理号	列　号			
	1（A） （有机肥）	2（B） （N）	4（C） （P_2O_5）	7（D） （K_2O）
1	4 000	3	2	2.5
2	4 000	3	4	5.0
3	4 000	6	2	2.5
4	4 000	6	4	5.0
5	8 000	3	2	2.5
6	8 000	3	4	5.0
7	8 000	6	2	2.5
8	8 000	6	4	5.0

② 回归设计。回归设计除要遵守试验设计的一般原则外，还必须满足回归分析对试验设计的一些特定要求。

一是处理数。回归分析的目的是要建立试验因素效应方程。因此，试验处理数不能少于效应方程待估参数的个数，并要为统计检验留有足够大的剩余自由度。例如，P 元二次多项式回归方程：

$$Y = b_0 + \sum_{j=1}^{p} b_j x_j + \sum_{i<j} b i_j x_i x_j + \sum_{j=1}^{p} b_j x_j^2 (j = 1, 2, \cdots, p) \qquad (2.1)$$

共有回归系数（包括 b_0）$m = (p+1)(p+2)/2$ 个，为建立式（2.1），应使试验处理数 $N \geqslant m$。$N = m$ 的试验设计称为饱和设计。饱和设计具有最高试验效率，但如果不设重复，无法进行统计检验。

二是水平数。米切利希（E. A. Milscherlich）1909 年的培养试验证明，某作物产量和植物营养投入量之间关系遵从报酬递减律。因此，每个试验因素至少 3 水平才能建立植物营养生物效应的回归方程。设水平数为 r，必须使 $r \geqslant 3$。试验表明，植物营养水平及其生物效应的线性关系只是曲线关系的近似描述，而且只适于低肥力土壤、低量肥料投入等少数情况。

三是信息矩阵。线性或线性化回归方程回归系数求解矩阵公式为：$b = \mathbf{A}^{-1} B$，其中 $\mathbf{A}$ 为信息矩阵。数学证明，只有 $\mathbf{A}$ 的行列式 $|\mathbf{A}| \neq 0$（$|\mathbf{A}| = 0$ 时，$\mathbf{A}$ 为退化矩阵）回归系数方有解，而且 $|\mathbf{A}|$ 越大，设计方案越优良。在农业研究中应用数学家给定的最优回归设计方案时，允许据专业知识增加若干处理，但这时一定要通过 $|\mathbf{A}|$ 值判别派生回归设计的信息矩阵 $\mathbf{A}$ 是否为退化矩阵，并将 $|\mathbf{A}|$ 值与相应优良设计 $|\mathbf{A}|$ 值相比较，评价方案的优劣。

凡是符合上述设计要求的试验方案，不管均衡还是不均衡，都可以作为回归设计方案。但需注意以下几点。

一是回归分析和方差分析的试验设计都要消除非试验因素的影响。如表 2-14 设计方案虽然就试验因素 NP 配合的处理数而言，符合回归设计要求，但无钾处理只有 5 个（至少需要 6 个处理），因此不能用于建立二元二次肥料效应方程。

表 2-14 某氮、磷、钾肥料试验方案

处理	$N_0 P_0$	$N_{0.5} P_1$	$N_1 P_{0.5}$	$N_1 P_2$	$P_{1.5} P_1$	$N_2 P_{1.5} K$	$N_2 P_2 K$
N 水平	0	0.5	1	1	1.5	2	2
P 水平	0	1	0.5	2	1	1.5	2
K 水平						1	1

二是施肥量一般以养分（如 N、P_2O_5、K_2O 等）表示和计算。为便于实施和统计，施肥量宜取整数，因此，水平间距往往取相等间距。如某单位为建立冬小麦氮、磷肥料效应方程进行的多点分散试验采用的 2 因素 3 水平 3×3 设计（表 2-15），共施肥水平就是等间距的。这样的设计可以按正交多项式进行简化计算。

三是某些随时间变化的试验效应，如化肥铵态氮的挥发损失等，试验初期单位时间的效应量变化很大，以后逐渐趋向稳定。在这种情况下，试验因素（时间）的水平设计不必取等间距，开始时水平间距宜小，以后可适当加大。

表 2-15　冬小麦氮、磷肥用量试验的水平设计

因素水平		0	1	2
施肥量	N（kg/hm²）	0	135	270
	P₂O₅（kg/hm²）	0	67.5	135

四是在定量研究方面，方差分析的目的是比较有限处理的效应差异，回归分析的目的是从有限处理的效应差异上寻求试验因素和试验效应的定量关系。因此，回归设计对试验条件，特别是土壤肥力均匀性的要求较一般试验设计更为严格。

三、试验田间设置方法

田间试验方案制订后，就得进行试验田间设置，进行田间设置的目的，就是要有效地控制试验误差，包括消除系统误差、尽量缩小和无偏估计随机误差。应一切从这一目的出发，尽可能创造条件，把试验误差降低到最小，使试验结果真实可靠。

在进行田间设置前，应对试验地点进行详细调查了解，掌握地块立地环境、地块大小、土壤肥力变异特点等情况，依据实施方案，从能够最大限度地剔除试验系统误差、减少和估计出试验随机误差的目的出发，制定田间布局方法。田间试验设置的基本内容包括试验小区的面积与形状、重复的次数、小区的排列方式等。在此以一般小区试验为例，将主要内容分述如下。

（1）小区形状　在田间试验中，安排一个处理的一小块地段，叫作试验小区，简称小区，小区是试验的基本单位。小区的面积不一定小，有时也非常小，可以是一条地、一个畦、一株树、一个主枝、一个叶片。

小区的形状指小区的长宽比，小区的方向指小区长边的走向。研究表明，试验误差的大小与小区的形状以及小区的方向有关。在小区面积相等的情况下，当小区的方向与土壤肥力变化的方向一致时，狭长的小区比方形的小区能包括更大的土壤差异，从而能有效地降低试验误差。狭长小区能降低试验误差的原因，是因为它能更完整地包含地段的土壤复杂性，使得小区对供试土壤的代表性增强，每一小区中既包含有较肥沃的地段，又包含有较贫瘠的地段，而小区之间的土壤差异却因此变小。狭长小区可降低试验误差，这对土壤肥力呈较大的方向性变化的田块进行田间试验非常重要。当无法找到肥力均匀的田块时，只要土壤肥力的变化是呈方向性的，而不是呈不规则的斑块状分布，就可以在这样的田块安排试验，通过合理的小区技术，减少或消除土壤的系统误差。当然，必须事先对供试土壤进行生产调查和分析测定，充分掌握土壤肥力变化的空间分布规律。

应该强调，狭长小区能降低试验误差有一个重要的前提，这就是小区的方向必须与土壤肥力变化的方向一致。如果小区的方向与土壤肥力变化的方向垂直，狭长小区不仅不能包括更大的土壤差异，反而还会使小区包含的土壤差异变小，使小区之间的土壤差异变

大，其试验误差将会比方形的小区更加明显，得到适得其反的结果。

既然狭长小区能有效地降低试验误差，那么小区的长宽比是不是越大越好呢？实际情况并非如此。因为田间试验与大田栽培的不同点之一，就是小区周边的作物生长存在着边行优势。边行优势又叫边际效应，是指田块边缘的作物因温、光、肥等条件优于田块中央而表现出生长发育特别旺盛、产量增加的现象。田间试验的小区与小区之间一般留有一定距离的间隔，位于小区边缘的作物植株因边行优势的存在明显地长得比小区内部的作物好。当小区的长宽比例不太大时，这种边缘优势对试验带来的正面影响可以忽略，但当小区的长宽比大到一定程度时，处于边行优势的作物占小区作物总数的比例急剧上升，边行优势带来的正面影响占有重要地位，整个试验所处的条件与正常的大田条件严重偏离，试验的代表性变差，试验结果的准确性下降。此外，过于狭长的小区对于整地耕作也带来一定困难。因此，小区的长宽比并不是越大越好。一般情况下，小区的长宽比以（3～7）：1为宜。

在确定小区形状时，还要考虑到作物的特点、栽培管理的机械化程度，兼顾整个试验所有小区的排列情况。对于密植作物，如水稻、小麦等，小区可窄一些；对于宽行种植的作物，如玉米、高粱、甘蔗等，小区必须要有一定的宽度，应有5～7行作物，除去边行，还有3～5行尚能收获。如果采用机械化整地、中耕、施肥、治虫、收获，则小区的宽度应至少等于机械工作幅度的宽度，或为其整倍数。如果小区的排列采用拉丁方设计，由于这种设计可以将土壤纵横两个方向上的变异从试验的总变异分离出去，小区的形状以正方形为好。

（2）小区面积　适当扩大小区面积能概括土壤复杂性，减少小区间土壤肥力差异，降低试验误差。当小区面积沿着土壤肥力变异大的方向增加时，效果更为显著。表2-16是一水稻空白试验的统计结果。试验地土壤南北变异大，东西变异小。从表2-16中可以看出：①土壤变异系数随小区面积增加而减少；②沿土壤肥力变异大的方向较沿土壤肥力变异小的方向增加小区面积更为有效；③随小区面积增加，变异系数减小的幅度越来越小。因此，不适当地扩大小区面积不仅增加了试验地复杂性，而且难以管理，反而降低了试验精度。

表2-16　不同方向扩大小区面积对土壤变异系数的影响

按南北方向扩大		按东西方向扩大	
小区面积（m²）	变异系数（%）	小区面积（m²）	变异系数（%）
7	7.70	7	7.70
14	6.26	14	6.97
21	5.60	21	6.92
28	4.87	28	6.50
35	4.62	35	6.22
42	3.95	42	6.73
80	3.20	80	5.83

一般来说，我国试验小区面积为 20～140 m²。具体小区面积的确定应考到多种因素。

① 试验性质。长期定位肥料试验、田间校验试验、灌水试验、涉及机具耕作的施肥技术和耕作方法试验以及有机肥料试验等，小区面积较大；而肥料品种试验、土壤供肥力

试验、肥料利用率试验等试验面积可适当小些。

② 作物种类。果树及高粱、玉米、棉花、烟草等中耕作物小区面积宜大些；而密植作物，如小麦、水稻、谷子等小区面积可小些。

③ 处理数目。处理不多时，可采用较大小区；而处理较多时，应适当减少小区面积，否则将使整个试验地面积过大。

④ 地形和土壤。在丘陵、山地、坡地做试验，因难以选到大面积土壤条件均匀一致的地块，小区面积宜小；而在平原和垄地做试验，小区面积可大些。土壤肥力变异系数大，小区面积宜大；土壤肥力变小，小区面积可适当小些。表 2-17 可作为确定小区面积的参考。

表 2-17　各类肥料田间试验小区面积

试验类型	土壤条件	作物种类	小区面积（m²）	
			一般范围	最低限
一般小区试验	土壤肥力较均匀	直根系高大作物和块根块茎作物	67～133	34
		水稻	53～100	34
		其他谷类作物	33～67	20
	土壤肥力不均匀	谷类作物	133～333	60～70
大型小区试验	生产性示范	谷类作物	600～700	300～350
微型小区试验	土壤肥力较均匀	谷类或麦类作物	4～10	1

（3）重复设置　田间试验设置重复，实际上就是把每个处理的面积，分散在试验田的不同地段。这样分散的结果，使得每个处理都能较为充分地包含不同地段的土壤变异，减少或消除不同处理间因土壤肥力不均匀带来的系统误差。单从重复的角度来看，当然是重复次数越多越好。虽然增加重复可以减少误差，但是增大小区面积也可以减少误差，试验田的面积是一定的，在试验总面积不变的情况下，究竟哪一种方法对减少误差的作用更大呢？研究表明，在试验总面积一定时，增加重复次数、减少小区面积对降低误差的作用，比增大小区面积、减少重复次数的作用更为显著（表 2-18，图 2-3）。

表 2-18　重复次数和小区面积对试验误差的影响

每个处理的总面积（m²）	增大小区面积，重复次数不变		增加重复次数，小区面积不变	
	小区面积（m²）	变异系数（%）	重复次数（次）	变异系数（%）
25	25	10.0	1	10.0
50	50	8.3	2	7.1
75	75	7.6	3	5.8
100	100	7.1	4	5.0
125	125	6.7	5	4.5
150	150	6.4	6	4.1
175	175	6.1	7	3.8
200	200	5.9	8	3.5
225	225	5.7	9	3.3
250	250	5.6	10	3.2

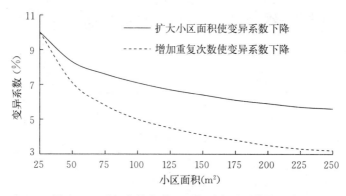

图 2-3　重复次数和小区面积对变异系数的影响

从图 2-3 可以看出，增加重复对减少误差的作用，随着重复次数的增加而下降。此外，重复次数过多会造成人力物力的大量增加。因此，重复次数的增加也有一定的限制。

田间试验的重复次数一般应根据试验所要求的精确度、试验田的面积、土壤变异、处理数目、供试因子不同水平间作用差异、资料统计时要求的误差自由度等因素来确定。试验精确度要求高、试验田面积大、土壤变异很明显、处理数目比较少、供试因子不同水平间作用差异较小，则重复次数要多一些；反之，重复次数可少一些。综合各方面因素考虑，一般情况下，田间试验的重复次数以 3~5 次为宜。

在近代生物统计的发展对田间试验的重复次数提出了新的要求。为了保证试验资料方差分析结果在统计学意义上的可靠性，必须使试验的误差有足够的自由度，如国际水稻研究所规定，水稻田间试验的误差自由度必须≥10，由此再推算出田间试验的重复次数。

对长期定位试验或科研单位的专用试验地，需经过匀地播种，分区收获决定重复次数。匀地播种是在将要进行试验的地块上，在无肥条件下播种同一种作物（如小麦、水稻、谷子等）根据土壤肥力越高作物长势越好，吸收养分也越多的原理，通过生物吸收均匀土壤肥力。分区收获是在匀地播种的基础上，分区收获产量，测定不同小区大小和小区组合的土壤肥力变异系数，以确定试验小区的适宜面积，重复次数和排列方式。

（4）小区排列　排列是指在同一区组内对各处理小区的排列位置，小区排列的基本原则是随机化。只有对试验小区进行合理的排列组合才能降低试验误差和估计试验误差。

小区组合是指各小区组合成区组的方式。随机区组是试验小区排列组合的基本形式。排列组合的基本原则：小区采用长方形，使小区的排列方向与土壤肥力递变方向垂直；区组形状应尽可能取正方形，使区组的排列方向与土壤肥力递变方向相一致。这样的排列组合减少了小区之间土壤变异，至于扩大的区组之间差异，可以通过统计分析予以剔除。

常用的试验小区排列组合方法有以下几种。这里主要介绍随机区组设计、拉丁方设计、裂区设计、正交设计 4 类排列方法。

① 随机区组排列。随机区组设计的基本原则是将试验地划分成若干区组，使不同处理小区在区组内随机排列。如果同一区组包括了全部处理，则一个区组就是一次重复，这种区组设计称为完全随机区组设计。图 2-4 有助于说明随机区组设计的基本原则。据小区的排列组合原则，图 2-4 中的（a）设计是正确的，因为它有效地控制了土壤肥力变异，处理之间具有可比性；而图 2-4 中的（b）设计是错误的，因为它没有成功地控制土

壤肥力变异，造成处理间的效应差异与土壤肥力的系统误差相混杂。

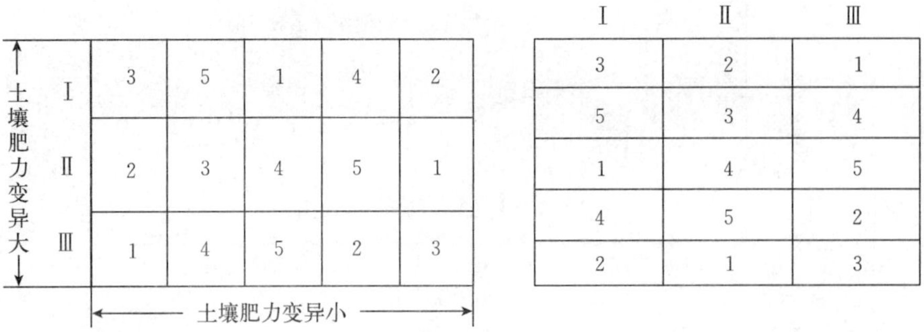

图 2-4　两种随机区组设计合理性的比较

区组方位确定后，可用抽签或查随机表的方法实现区组内不同处理小区排列的随机化。完全随机区组设计在田间试验中最常用，对试验精确度要求较高，处理数在 15 个左右的单因素和多因素试验均适用。

② 拉丁方排列。拉丁方是行数与列数相等且在行、列两个方向上完全随机化的字母方阵。用拉丁方安排试验称拉丁方设计。拉丁方设计的处理数＝重复数＝区组数，行、列均作为区组。因为能在两个方向上剔除土壤系统误差，所以具有很高的试验精度。其不足之处是对试验条件要求比较苛刻，它要求试验地方整，处理数一般为 4～8 个。该设计一般用于两个方向上土壤变异较大或土壤变异规律不清楚或精度要求较高的试验。

拉丁方设计的第一步是根据处理数选择标准方，即首行、首列均为顺序排列的拉丁方。然后按一定随机数字对标准方进行行、列随机变换即得拉丁方设计方案。例如，设有 5 个处理首先任选一个 5×5 标准方变换如下：

```
A B C D E  行随  D C E B A  列随  E D B C A
B D A E C   →   A B C D E   →   C A D B E
C E B A D  机化  E A D C B  机化  D E C A B
D C E B A        C E B A D        B C A E D
E A D C B        B D A E C        A B E D C
```

按 41532 的次序对行重新排列　　按 31425 的次序对列重新排列

对拉丁方（3）的 A、B、C、D、E 赋予具体处理内容，就可作为拉丁方设计的实施方案。

③ 裂区排列。裂区设计是随机区组设计的一种特殊形式，是把试验小区进一步划分为裂区的设计方法。被分裂的原小区叫主区，分裂后的新小区叫副区。主区和副区可分别安排不同试验因素，因此裂区设计适于复因素试验。试验设计时应将要求小区面积较大的试验因素，如耕作、灌水等作为主区处理安排在主区。有机肥和磷肥往往需要机具耕翻入土，因此，也应作为主区处理。而肥料品种、氮肥等因素，或其他使用手工操作的试验因素，应作为副区处理安排在副区。此外，主、副区试验精度不同，副区处理因重复次数较多、小区面积较小，便于局部控制和精耕细作，因而，比主区处理有更高的试验精度，应安排试验精度要求高的因素。在长期肥料定位试验中，随时间的推移，往往需要在以前试

验的基础上对某课题继续做更深入的研究，因此，也多采用裂区设计，这时作为副处理的往往是微量元素肥料，不同肥料用量或不同作物品种等。例如，某氮（N）、磷（P）、钾（K）和微量元素肥料效应试验，微量元素要求试验精度较大量元素高，所以放在副区作为副区处理，大量元素则放在主区，作为主区处理。试验设计如图2-5。

	N	O	PK	NP	K	NPK	P	NK
I	1 2	2 1	1 2	1 2	1 2	2 1	2 1	1 2
	NPK	P	N	PK	NP	K	NK	O
II	2 1	1 2	1 2	2 1	2 1	1 2	1 2	2 1
	P	NPK	NP	N	NK	O	K	PK
III	1 2	2 1	2 1	1 2	2 1	1 2	2 1	1 2

图2-5　氮、磷、钾及微量元素肥料效应试验
1. 不施微量元素　2. 施微量元素

有时为耕作管理方便，将同一因素相同水平的处理小区连接在一起构成条状主区，这种设计称为条状设计。如图2-6是澳大利亚一个长期定位肥料试验的设计方案，不同作物和不同肥料处理分别为不同条区，在作物管理和施肥上十分方便，也减少了小区的边际效应。在统计上，条区设计有利于研究不同试验因素间的交互作用。

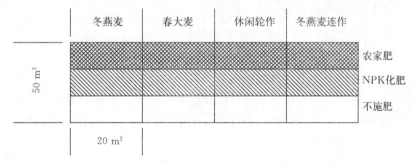

图2-6　轮作施肥定位试验田间区划

④ 正交设计。正交设计是采用固定的正交表确定试验方案的一种设计方法，其方法设计的主要目的是解决复因素试验中由于处理数过多而产生的试验因素与区组效应的混杂问题。如果处理数较少，如 $L_4(2^2)$、$L_8(2^7)$、$L_8(4 \times 2^4)$、$L_9(3^4)$ 等可以按完全随机区组设计等要求布置试验。如果处理较多，难以将所有处理安排在一个区组里，可以将其分裂成几部分，分别安排在不同区组里。分裂的原则是使区组效应与因素的高级连应混杂，以高级连应那一列的不同水平作为不同区组。这样做虽然牺牲了高级连应这个不重要的试验信息，却提高了其他研究因素的试验精度，并解决了试验处理多难以实施的困难。例如用 $L_{16}(4^2 \times 2^9)$ 表进行棉花品种、植株密度、苗肥、花龄肥、打蕾顶数5因素试验时，可将空列（第九列）作为区组因素，分别将1、2水平作为两个不同区组（表2-19）。这种排列叫做不完全区组设计。具体地就是将8个（1）号处理置于一个区组，将8个（2）号处理置于另一区组。在设置重复情况下，区组效应（包括与之混杂的连应）可通过方差分析

检验并从误差项剔除。

表 2 - 19　棉花不同品种和栽培技术的正交试验 $L_{16}(4^2 \times 2^9)$

试验号	品种	每 666.7 m² 密度（株）	每 666.7 m² 施用苗肥（kg）	每 666.7 m² 施用花铃肥（kg）	打蕾顶数（个/株）	区组
1	（1）鄂棉 6 号	（1）4 000	（1）3.53	（1）12.53	（1）7	（1）Ⅰ
2	（1）鄂棉 6 号	（2）5 000	（1）3.53	（1）12.53	（1）7	（2）Ⅱ
3	（1）鄂棉 6 号	（3）6 000	（2）1.53	（2）20	（2）11	（1）Ⅰ
4	（1）鄂棉 6 号	（4）7 000	（2）1.53	（2）20	（2）11	（2）Ⅱ
5	（2）71－3 035	（1）4 000	（1）3.53	（2）20	（2）11	（1）Ⅰ
6	（2）71－3 035	（2）5 000	（1）3.53	（2）20	（2）11	（2）Ⅱ
7	（2）71－3 035	（3）6 000	（2）1.53	（1）12.53	（1）7	（1）Ⅰ
8	（2）71－3 035	（4）7 000	（2）1.53	（1）12.53	（1）7	（2）Ⅱ
9	（3）鄂光棉	（1）4 000	（2）1.53	（1）12.53	（2）11	（2）Ⅱ
10	（3）鄂光棉	（2）5 000	（2）1.53	（1）12.53	（2）11	（1）Ⅰ
11	（3）鄂光棉	（3）6 000	（1）3.53	（2）20	（1）7	（2）Ⅱ
12	（3）鄂光棉	（4）7 000	（1）3.53	（2）20	（1）7	（1）Ⅰ
13	（4）华棉 4 号	（1）4 000	（2）1.53	（2）20	（1）7	（2）Ⅱ
14	（4）华棉 4 号	（2）5 000	（2）1.53	（2）20	（1）7	（1）Ⅰ
15	（4）华棉 4 号	（3）6 000	（1）3.53	（1）12.53	（2）11	（2）Ⅱ
16	（4）华棉 4 号	（4）7 000	（1）3.53	（1）12.53	（2）11	（1）Ⅰ

注：括号内数字为正交设计中的水平代号，其后为水平的具体内容。

⑤ 多点分散试验设计。多点分散试验是根据一定的试验目的，统一试验方案，统一试验方法，在有代表性的多个地点进行的一种群体试验。它的特点：一是试验的时间和内容相同；二是多点分散；三是每点只设置一次重复或区组。多点分散试验要求所选各点必须要有充分的代表性，以利于将资料进行综合分析，从中找出规律性的东西。多点分散试验对试验点数有一定的要求，要有足够的试验点数，不能太少。据联合国粮食及农业组织（FAO）的经验，一次试验的试验点数不应少于 12 个，保证获得可用试验结果的点数不少于 10 个。此外，由于试验量大，试验设计不能过于复杂。

近几年，我国许多地区进行的多点分散试验旨在确定不同肥力土壤作物的肥料经济合理用量，如测土配方施肥工作中氮、磷肥料最佳施肥量的多点分散试验，旨在用回归分析和多点动态聚类等方法建立不同肥力土壤的氮、磷肥料效应类方程，进而通过边际分析，计算肥料最佳施用量。为此，各试验点采用了氮、磷、钾 3 因素 4 水平的不完全设计，即"3414"试验，共 14 个处理 $N_0P_0K_0$、$N_0P_2K_2$、$N_1P_2K_2$、$N_2P_0K_2$、$N_2P_1K_2$、$N_2P_2K_2$、$N_2P_3K_2$、$N_2P_2K_0$、$N_2P_2K_1$、$N_2P_2K_3$、$N_3P_2K_2$、$N_1P_1K_2$、$N_1P_2K_1$、$N_2P_1K_1$，每点只重复一次。该设计处理较少，便于农户实施，既可方差分析，又可回归分析。为得到不同肥力土壤试验结果，每年每种作物设 10 个试验点，在全县范围内，按不同肥力土壤种植面积的比例分散布点。

多点分散试验在每个点的各个处理，也应采用随机排列，但点与点之间的随机排列应该各不相同，以充分保证试验误差的随机性。由于只设一次重复，多点分散试验应选择地力较为均匀的田块，小区的面积可适当大一些，以利于每个小区包含较大的土壤差异，达到降低试验误差的目的。

因为多点试验类方程算得的最佳施肥量是小面积试验结论，必须经生产条件下的田间校验方可大面积推广应用，所以，在小区试验基础上，每年对每种作物设置了大田生产示范试验点，分散在全县不同肥力土壤上。每点设 3 个处理区，每区不少于 350 m²，由农户进行试验。这 3 个处理：推荐施肥区：采用最佳施肥量；习惯施肥区：采用当地农民习惯施肥量；无肥区：不施肥。除施肥量外，各施肥处理的灌水等管理措施相同。

三区试验既起到田间校验作用，又起到示范推广作用。为提高试验效率，校验试验不必等小区试验完成后（一般要 3 年）再布置，可比小区试验推迟一季作物布置，然后两者同步进行。

⑥ 顺序排列设计。顺序排列设计常用的方法有两种，即对比法设计和间比法设计，就其特点分述如下。

A. 对比法设计：对比法试验设计通常用于处理数较少（一般都在 10 个以下）的品种比较试验及示范试验。其设计特点：一是每个处理排在对照两旁。即每隔 2 个处理设立 1 个对照，使每个处理的试验小区，可与其相邻对照相比较。二是对照太多要占 1/3 面积，土地利用率不高，故处理数不宜太多，重复 2~8 次即可。三是相邻小区，特别是狭长形小区之间，土壤肥力有相似性，因此处理和对照相比，能达到一定的精确度。四是各重复可排列成多排，一个重复内排列是顺序的，重复多时，不同重复也可采用逆向式或阶梯式，如图 2-7 和图 2-8 所示。

Ⅰ	1	CK	2	3	CK	4	5	CK	6
Ⅱ	6	CK	5	4	CK	3	2	CK	1
Ⅲ	1	CK	2	3	CK	4	5	CK	6
Ⅳ	6	CK	5	4	CK	3	2	CK	1

图 2-7　7 个处理 4 次重复（逆向式）

Ⅰ	1	CK	2	3	CK	4	5	CK	6	7	CK
Ⅱ	3	CK	4	5	CK	6	7	CK	1	2	CK
Ⅲ	5	CK	6	7	CK	1	2	CK	3	4	CK
Ⅳ	7	CK	1	2	CK	3	4	CK	5	6	CK

图 2-8　7 个处理 4 次重复（阶梯式）

对比试验设计的优点是设计较简单，每一处理均与对照相邻，容易观察比较，且处理与邻近对照相比较，精确度高。缺点：一是 CK 所占的小区太多，导致试验地面积过大，增加了工作量和成本，试验很不经济；二是没有遵循随机排列原则，不能无偏估计试验误差，试验结果无法应用统计学方法进行数据分析。

对比试验设计多应用于处理数目较少的试验特别是生产示范试验。

B. 间比法试验设计：在育种试验中前期阶段，如果采用其他试验设计，试验品种很多，区组过大，将失去控制，因而采用间比法试验设计。特点：一是将全部品种（处理）顺序排列，每隔4个或9个品种设一对照；二是每一重复或每一块地上，开始和最后一个小区都是对照；三是重复2～4次，各重复可排列成多排；四是在多排式时，各重复的顺序可以是逆向式（图2-9）。如果一块土地不能安排整个重复的小区，则可在第二块地上接下去，如图2-10所示。

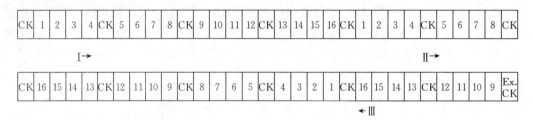

I	CK	1	2	3	4	CK	5	6	7	8	CK	9	10	11	12	CK	13	14	15	16	CK	17	18	19	20	CK
II	CK	20	19	18	17	CK	16	15	14	13	CK	12	11	10	9	CK	8	7	6	5	CK	4	3	2	1	CK
III	CK	1	2	3	4	CK	5	6	7	8	CK	9	10	11	12	CK	13	14	15	16	CK	17	18	19	20	CK

图2-9　20个品种3次重复的间比法排列（逆向式）
Ⅰ、Ⅱ、Ⅲ代表重复　1、2、3、……、20代表品种　CK代表对照

图2-10　16个品种3次重复的间比法排列，两行排次重复及Ex. CK的设置
Ⅰ、Ⅱ、Ⅲ代表重复　1、2、3、……、20代表品种　CK代农对照　Ex. CK代表额外对照

间比试验设计的优点是设计简单，可容纳更多的处理。缺点一是试验的精确度较差；二是没有遵循随机排列原则，不能无偏估计试验误差，试验结果无法应用统计学方法进行数据分析。

间比试验设计主要用于育种的前期阶段，材料较多而精确度要求相对较低，如新品系的产量鉴定试验。

四、肥料田间试验设计的特殊要求

以上二、三小节介绍的是一般作物在一般条件下的田间试验，其基本原理和方法具有普遍性，适用于所有的田间试验。但还有一些特殊条件下或特殊作物的田间试验，各有其特点和特别应予以注意的地方，现选择重要的内容加以介绍。

（一）充分了解试验误差的主要来源

土壤差异是田间试验误差的主要来源，除此之外，供试材料不纯、各项管理措施不一致，以及各种自然的和人为的偶然因素也都可能产生误差。要有效降低试验误差，就应了解田间试验误差的具体来源。

（1）试验材料固有的差异　试验材料差异包括供试种子不匀或基因型不纯、秧苗树苗大小不一、供试肥料和农药等不均匀性等。

（2）试验过程中农事操作和管理措施的不一致性所引起的差异　如播种、移栽、施肥、浇灌、中耕除草、病虫害防治等措施的不一致性；以及对一些性状进行观察和测定时，各处理的观察测定时间、标准、人员和所用工具或仪器等不能完全一致。

（3）偶然性因素作用引起的差异　试验过程中一些无法预见的原因，如病虫危害、鸟兽侵袭、人畜践踏、狂风冰雹、雨水冲刷等对试验不同小区的危害程度的不一致性。

（二）试验误差的控制途径

了解了试验误差的具体来源，就应针对误差来源采取相应的措施，提高试验的精确性，使误差降到最小限度。

（1）选用有代表性的供试品种　严格的试验要求试验材料的基因型同质一致，尽量选用均匀一致的试验材料。在试验作物选择上，一般采用当地主栽品种或计划发展的品种，同时要根据试验目的和要求，选用相应的品种。此外，试验用的种、秧、苗木要求高质量，整齐一致。

（2）改进操作和试验技术，使之标准化　总的原则：操作要仔细，一丝不苟，除各种操作尽可能做到完全一样外，一切试验操作、观察测量和数据收集都应以区组为单位进行控制，减少可能发生的差异。这就是前面讲到的"局部控制"原理。

（3）控制其他外界因素引起的差异　试验过程中一些看似无关的外界因素，如不了解掌握的因素，往往关系到试验的成败。如家禽、家畜危害，试验点最好离居民点和畜舍远些。

（三）果树田间试验的特别要求

果树试验周期长，果树经济寿命一般可达几年、十年以上，甚至多达百年，因此试验周期长。果树有大小年，大年树和小年树的反应不一样；果树具有生命周期和年周期两个发育时期，不同年龄时期、不同物候期，生长发育不同，试验结果就不同。因此，果树试验比较复杂。另外由于果树试验年限长，常会因寒害、风害、病虫害、兽害等，导致植株死亡或残缺，而形成缺株缺区，增加试验的复杂性。

果树试验误差比其他作物试验大，果树个体大，利用的营养面积大，根系分布深而广，不但受表土影响，也受心土影响。因此，易造成株间差异大。此外，个体之间根、茎等器官的发育和根系吸收体同化养分的能力差异较大，且病虫危害、嫁接苗接口愈合状况、修剪技术以及相邻植株地上地下部分相互竞争等，也会造成株间差异。

而且大多果树是嫁接繁殖，常因砧木或接穗的不同而影响试验条件均匀性。另外，果树多为山地栽培、零星栽培，其地形、坡度、坡向、土层深浅、肥力水平状况，对果树的生长结果均有不同影响。

果树和土壤的差异决定了果树田间试验的误差远比一般作物的要大。根据这一特点，为了有效地降低试验误差，果树试验在试验的方法设计和实际操作上，应该注意以下几点。

（1）选用较少处理的完全方案　为了突出处理的作用，避免果树和土壤的基础差异掩盖处理效应，试验方案中处理数应酌情减少，处理之间设置的差异应尽可能拉大。为了避免可能的交互作用对果树和土壤带来的误差混杂，最好不用不完全方案（包括正交设计），而采用完全方案。

（2）采用适当的试验方案　一般采用随机区组法，将基础较为一致的地段设为一个区组，尽可能将果树和土壤的差异安排在区组之间。如果区组之间果树的基础差异太大，考虑到果树的基础差异对处理效应会产生较大的影响，可采用协方差分析的方法处理试验数据。

（3）区组和小区排列　因果树的特殊性，果树试验区组设计可按面积设置区组，也可按植株设置区组，方法如下。

① 按面积设置区组。在现有的果园中进行试验，首先要通过生育档案和果树、土壤的基础调查，在土壤理化性状、地形地貌、长势相对一致的区域选择供试树，至少同一区组内应尽量一致；其次，试验树的管理要一致（特别是常年的施肥管理）；最后，要正确选择树的年龄时期和结果性状，如以产量为研究指标的试验，则应选盛果期树，并在大年进行试验为佳。小区的面积应较大，增大小区的面积是为了使小区尽可能包括较大的果树和土壤基础差异，一般情况下，大型果树每小区应有 5~10 株果树，如能达到 15~20 株更好；小型果树每小区应有 10~15 株果树，以 20~30 株为宜；苗圃每小区应有 60~80 株果树，以 100~120 株为宜。对于大型果树，各小区之间的果树株数可能不一致，统计是以株为单位计算。小区采用长方形，能包括较大的果树和土壤差异，减少试验误差。小区的方向（长边的走向）应与坡向一致。

② 按植株设置区组。按植株设置区组时，往往有单株区组法、单株小区法及组合小区法。主要考虑株间的差异，区组设计时，尽量要使区组内株间差异小，对形状不一定要求一致，甚至同一区组的各小区可以不相邻。一般可采用以下小区和区组设计。

A. 单株区组法：在同一植株选择条件相近的几个主枝或大枝组，设置处理和对照，以一个主枝或大枝为小区，全株成为区组，称为单株区组。果树试验中的花芽分化观察、授粉受精试验、修剪反应、局部枝果的保花措施、植物生长调节剂或微量元素的应用、品种高接比较鉴定等均可采用单株区组。

B. 单株小区法：以单株为处理单位，可将供试树按干周大小及树冠大小等不同分成若干组，每一组作为一次重复区组，其中每一株为一小区。同一重复内各处理间的基础差异要小，均选同一类型树。每一重复单株小区可集中排列，也可分散排列。单株小区要求重复次数不少于 4次，最好 8~10 次。图 2-11 所示为一个 6 个处理 4 次重复的试验，依干周大小分成 4 组，每组

图 2-11　果树试验单株小区选择
①、②、③、④代表树干周大小不同

选 6 棵树，安排 6 个处理，每株为一个小区。图中圆圈中号码代表干周大小不同。这样排列，同一区组的植株没有在一起，但它们的干周相近，体现了局部控制原则。

　　C. 组合小区法：在山地各小区中，要选择均匀一致的供试树比较困难，可选用不同树势或树龄中单株组成组合小区。在组合小区内的单株树势有强有弱，但各个小区不同树势的植株是按同样比例组成，这样的小区内虽有株间差异，但小区间的差异相对减少，也能达到局部控制要求。组合小区一般适用于品种比较试验、施肥试验、整形修剪试验等。

　　单株小区适用于品种高接鉴定试验、修剪试验、疏花疏果或保花保果试验、植物生长调节剂或微量元素试验。

　　(4) 应进行年间重复　一般果树田间试验当年设置 3～4 次重复。但果树为多年生作物，气候的年变化也会对处理效应带来影响，因此，往往采用连续多年的定位试验，以求得准确的试验结果。

(四) 蔬菜试验的特殊性

　　(1) 试验地内土壤差异较小　由于菜地常年精耕细作，其耕层厚度、熟化程度、肥力水平通常比较均匀一致，且较其他农作物高。另外，蔬菜个体较小、根系浅，受深层土壤影响小，也便于控制试验地的土壤差异。

　　(2) 对试验处理的反应敏感　蔬菜生长迅速、生长量大，对试验处理的反应较其他作物敏感 (对肥、水、植物生长调节剂的反应更为敏感)。因此，拟订试验方案，不同处理的级差量不宜过大。

　　(3) 蔬菜试验较农作物试验复杂　蔬菜生育周期短，同种蔬菜有各种栽培方式，如黄瓜就有露地、地膜覆盖、阳畦、温室、拱棚等不同栽培方法；同一栽培方式又可安排多种茬口 (如春、夏、秋三种茬口)；同一茬口蔬菜有一次性收获，也有多次性收获；另外，蔬菜常进行间作、套作、混作等。蔬菜作物的这种栽培方式、茬口安排和收获次数的多样性和灵活性，造成了蔬菜试验的复杂性。因此，为了提高试验的精确度，蔬菜试验对试验的设计、实施和统计分析同样有很高的要求。

第三章
肥料田间试验主要类型及设计

一、"3414"田间试验

"3414"设计是李仁岗等（1994）在国外"3411"多点肥料试验方案的基础上，加了12～14三个处理后得到的方案。该方案设计吸收了回归最优设计处理少、效率高的优点，是目前国内外应用较为广泛的肥料效应田间试验方案。在具体实施过程中可根据不同目的采用"3414"完全实施方案和部分实施方案。

（一）"3414"田间试验的目的与意义

"3414"肥料田间试验是测土配方推荐施肥的技术依托，通过布置在不同土壤肥力水平上的多点分散性试验，总结出不同肥力水平下主要作物的经济合理推荐施肥量，为构建作物的肥料效应模型，划分施肥类型分区和推荐施肥技术提供科学依据。需要在不同肥力水平的土壤上进行多年多点分散试验（15个以上），这样才能提供不同肥力水平下的主要作物施肥效应模型、作物最佳经济施肥量、地力产量、土壤养分供肥量、作物养分吸收量以及肥料利用率、土壤养分校正系数等有关施肥参数，通过数理统计的方法，完善测土配方推荐施肥的技术内涵，进一步为形成地区性的"专家施肥指导体系"奠定基础，为宏观指导农业生产科学合理施用肥料服务。

（二）"3414"试验方案

（1）完全实施方案　"3414"肥料田间试验中的"3"是指氮、磷、钾3个因素，"4"是指每个因素0、1、2、3的4个水平，"14"是指组合形成14个处理。"3414"试验的4个用量水平：0水平为不施肥，2水平为当地供试作物的最佳施肥量的近似值，1水平＝2水平×0.5，3水平＝2水平×1.5（该水平必须达到过量施肥，否则应调整2水平施肥量）。"3414"试验方案如表3-1所示。

如要获得有机肥料的效应，可增加1个有机肥处理区（M）；检验某种微量元素的效应，增加 $N_2P_2K_2$＋某种微量元素处理。

（2）部分实施方案　要试验氮、磷、钾中某一个或两个养分的效应，或因其他原因无法进行"3414"试验的完全实施方案时，可在其中选择相关处理，即"3414"试验的部分实施方案，从而既保证了测土配方施肥田间试验总体设计的完整性，又满足了不同施肥区

表 3 - 1　"3414" 试验方案处理

试验编号	处理	养分与编码		
		N	P_2O_5	K_2O
1	$N_0P_0K_0$	0	0	0
2	$N_0P_2K_2$	0	2	2
3	$N_1P_2K_2$	1	2	2
4	$N_2P_0K_2$	2	0	2
5	$N_2P_1K_2$	2	1	2
6	$N_2P_2K_2$	2	2	2
7	$N_2P_3K_2$	2	3	2
8	$N_2P_2K_0$	2	2	0
9	$N_2P_2K_1$	2	2	1
10	$N_2P_2K_3$	2	2	3
11	$N_3P_2K_2$	3	2	2
12	$N_1P_1K_2$	1	1	2
13	$N_1P_2K_1$	1	2	1
14	$N_2P_1K_1$	2	1	1

域土壤养分的特点、不同试验目的、不同层次的具体要求。例如欲在某地某种作物上要重点检验氮、磷肥料效应时，可在钾肥作基肥的前提下，进行氮、钾二元肥料效应试验，设置 3 次重复（表 3 - 2）。此方案也可分别建立氮、磷一元效应方程。

表 3 - 2　氮、磷二元肥料试验设计与 "3414" 试验方案处理编号对应

试验编号	处理	养分与编码		
		N	P_2O_5	K_2O
1	$N_0P_0K_0$	0	0	0
2	$N_0P_2K_2$	0	2	2
3	$N_1P_2K_2$	1	2	2
4	$N_2P_0K_2$	2	0	2
5	$N_2P_1K_2$	2	1	2
6	$N_2P_2K_2$	2	2	2
7	$N_2P_3K_2$	2	3	2
11	$N_3P_2K_2$	3	2	2
12	$N_1P_1K_2$	1	1	2

　　一般可把试验设计为 5 个处理：无肥区（CK）、无氮区（PK）、无磷区（NK）、无钾区（NP）、氮磷钾区（NPK）。这 5 个处理分别与 "3414" 试验完全方案中相对应的处理编号为 1、2、4、8、6（表 3 - 3）。如要获得有机肥料的效应，可增加有机肥料处理（M）；若检验某种中量元素或微量元素的效应，可在 NPK 基础上，进行加与不加中（微）

量元素处理的比较。方案中氮、磷、钾、有机肥料的用量应接近肥料效应函数计算的最佳施肥量或其他方法推荐的合理用量。

表 3-3 常规 "5" 处理试验与 "3414" 方案处理编号对应

常规试验处理	试验编号	处理	养分与编码		
			N	P_2O_5	K_2O
无肥区	1	$N_0P_0K_0$	0	0	0
无氮区	2	$N_0P_2K_2$	0	2	2
无磷区	4	$N_2P_0K_2$	2	0	2
无钾区	8	$N_2P_2K_0$	2	2	0
氮磷钾区	6	$N_2P_2K_2$	2	2	2

（3）"3414" 试验设计实例　内蒙古自治区四子王旗农业技术推广站 2008 年进行了旱作马铃薯肥料肥效试验研究，设计采用 "3414" 试验方案，不同施肥水平养分用量和肥料用量见表 3-4。尿素含 N 量 46%，重过磷酸钙 P_2O_5 含量 43%，硫酸钾 K_2O 含量 50%。

表 3-4 旱地覆膜马铃薯 "3414" 试验施肥种类及施肥量

施肥水平	每 667 m^2 养分用量（kg）			每 667 m^2 肥料用量（kg）		
	N	P_2O_5	K_2O	尿素	重过磷酸钙	硫酸钾
0	0	0	0	0	0	0
1	5.0	3.8	2.5	10.9	8.7	5.0
2	10.0	7.5	5.0	21.7	17.4	10.0
3	15.0	11.3	7.5	32.6	26.2	15.0

将表 3-4 中各施肥水平下的养分用量和肥料用量对应写入 "3414" 试验方案中，形成 "3414" 试验的实施方案，见表 3-5。

表 3-5 "3414" 试验实施方案

试验编号	处理	每 667 m^2 养分用量（kg）			每 667 m^2 肥料用量（kg）		
		N	P_2O_5	K_2O	尿素	重过磷酸钙	硫酸钾
1	$N_0P_0K_0$	0	0	0	0	0	0
2	$N_0P_2K_2$	0	7.5	5.0	0	17.4	10.0
3	$N_1P_2K_2$	5.0	7.5	5.0	10.9	17.4	10.0
4	$N_2P_0K_2$	10.0	0	5.0	21.7	0	10.0
5	$N_2P_1K_2$	10.0	3.8	5.0	21.7	8.7	10.0
6	$N_2P_2K_2$	10.0	7.5	5.0	21.7	17.4	10.0
7	$N_2P_3K_2$	10.0	11.3	5.0	21.7	26.2	10.0
8	$N_2P_2K_0$	10.0	7.5	0	21.7	17.4	0
9	$N_2P_2K_1$	10.0	7.5	2.5	21.7	17.4	5.0
10	$N_2P_2K_3$	10.0	7.5	7.5	21.7	17.4	15.0

（续）

试验编号	处理	每 667 m² 养分用量（kg）			每 667 m² 肥料用量（kg）		
		N	P_2O_5	K_2O	尿素	重过磷酸钙	硫酸钾
11	$N_3P_2K_2$	15.0	7.5	5.0	32.6	17.4	10.0
12	$N_1P_1K_2$	5.0	3.8	5.0	10.9	8.7	10.0
13	$N_1P_2K_1$	5.0	7.5	2.5	10.9	17.4	5.0
14	$N_2P_1K_1$	10.0	3.8	2.5	21.7	8.7	5.0

（三）"3414"肥料肥效试验可获得的结果及计算

"3414"肥料效应田间试验在进行土壤和植株取样及养分测定、获得产量的基础上，可完成一系列的结果运算。

（1）肥料效应函数拟合

① 三元二次效应函数。利用"3414"试验完全实施方案的 14 个处理的产量，可进行氮、磷、钾三元二次效应函数的拟合。函数模型为

$$Y = b_0 + b_1X_1 + b_2X_2 + b_3X_3 + b_4X_1^2 + b_5X_2^2 + b_6X_3^2 + b_7X_1X_2 + b_8X_1X_3 + b_9X_2X_3 \quad (3.1)$$

式（3.1）中：Y 为产量（kg/hm²），X_1、X_2、X_3 分别代表 N、P_2O_5、K_2O 的施用量（kg/hm²）。

② 二元二次效应函数。通过 2～7，11，12 八个处理产量，可以建立以 K_2 水平（X_3 的 2 水平）为基础的氮、磷二元二次肥料效应方程；通过 4～10，14 八个处理，可以建立以 N_2 水平（X_1 的 2 水平）为基础的磷、钾二元二次肥料效应方程；通过 2、3、6、8、9、10、11、13 八个处理，可以建立以 P_2 水平（X_2 的 2 水平）为基础的氮、钾二元二次肥料效应方程。二元二次肥料效应方程的模型为

$$Y = b_0 + b_1X_1 + b_2X_2 + b_3X_1^2 + b_4X_2^2 + b_5X_1X_2 \quad (3.2)$$

式（3.2）中：Y 为产量（kg/hm²），X_1、X_2 分别代表 N、P_2O_5、K_2O 中的任意两种的施用量（kg/hm²）。

③ 一元二次效应函数。采用一元肥料效应模型拟合时，是将其他两个因素固定在 2 水平，如选用 2、3、6、11 四个处理可求得在 P_2K_2 水平为基础的氮肥效应方程；选用 4、5、6、7 四个处理可求得在 N_2K_2 水平为基础的磷肥效应方程；选用 6、8、9、10 四个处理可求得在 N_2P_2 水平为基础的钾肥效应方程。一元二次肥料效应方程的模型为

$$Y = b_0 + b_1X + b_2^*X^2 \quad (3.3)$$

式（3.3）中：Y 为产量（kg/hm²），X 代表 N、P_2O_5、K_2O 的任意一种的施用量（kg/hm²）。

（2）施肥参数的计算 通过处理 1，可以获得基础地力产量，即空白区产量；通过处理 2 可获得无氮区产量；通过处理 4 可获得无磷区产量；通过处理 8 可获得无钾区产量；通过处理 6 可获得全肥区产量。这些数据的取得，就可以计算土壤养分供应量、作物吸收养分量、土壤养分校正系数、肥料利用率等施肥参数。在多点试验的基础上，可以进行土壤养分丰缺指标的制定，建立土壤养分校正系数与土壤有效养分测定值的数学函数关系。

具体计算和统计分析见第七章。

（3）肥料效应的计算　通过处理6和处理1计算土壤对产量的贡献率和肥料对产量的贡献率；通过处理6和处理2、处理4、处理8可分别计算氮肥、磷肥、钾肥的增产效应。

$$土壤贡献率（\%）=\frac{处理1产量（kg/hm^2）}{处理6产量（kg/hm^2）}×100\%$$

$$肥料贡献率（\%）=［1-土壤贡献率（\%）］×100\%$$

$$氮肥效应（kg/kg）=\frac{处理6处理产量（kg/hm^2）-处理2处理产量（kg/hm^2）}{施氮量（N，kg/hm^2）}$$

$$磷肥效应（kg/kg）=\frac{处理6处理产量（kg/hm^2）-处理4处理产量（kg/hm^2）}{施磷量（P_2O_5，kg/hm^2）}$$

$$钾肥效应（kg/kg）=\frac{处理6处理产量（kg/hm^2）-处理8处理产量（kg/hm^2）}{施钾量（K_2O，kg/hm^2）}$$

二、田间"2+X"肥效试验

《测土配方施肥技术规范》中的"2+X"试验方案中"2"是指以常规施肥和优化施肥2个处理为基础的对比施肥试验研究；"X"主要是指针对氮素养分和微量元素养分等而进行的动态优化试验设计。

（一）蔬菜肥料"2+X"田间试验

（1）试验设计目的　肥料田间试验设计推荐"2+X"方法，分为基础施肥和动态优化施肥试验两部分："2"是指各地均应进行的以常规施肥和优化施肥2个处理为基础的对比施肥试验研究，其中常规施肥是当地大多数农户在蔬菜生产中习惯采用的施肥技术，优化施肥则为当地近期获得的蔬菜高产高效或优质适产施肥技术；"X"是指针对不同地区、不同种类蔬菜可能存在一些对生产和养分高效有较大影响的未知因子而不断进行的修正优化施肥处理的动态研究试验，未知因子包括不同种类蔬菜养分吸收规律、施肥量、施肥时期、养分配比、中微量元素等。为了进一步阐明各个因子的作用特点，可有针对性地进一步安排试验，目的是为确定施肥方法及数量、验证土壤和植物养分测试指标等提供依据，"X"的研究成果也将为进一步修正和完善优化施肥技术提供参考，最终形成新的测土配方施肥（集成优化施肥）技术，有利于在田间大面积应用和示范推广。

（2）基础施肥试验设计　基础施肥试验取"2+X"中的"2"为试验处理数：①常规施肥，蔬菜的施肥种类、数量、时期、方法和栽培管理措施均按当地大多数农户的生产习惯进行；②优化施肥，即蔬菜的高产高效或优质适产施肥技术，可以是科技部门的研究成果，也可为科技能手采用并经土壤肥料专家认可的优化施肥技术方案作为试验处理。基础施肥试验是生产应用性试验，可将小区面积适当增大，不设置重复。

（3）"X"动态优化施肥试验设计　"X"表示根据试验地区、土壤条件、蔬菜种类及品种、适产优质等内容确定，确定急需优化的技术内容方案，旨在不断完善优化处理。"X"动态优化施肥试验可与基础施肥试验的2个处理在同一试验条件下进行，也可单独布置试验。"X"动态优化施肥试验需要设置3~4次重复，必须进行长期定位试验研究，至少有 3 年以上的试验结果。

"X"主要针对氮肥优化管理,包括 5 个方面的试验设计,分别为:X1,氮肥总量控制试验;X2,氮肥分期调控试验;X3,有机肥当量试验;X4,肥水优化管理试验;X5,蔬菜生长和营养规律研究试验。"X"处理中涉及有机肥、磷钾肥的用量、施肥时期等应接近于优化管理。除有机肥当量试验外,其他试验中有机肥根据各地实际情况选择施用或者不施(各个处理保持一致),如果施用,则应该选用当地有代表性的有机肥种类;磷、钾根据土壤磷、钾测试值和目标产量确定施用量,根据作物养分规律确定施肥时期。各地根据实际情况,选择设置相应的"X"试验;如果认为磷或钾肥为限制因子,可根据需要将磷、钾单独设置几个处理。

① 氮肥总量控制试验(X1)。为了不断优化蔬菜氮肥适宜用量,设置氮肥总量控制试验,包括 3 个处理:一是优化施氮量;二是 70%的优化施氮量;三是 130%的优化施氮量。其中优化施氮量根据蔬菜目标产量、养分吸收特点和土壤养分状况确定,磷、钾肥施用以及其他管理措施一致。各处理详见表 3-6。

表 3-6 蔬菜氮肥总量控制试验方案

试验编号	试验内容	处理	N	P	K
1	无氮区	$N_0P_2K_2$	0	2	2
2	70%优化区	$N_1P_2K_2$	1	2	2
3	优化氮区	$N_2P_2K_2$	2	2	2
4	130%优化区	$N_3P_2K_2$	3	2	2

注:0 水平:不施该种养分;1 水平:适合于当地生产条件下的推荐值的 70%;2 水平:适合于当地生产条件下的推荐值;3 水平:该水平为过量施肥水平,为 2 水平氮肥适宜推荐量的 1.3 倍。

② 氮肥分期调控试验(X2)。蔬菜作物在施肥上需要考虑肥料分次施用,遵循"少量多次"原则。为了优化氮肥分配,达到以更少的施肥次数,获得更好效益(养分利用效率,产量等)的目的,在优化施肥量的基础上,设置 3 个处理:一是农民习惯施肥;二是考虑基追比(3:7)分次优化施肥,根据蔬菜营养规律分次施用;三是氮肥全部用于追肥,按蔬菜营养规律分次施用。

各地根据蔬菜种类,依据氮素营养需求规律和氮素营养关键需求时期,以及灌溉管理措施来确定优化追肥次数。一般情况下,推荐追肥次数见表 3-7,如果生育期发生很大变化,根据实际情况增加或减少追肥次数。每次推荐氮肥(N)量每 667 m^2 控制在 2~7 kg。

表 3-7 不同蔬菜及栽培灌溉模式下推荐追肥

菜种类	栽培方式		追肥次数	
			畦灌	滴灌
叶菜类		露地	2~4	5~8
		设施	3~4	6~9
果类蔬菜		露地	5~6	8~10
	设施	一年二茬	5~8	8~12
		一年一茬	10~12	15~18

③ 有机肥当量试验（X3）。目前在蔬菜生产中，特别是设施蔬菜生产中，有机肥的施用很普遍。按照有机肥的养分供应特点、养分有效性与化肥进行当量研究。试验设置 6 个处理（表 3-8），分别为有机氮和化学氮的不同配比，所有处理的磷、钾养分投入一致，其中有机肥选用当地有代表性并完全腐熟的种类。

表 3-8 有机肥当量试验方案处理

试验编号	处理	有机肥提供氮占总氮投入量比例	化肥提供氮占总氮投入量比例	肥料施用方式
1	空白	-	-	-
2	M_1N_0	1	0	有机肥基施
3	M_1N_2	1/3	2/3	有机肥基施，化肥追施
4	M_1N_1	1/2	1/2	有机肥基施，化肥追施
5	M_2N_1	2/3	1/3	有机肥基施，化肥追施
6	M_0N_1	0	1	化肥追施

注：有机肥提供的氮量以总氮计算。

④ 肥水优化管理试验（X4）。蔬菜作物在施肥上需要考虑与灌溉结合。为不断优化蔬菜肥水总量控制和分期调控模式，明确优化灌溉前提下的肥水调控技术的应用效果，提出适用于当地的肥水优化管理技术模式，设置肥水优化管理试验。试验设置 3 个处理：一是农民传统肥水管理（常规灌溉模式如沟灌或漫灌，习惯灌溉施肥管理）；二是优化肥水模式（在常规灌溉模式如沟灌或漫灌下，依据作物水分需求规律调控节水灌溉量）；三是新技术应用（滴灌模式，依据作物水分需求规律调控灌溉量）。其中处理 2 和处理 3，施肥按照不同灌溉模式的优化推荐用量，氮素采用总量控制、分期调控，磷、钾采用恒量监控或丰缺指标法确定。

⑤ 蔬菜生长和营养规律研究试验（X5）。根据蔬菜生长和营养规律特点，采用氮肥量级试验设计，包括 4 个处理（表 3-9），其中有机肥根据各地情况选择施用或者不施，但是 4 个处理应保持一致。有机肥、磷钾肥用量应接近推荐的合理用量。在蔬菜生长期间，分阶段采样，进行植株养分测定。

表 3-9 蔬菜氮肥量级试验方案处理

试验编号	处理	M	N	P	K
1	$MN_0P_2K_2/N_0P_2K_2$	+/-	0	2	2
2	$MN_1P_2K_2/N_1P_2K_2$	+/-	1	2	2
3	$MN_2P_2K_2/N_2P_2K_2$	+/-	2	2	2
4	$MN_3P_2K_2/N_3P_2K_2$	+/-	3	2	2

注：M 代表有机肥料；"-"代表不施有机肥；"+"代表施用有机肥，其中有机肥的种类在当地应该有代表性，其施用数量与菜田种植历史（新老程度）有关（表 3-10）。有机肥料需要测定全量氮、磷、钾养分。0 水平：不施该种养分；1 水平：适合于当地生产条件下的推荐值的一半；2 水平：适合于当地生产条件下的推荐值；3 水平：过量施肥水平，为 2 水平氮肥适宜推荐量的 1.5 倍。

表 3-10 不同菜田推荐的有机肥用量

菜 田		新菜田：过沙、过黏、盐碱化严重菜田	2～3 年新菜田		大于 5 年老菜田
有机肥选择		高 C/N 粗杂有机肥	粪肥、堆肥	堆肥	粪肥+秸秆
每 667 m² 推荐量	设施	8～10	5～7	3～5	3+2
(m³)	露地	4～5	3～4	2～3	1+2

(4) 蔬菜田间"2+X"肥效试验实例

① 辣椒"2+X"田间肥效试验。龙燕等在辣椒上开展了肥料肥效田间试验研究，试验采用"2+X"设计，试验处理及用肥量如表 3-11 所示。表 3-12 所示是施肥时期及用肥量。

表 3-11 试验处理及用肥量

处理编号	每 667 m² 施肥量（kg）						备 注
	尿素	N	普通过磷酸钙	P_2O_5	氯化钾	K_2O	
A	28.3	13	50	6	8.3	5	常规施肥
B	28.3	13	50	6	8.3	5	优化施肥，全"2"水平
C	0	0	50	6	8.3	5	不施氮，磷、钾为"2"水平
D	14.1	6.5	50	6	8.3	5	氮"1"水平，磷、钾"2"水平
E	42.4	19.5	50	6	8.3	5	氮"3"水平，磷、钾"2"水平
F	0	0	0	0	0	0	空白对照，不施肥
G	28.3	13	0	0	8.3	5	不施磷，氮、钾为"2"水平
H	28.3	13	50	6	0	0	不施钾，氮、磷为"2"水平

表 3-12 施肥时期及用肥量

处理	小区面积（m²）	施肥时间		施肥量（kg）			备 注
		月.日	植株生育期	尿素	普通过磷酸钙	氯化钾	
A	33.33	4.6	定植期	0.58	1.0	0.15	基肥
		4.20	植后苗期	0.28	0.5	0.9	一次追肥
		5.8	花果期	0.28	0.5	0.9	二次追肥
		6.6	花果期	0.28	0.5	0.9	三次追肥
			合计	1.42	2.5	0.42	
B	33.33	4.6	定植期	0.84	2.5	0.42	基肥
		4.20	植后苗期				
		5.8	花果期	0.29			一次追肥
		6.6	花果期	0.29			二次追肥
			合计	1.42	2.5	0.42	

（续）

处理	小区面积（m²）	施肥时间		施肥量（kg）			备 注
		月．日	植株生育期	尿素	普通过磷酸钙	氯化钾	
C	33.33	4.6	定植期		2.5	0.42	基肥
		4.20	植后苗期				
		5.8	花果期				一次追肥
		6.6	花果期				二次追肥
			合计	0	2.5	0.42	
D	33.33	4.6	定植期	0.43	2.5	0.42	基肥
		4.20	植后苗期				
		5.8	花果期	0.14			一次追肥
		6.6	花果期	0.14			二次追肥
			合计	0.71	2.5	0.42	
E	33.33	4.6	定植期	1.26	2.5	0.42	基肥
		4.20	植后苗期				
		5.8	花果期	0.43			一次追肥
		6.6	花果期	0.43			二次追肥
			合计	2.12	2.5	0.42	
F	33.33	4.6	定植期				基肥
		4.20	植后苗期				
		5.8	花果期				一次追肥
		6.6	花果期				二次追肥
			合计	0	0	0	
G	33.33	4.6	定植期	0.84	0	0.42	基肥
		4.20	植后苗期				
		5.8	花果期	0.29			一次追肥
		6.6	花果期	0.29			二次追肥
			合计	1.42	0	0.42	
H	33.33	4.6	定植期	0.84	2.5	0	基肥
		4.20	植后苗期				
		5.8	花果期	0.29			一次追肥
		6.6	花果期	0.29			二次追肥
			合计	1.42	2.5	0	

② 黄瓜"2+X"氮肥总量控制田间试验。靳芙蓉在青海省进行的黄瓜"2+X"氮肥总量控制试验设计如表3-13所示。

表 3 - 13　黄瓜氮肥总量控制试验设计

试验内容	处理	N	P	K
A 常规施肥				
B 无氮区	$N_0P_2K_2$	0	2	2
C 优化氮区	$N_1P_2K_2$	1	2	2
D70% 的优化氮区	$N_2P_2K_2$	2	2	2
D130% 的优化氮区	$N_3P_2K_2$	3	2	2

注：0 水平指不施该种养分；1 水平指适合于当地生产条件下的推荐值的 70%（N，每 667 m² 施化肥用量：尿素 14 kg）；2 水平指适合于当地生产条件下的推荐值（N，每 667 m² 施化肥用量：尿素 20 kg）；3 水平为过量施肥水平，是 2 水平氮肥适宜推荐量的 1.3 倍（N，每 667 m² 施化肥用量：尿素 26 kg）。优化施氮量相当于配方施肥推荐适宜用氮量。

（二）果树肥料田间试验

（1）**试验设计目的**　肥料田间试验设计推荐"2＋X"方法，分为基础施肥和动态优化施肥试验两部分："2"是指各地均应进行的以常规施肥和优化施肥 2 个处理为基础的对比施肥试验研究，其中常规施肥是当地大多数农户在果树生产中习惯采用的施肥技术，优化施肥则为当地近期获得的果树高产高效或优质适产施肥技术；"X"是指针对不同地区、不同种类果树可能存在一些对生产和养分高效有较大影响的未知因子而不断进行的修正优化施肥处理的动态研究试验，未知因子包括不同种类果树养分吸收规律、施肥量、施肥时期、养分配比、中微量元素等。为了进一步阐明各个因子的作用特点，可有针对性地进一步安排试验，目的是为确定施肥方法及数量、验证土壤和果树叶片养分测试指标等提供依据，"X"的研究成果也将为进一步修正和完善优化施肥技术提供参考，最终形成新的测土配方施肥（集成优化施肥）技术，有利于在田间大面积应用、示范推广。

（2）**基础施肥试验设计**　基础施肥试验取"2＋X"中的"2"为试验处理数：①常规施肥，果树的施肥种类、数量、时期、方法和栽培管理措施均按照本地区大多数农户的生产习惯进行；②优化施肥，即果树的高产高效或优质适产施肥技术，可以是科技部门的研究成果，也可为当地高产果园采用并经土壤肥料专家认可的优化施肥技术方案作为试验处理。优化施肥处理涉及的施肥时期、肥料分配方式、水分管理、花果管理、整形修剪等技术应根据当地情况与有关专家协商确定。基础施肥试验是在大田条件下进行的生产应用性试验，可将面积适当增大，不设置重复。试验采用盛果期的正常结果树。

（3）**"X"动态优化施肥试验设计**　"X"表示根据试验地区果树的立地条件、果树生长的潜在障碍因子、果园土壤肥力状况、果树种类及品种、适产优质等内容，确定急需优化的技术内容方案，旨在不断完善优化施肥处理。其中氮、磷、钾通过采用土壤养分测试和叶片营养诊断丰缺指标法进行，中量元素钙、镁、硫和微量元素铁、锌、硼、钼、铜、锰宜采用叶片营养诊断临界指标法。"X"动态优化施肥试验可与基础施肥试验的 2 个处理在同一试验条件下进行，也可单独布置试验。"X"动态优化施肥试验每个处理应不少于 4 棵果树，需要设置 3～4 次重复，必须进行长期定位试验研究，至少有 3 年以上的试验结果。

"X"主要包括4个方面的试验设计，分别为：X1，氮肥总量控制试验；X2，氮肥分期调控试验；X3，果树配方肥料试验；X4，中微量元素试验。"X"处理中涉及有机肥、磷肥、钾肥的用量、施肥时期等应接近于优化管理；磷、钾根据土壤磷、钾测试值和目标产量确定施用量和作物养分规律确定施肥时期。各地根据实际情况，选择设置相应的"X"试验；如果认为磷肥或钾肥为限制因子，可根据需要将磷、钾单独设置几个处理。

① 氮肥总量控制试验（X1）。根据果树目标产量和养分吸收特点来确定氮肥适宜用量，主要设4个处理：一是不施化学氮肥；二是70%的优化施氮量；三是优化施氮量；四是130%的优化施氮量。其中优化施肥量根据果树目标产量、养分吸收特点和土壤养分状况确定，磷、钾肥按照正常优化施肥量投入。各处理详见表3-14。

表3-14 果树氮肥总量控制试验方案

试验编号	试验内容	处理	M	N	P	K
1	无氮区	$MN_0P_2K_2$	+	0	2	2
2	70%的优化氮区	$MN_1P_2K_2$	+	1	2	2
3	优化氮区	$MN_2P_2K_2$	+	2	2	2
4	130%优化氮区	$MN_3P_2K_2$	+	3	2	2

注：M代表有机肥料；"+"代表施用有机肥，其中有机肥的种类在当地应该有代表性，其施用数量在当地为中等偏下水平，一般为每667 m^2 1~3 m^3。有机肥料的氮、磷、钾养分含量需要测定。0水平：不施该种养分；1水平：适合于当地生产条件下的推荐值的70%；2水平：适合于当地生产条件下的推荐值；3水平：过量施肥水平，为2水平氮肥适宜推荐量的1.3倍。

② 氮肥分期调控技术（X2）。试验设3个处理：一是一次性施氮肥，根据当地农民习惯的一次性施氮肥时期（如苹果在3月上中旬）；二是分次施氮肥，根据果树营养规律分次施用（如苹果分春、夏、秋3次施用）；三是分次简化施氮肥，根据果树营养规律及土壤特性在处理2基础上进行简化（如苹果可简化为夏、秋两次施肥）。在采用优化施氮肥量的基础上，磷、钾根据果树需肥规律与氮肥按优化比例投入。

③ 果树配方肥料试验（X3）。试验设4个处理：一是农民常规施肥；二是区域大配方施肥处理（大区域的氮、磷、钾配比，包括基肥型和追肥型）；三是局部小调整施肥处理（根据当地土壤养分含量进行适当调整）；四是新型肥料处理（选择在当地有推广价值且养分配比适合供试果树的新型肥料如有机—无机复混肥、缓控释肥料等）。

④ 中、微量元素试验（X4）。果树中、微量元素主要包括Ca、Mg、S、Fe、Zn、B、Mo、Cu、Mn等，按照因缺补缺的原则，在氮、磷、钾肥优化的基础上，进行叶面施肥试验。

试验设3个处理：一是不施肥处理，即不施中微量元素肥料；二是全施肥处理，施入可能缺乏的一种或多种中微量元素肥料；三是减少施肥处理，在处理2基础上，减去某一个中微量元素肥料。可根据区域及土壤背景设置处理3的试验处理数量。试验以叶面喷施为主，在果树关键生长时期施用，喷施次数相同，喷施浓度根据肥料种类和养分含量换算成适宜的百分比浓度。

（4）果树田间"2＋X"肥效试验实例

① 葡萄田间"2＋X"肥效试验。奎秀在安徽省宣城市宣州区进行了田间葡萄肥料肥效研究，试验采用"2＋X"设计，试验方案见表3-15。

表3-15　葡萄"2＋X"肥料肥效试验方案

处理	处理内容	编码	有机肥（t/hm²）	N（kg/hm²）	P₂O₅（kg/hm²）	K₂O（kg/hm²）
T1	无氮区	$MN_0P_2K_2$	22.5	0	150	300
T2	70%优化氮区	$MN_1P_2K_2$	22.5	157.5	150	300
T3	优化氮区	$MN_2P_2K_2$	22.5	225.0	150	300
T4	130%优化氮区	$MN_3P_2K_2$	22.5	292.5	150	300
T5	200%优化氮区	$MN_4P_2K_2$	22.5	450.0	150	300
T6	无磷区	$MN_2P_0K_2$	22.5	225.0	0	300
T7	无钾区	$MN_2P_2K_0$	22.5	225.0	150	0
T8	习惯施肥区					

② 葡萄"2＋X"氮肥总量控制试验。王大普在新疆鄯善进行了田间葡萄氮肥总量控制研究，试验采用"2＋X"设计，试验方案见表3-16。

表3-16　葡萄"2＋X"氮肥总量控制试验方案

处理	每667 m² 纯养分量（kg）			每667 m² 化肥用量（kg）		
	N	P₂O₅	K₂O	尿素	重过磷酸钙	硫酸钾
1（无氮区）	0	16	8	0	35	16
2（70% 优化氮区）	12.9	16	8	28	35	16
3（优化氮区）	18.4	16	8	40	35	16
4（130% 优化氮区）	24.1	16	8	52	35	16
5（常规施肥区）	20.23	22.15	3.75	20	磷酸二铵40，复合肥（15-15-15）25	

三、肥料利用率试验

（一）肥料利用率试验

（1）定义　任何一种肥料施入土壤后都不能全部被作物吸收利用，其中有部分淋失或挥发，部分被土壤固定而成为作物不可利用的形态。肥料的利用率是指作物吸收施入土壤中的肥料的有效养分数量占所施肥料有效养分量的百分比。肥料利用率一般是指当季肥料利用率，当季肥料利用率是指肥料施入土壤后，当季作物吸收利用的养分量占所施养分总量的百分比。随着肥料的种类、性质、土壤类型、作物种类、气候条件、田间管理等因素的影响而有差别。

肥料利用率是通过作物目标产量所需的养分量、施肥量和土壤供肥量来计算的。它是一个变数，因土壤肥力状况、气象条件、作物种类、耕作方式、施肥量等不同而有差别。

$$肥料利用率（\%）=\frac{（施肥区作物吸收养分量－空白区作物养分吸收量）}{肥料施用量×肥料中的养分含量（\%）}×100\%$$

或者

$$肥料利用率（\%）=\frac{［施肥区作物吸收养分量－土壤化验值（mg/kg）］×0.15×校正系数}{肥料施用量×肥料中的养分含量（\%）}×100\%$$

（2）计算肥料利用率的目的与意义 肥料利用率（RE）一直是我国学术界和政府关注的焦点。目前我国水稻、小麦和玉米不同地区试验点的氮肥利用率差异很大，其中氮肥利用率最低值为0.3%，最高值为88.9%；水稻、小麦和玉米不同地区间的变异范围分别为27.1%～35.6%、10.8%～40.5%和25.6%～26.3%。随着人口的增加和耕地的减少，我国粮食安全与资源消耗和环境保护的矛盾日益尖锐。化肥作为粮食增产的决定因子在我国农业生产中发挥了举足轻重的作用。如何科学施肥来促进粮食增产，提高肥料利用率，减少肥料过量施用带来的土壤质量退化及肥料损失带来的环境污染问题是当前国家的重大需求，也一直是农业资源与环境领域工作者的奋斗目标。肥料利用率则是衡量各种肥料施用措施是否科学高效的重要指标。当前的肥料利用率反映的仅是肥料养分当季的表观利用率，易受多种因素如土壤基础肥力、施肥量、作物产量等的影响而极易变化。影响肥料利用率的因素有很多，如肥料的品种、作物的种类、土壤状况、栽培管理措施、环境条件、施肥数量、施肥方法及施肥时期等。

（3）提高肥料利用率的主要途径

① 根据作物需肥规律、土壤测试结果、肥料利用率，调整氮、磷、钾和微量元素的用量和比例，使作物得到全面合理的养分供应。一是根据作物对各种肥料的需要量调整肥料施用量及比例；二是根据作物对各种肥料的需求调整施用肥料的种类。平衡施用氮、磷、钾和中微量元素，可保证作物生长期间所需的各种营养成分，避免因缺乏某种养分而限制其他养分的发挥。平衡施肥在于不同种类营养元素的种类和比例调节及作物不同生长时期肥料供应的强度与作物需求平衡。

② 推广秸秆还田，提高土壤有机质含量，提升耕地质量，提高土壤保肥保水能力从而提高肥料利用率；用缓控释肥料替代普通化肥，能减少养分损失，同时也省工，是最快捷、方便的减少肥料损失、提高肥料利用率的措施。

③ 推广高效施肥方式。一是推广水肥一体化。生产上把握适宜的施氮量和供水量，并根据不同作物不同生长阶段的需求特点进行综合运筹，有利于提高肥料利用率。结合高效节水灌溉，示范推广滴灌施肥、喷灌施肥等技术，促进水肥一体下地，提高肥料利用效率。二是推广氮肥深施、磷肥集中施用技术。三是推广适期施肥技术。合理确定基肥施用比例，推广因地、因苗、因水、因时分期施肥技术。因地制宜推广小麦、水稻叶面喷施和果树根外施肥技术。四是推进机械化施肥。按照农艺农机融合、基肥追肥统筹的原则，加快施肥机械研发，因地制宜推进化肥机械深施、机械追肥、种肥同播等技术，逐年提高机械施肥比重，减少养分挥发和流失。

（二）测土配方施肥

（1）试验目的与意义 世界农业发展的实践证明，施用化肥是最快、最有效、最重要的增产措施。我国农业增产对化肥的依赖程度很高，目前，我国每年化肥施用量折纯量达4 300 万 t，占全球化肥使用量的 1/3，居世界第一。从 1980 年起，我国化肥施用量以年均 4% 的速度增长，单位面积用肥量是世界平均水平的 3 倍多。在我国，化肥（含农药）占农业成本的 20% 以上，我国已成为世界上最大的化肥生产国和消费国。

测土配方施肥又称"推荐施肥技术"，是农业科技人员利用农业科学理论和先进的测试手段，为农业生产单位或农户提供施肥指导和服务的一种技术系统，是农业社会服务体系中的一个重要组成部分，也是化肥工业生产、代销和农业使用三个方面联系起来的纽带。当前，我国农业已经进入一个新的发展阶段，农民对农业的投入逐年增加，化肥的施用量也随着投入的增加而不断增加。以往凭经验的施肥方法已经远不能适应农业生产发展的需要，不但造成肥料和生产成本的浪费，而且污染土壤和生态环境，导致作物养分胁迫现象发生。目前影响我国化肥利用率的原因主要有：①化肥氮、磷、钾比例严重失调。影响作物吸收养分的效率，对产量和品质也有很大的影响。②大、中、微量元素不均衡。一种养分过量投入可导致多种元素不协调，作物必需的营养元素有 17 种，相互不能替代，必须保证平衡供应，否则供应量不足的养分就是作物生长的限制因素，在大量施用有机肥的情况下表现不明显，但在大量施用化肥的下显得突出而严重。③不合理的施肥技术。通过调查，大部分农民都没有掌握好施肥时间和施肥部位，特别是氮肥要深施。大豆、小麦需要磷、钾肥较多，应采用叶面喷施，这样可提高磷、钾肥的利用率，增加经济效益。通过配方施肥完全可以解决上述问题。配方施肥包括"配方"和"施肥"两个程序，配方就是根据土壤、作物状况、产前定肥、定量提出适宜的肥料用量和比例；施肥是根据配方确定的肥料品种、用量和土壤、作物特性，合理安排基肥、追肥和叶面肥的比例，施用追肥和叶面肥的次数、时期、用量和施肥技术，同时按照化肥特性，采用最有效的施肥方法。

测土配方施肥除了能够提高作物的产量外，还能够改善作物的生物学性状及品质。测土配方施肥是一项科学性很强的综合性施肥技术。它的技术的核心就是根据作物、土壤、肥料三者之间的关系，通过土壤养分测试、田间肥料效应试验等手段，获取有关施肥参数，指导均衡施肥，实现优质、高产、高效、生态环境安全的综合目标。

（2）试验设计

①处理。每个试验设 10 个处理，包括常规施肥、常规施肥无氮、常规施肥无磷、常规施肥无钾、配方施肥、配方施肥无氮、配方施肥无磷、配方施肥无钾和空白区。

② 小区排列。试验采用大区无重复设计，具体办法是选择一个代表当地土壤肥力水平的农户地块，将试验地先分成常规施肥和配方施肥两个大区（每个大区不少于 667 m²）。常规施肥大区中应设置常规施肥、常施肥无氮、常规施肥无磷、常规施肥无钾及空白小区；测土配方施肥大区中应设置测土配方施肥、测土配方施肥无氮、测土配方施肥无磷、测土配方施肥无钾及空白小区。小区面积 40 m²（长 8 m×宽 5 m），随机排列，小区之间要有明显的边界分隔，除施肥外，各小区其他田间管理措施相同。各处理布置如图 3-1 所示。

（3）统计分析　土壤样品：播种前取 0~20 cm 混合土样，每个试验按照测土配方施肥技术规范采集一个混合样即可，同时填写采样标签。

① 观测记载。试验期间，记载播种期、出苗期、成熟期等生育期。

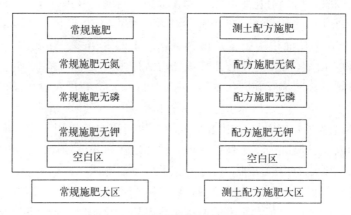

图 3-1 肥料利用率试验田间排列

② 分析测试。

A. 土壤分析项目：播前有机质、无机氮、有效磷、有效钾。

B. 植株、籽粒分析项目：氮、磷、钾。注意及时分析测试植株和籽粒养分，以免因霉变等影响测试结果。

C. 统一测试：为保证分析结果的可靠性和可比性，测试样品应收集在一起统一安排测试。

③ 常规施肥的肥料利用率。每形成 100 kg 经济产量养分吸收量的计算：首先分别计算各个试验地点的常规施肥和常规无氮区的每形成 100 kg 经济产量养分吸收量，计算公式如下。

每形成 100 kg 经济产量养分吸收量＝（籽粒产量×籽粒养分含量＋茎叶产量
×茎叶养分含量）/籽粒产量×100

常规施肥区作物吸氮总量＝常规施肥区产量×施氮下形成 100 kg
经济产量养分吸收量/100

无氮区作物吸氮总量＝无氮区产量×无氮下形成 100 kg 经济产
量养分吸收量/100

氮肥利用率＝（常规施肥区作物吸氮总量－无氮区作物吸氮总量）/
所施肥料中氮素的总量×100%

④ 测土配方施肥下氮肥利用率的计算。每形成 100 kg 经济产量养分吸收量的计算：首先分别计算各个试验地点的测土配方施肥和无氮区的每形成 100 kg 经济产量养分吸收量，计算公式如下。

每形成 100 kg 经济产量养分吸收量＝（籽粒产量×籽粒养分含量＋茎叶产量
×茎叶养分含量）/籽粒产量

测土配方施肥区作物吸氮总量＝测土配方施肥区产量×施氮下形成 100 kg
经济产量养分吸收量/100

无氮区作物吸氮总量＝无氮区产量×无氮下形成 100 kg 经济产量养分吸
收量/100

氮肥利用率＝（测土配方施肥区作物吸氮总量－无氮区作物吸氮总量）／
所施肥料中氮素的总量×100％

（4）预期试验结果　测土配方施肥下的肥料利用率相比常规施肥下的产量和植株氮、磷、钾含量均显著提高。

（三）控释肥试验

我国开展控释肥料研制是为解决"中国农业可持续发展的肥料问题"，在继"我国化肥面临的突出问题及建议"的报告后，力图通过改造肥料而提高化肥的利用率。结合我国国情，控释肥料的研制目标被锁定在三个方面：①肥料的供肥量和供肥速度与作物吸收基本吻合；②控释肥料本身及其制造过程对环境无污染；③控释肥料的价格低廉，即一方面高端产品的价格低于国际同类产品，另一方面用于大田的中低端产品最终不增加农民的投入或不降低农民的收入。当前我国农民购买化肥的费用仍然占生产总成本的50％左右，有些地区甚至更高，为了有效地解决当前化肥价格高涨、化肥利用率低、劳动力成本增加、化肥面源污染严重等问题，迫切需要研制系列专用复混型缓或控释肥料BB肥。其核心产品是控释肥料，因此开展包膜材料、包膜控释技术、包膜工艺、包膜控释肥料在线质量控制等几方面控释技术及其产业化关键技术的研究，对于保障我国控释肥料研究成果的产业化，产业化后企业持续发展的技术储备，以及我国控释肥料产业的稳健发展和使控释肥料走向大田作物均具有重要的意义。

（1）控释肥试验目的与意义　在我国复合肥料研究初期阶段，把化合成的复合肥和混合成的复混肥统称为复混肥料，同样在控释肥料研究的初期阶段也可以把缓释肥料和控释肥料统称为缓/控释肥料，特别是在控释技术尚不完善的时期，将缓释肥料和控释肥料合二为一的优点在于：一方面有利于扩大控释肥料研究队伍，普遍提高控释肥料的研究水平，另一方面能够早日推动我国的缓释肥料、控释肥料产业化。但是当我国的控释肥料研究达到一定水平时，则有必要将缓释肥料和控释肥料两个内涵截然不同的肥料区分对待，这不仅仅是因为缓释和控释有两种截然不同的释放机理，还因为如果仍然把缓释和控释混为一谈，不但难于深化缓释肥料和控释肥料的理论研究和技术开发，也难以将各自的制造技术有针对性地用于生产实践，并体现其各自的实用价值。例如缓释尿素的造价低，只要在尿素的生产过程添加缓释剂等就能实现大批量缓释尿素的生产，其优点是能够在较低的成本下实现大田作物施用长效氮，但不宜用于景观园林、花卉；而控释尿素或控释复合肥则是在尿素或复合肥的表面均匀地包覆树脂，形成一定厚度包膜层的尿素或复合肥，其造价比较高，不宜单独施用于大田作物，但却是景观园林、花卉生产的最佳选择。

控释肥能减缓或控制养分的释放，肥效期长且稳定，能满足作物在整个生育期对养分的需求；减少肥料的淋洗等损失；其盐指数低，不会造成盐分伤害种子或秧苗；可减少施肥量和次数，节省劳动力，提高肥料的利用效率，提高产量和品质，节约农业生产成本。

（2）控释肥试验设计

① 处理。每个试验设10个处理：常规施肥、常规施肥无氮、常规施肥无磷、常规施肥无钾、空白；控释肥施肥、控释肥无氮、控释肥无磷、控释肥无钾、空白。

② 小区排列。试验采用大区无重复设计，具体办法是选择一个代表当地土壤肥力水

平的农户地块，具体操作是先将试验地先分成常规施肥和控释肥施肥两个大区（每个大区不少于 667 m²）。常规施肥大区中应设置常规施肥、常规施肥无氮、常规施肥无磷，常规施肥无钾及空白小区；控释肥大区中设置控释肥施肥、控释肥无氮、控释肥无磷、控释肥无钾及空白小区。小区间要有明显的边界分隔。小区面积 40 m²（长 8 m×宽 5 m），随机排列。除施肥外，各小区其他田间管理措施相同。各处理布置如图 3-2 所示。

农户地块

常规施肥无氮	控释肥无氮
常规施肥无磷	控释肥无磷
常规施肥无钾	控释肥无钾
空白	空白
常规施肥	控释肥施肥

常规施肥大区   控释肥施肥大区

图 3-2　控释肥试验设计

（3）统计分析　试验期间，记载播种期、出苗期、成熟期等生育期，并测定肥料利用率。每个试验处理分为动态取样区和收获区两部分，各 3 次重复。土壤动态样品在取样区中采集；收获区专用于收获计产。

① 土壤分析项目。播前有机质、无机氮、有效磷、有效钾。

② 植株、籽粒分析项目。氮、磷、钾。注意及时分析测试植株和籽粒养分，以免因霉变等影响测试结果。

③ 统一测试。为保证分析结果的可靠性和可比性，测试样品应收集在一起统一安排测试。

④ 常规施肥的肥料利用率。每形成 100 kg 经济产量养分吸收量的计算：首先分别计算各个试验地点的常规施肥和常规无氮区的每形成 100 kg 经济产量养分吸收量，计算公式如下：

每形成 100 kg 经济产量养分吸收量＝（籽粒产量×籽粒养分含量＋茎叶产量×茎叶养分含量）/籽粒产量×100

常规施肥区作物吸氮总量＝常规施肥区产量×施氮下形成 100 kg 经济产量养分吸收量/100

无氮区作物吸氮总量＝无氮区产量×无氮下形成 100 kg 经济产量养分吸收量/100

氮肥利用率＝（常规施肥区作物吸氮总量－无氮区作物吸氮总量）/所施肥料中氮素的总量×100%

⑤ 控释肥施肥下氮肥利用率的计算。每形成 100 kg 经济产量养分吸收量的计算：首

先分别计算各个试验地点控释肥施肥和无氮区每形成 100 kg 经济产量的养分吸收量，计算公式如下。

$$每形成 100 kg 经济产量养分吸收量＝（籽粒产量×籽粒养分含量＋茎叶产量$$
$$×茎叶养分含量）/籽粒产量。$$

$$控释肥施肥区作物吸氮总量＝控释肥施肥区产量×施氮下形成 100 kg$$
$$经济产量养分吸收量/100$$

$$无氮区作物吸氮总量＝无氮区产量×无氮下形成 100 kg 经济产量$$
$$养分吸收量/100$$

$$氮肥利用率＝（控释肥施肥区作物吸氮总量－无氮区作物吸氮总量）/$$
$$所施肥料中氮素的总量×100\%$$

（4）预期试验结果

① 氮、磷、钾 3 种元素的利用率均以控释肥施肥＞常规施肥。

② 相对于常规肥料，控释氮肥提高了土壤中有效氮的含量，而控释肥提高了土壤中有效氮、磷、钾的含量。

③ 植株干重和产量的大小顺序为：控释肥 ＞ 控释氮肥 ＞常规肥料。

（四）水肥一体化试验

建设中国特色现代化农业，实现农业的可持续发展，必须转变发展方式，走资源高效利用的道路，而水肥一体化是现代农业发展的必然选择。

（1）水肥一体化试验的目的与意义　水肥一体化技术又称微灌施肥技术，它是把灌溉与施肥合为一体的农业新技术，利用压力系统或地形自然落差将可溶性的固体或液体肥料，按照土壤养分含量、土壤墒情和植物种类的需肥规律和特点等勾兑成肥液，在可控管道系统中使肥液与灌溉水相融后通过管道和滴头进行滴灌，均匀、定时、定量地浸润植物根系生长发育的区域，使根系土壤始终保持在适宜的含水量和疏松的状态，依据土壤环境、养分含量状况和不同植物的需肥特点以及植物不同生育期的需水、需肥规律，将水分和养分定时、定量、按比例地直接供给植物根系。水肥一体化技术可以定时定量地为作物提供水分和养分，维持土壤适宜的水分和养分浓度，提高肥料利用率、减少农药用量、提高作物产量与品质、节省灌溉和施肥时间、改善土壤环境等方面具有显著优势的农业重大技术，具有灌溉用水效率和肥料利用率高等特点，节省施肥用工，保护环境。

滴灌水肥一体化技术是按照作物需水需肥要求，通过低压管道系统与安装在毛管上的滴头，将溶液均匀而又缓慢地滴入作物根区土壤。灌溉水以水滴的形式进入土壤，延长了灌溉时间，可以较好地控制灌水量。滴灌施肥不会破坏土壤结构，土壤内部水、肥、气、热保持适宜作物生长的状态，渗漏损失小。该方法可使水的利用率达 90% 以上，配合肥料使用还可以提高肥料利用率，节肥 30%，特别是可提高磷的利用效率。滴灌水肥一体化技术应用范围广泛，不受地形限制，即使在有一定坡度的坡地上使用也不会产生径流影响其灌溉施肥均匀性。不论是密植作物还是宽行作物都可以应用。

（2）水肥一体化试验设计

① 处理。每个试验设 10 个处理：常规施肥、常规施肥无氮、常规施肥无磷、常规施

肥无钾、空白；控释肥施肥、控释肥无氮、控释肥无磷、控释肥无钾、空白。

②小区排列。试验采用大区无重复设计，具体办法是选择一个代表当地土壤肥力水平的农户地块，具体操作是先将试验地先分成常规施肥和水肥一体化施肥两个大区（每个大区不少于 667 m²）。常规施肥大区中应设置常规施肥、常规施肥无氮、常规施肥无磷、常规施肥无钾及空白小区。水肥一体化施肥、水肥一体化大区中应设置水肥一体无氮、水肥一体无磷、水肥一体无钾及空白小区。小区间要有明显的边界分隔。小区面积 40 m²（长 8 m×宽 5 m），随机排列。除施肥外，各小区其他管理措施相同。各处理布置如图 3-3 所示。

图 3-3　水肥一体化试验设计

（3）统计分析　土壤样品：播种前取 0～20 cm 混合土样，每个试验按照测土配方施肥技术规范采集一个混合样即可，同时填写采样标签。

①观测记载。试验期间，记载播种期、出苗期、成熟期等生育期。

②分析测试。

A. 土壤分析项目：播前有机质、无机氮、有效磷、有效钾。

B. 植株、籽粒分析项目：氮、磷、钾。注意及时分析测试植株和籽粒养分，以免因霉变等影响测试结果。

C. 统一测试：为保证分析结果的可靠性和可比性，测试样品应收集在一起统一安排测试。

③常规施肥的肥料利用率。每形成 100 kg 经济产量养分吸收量的计算：首先分别计算各个试验地点的常规施肥和常规无氮区的每形成 100 kg 经济产量养分吸收量，计算公式如下。

$$每形成 100 kg 经济产量养分吸收量=（籽粒产量×籽粒养分含量＋茎叶产量×茎叶养分含量）/籽粒产量×100$$

$$常规施肥区作物吸氮总量=常规施肥区产量×施氮下形成 100 kg 经济产量养分吸收量/100$$

无氮区作物吸氮总量=无氮区产量×无氮下形成 100 kg 经济产

量养分吸收量/100

氮肥利用率＝（常规施肥区作物吸氮总量－无氮区作物吸氮总量）/
所施肥料中氮素的总量×100％

④ 水肥一体施肥下氮肥利用率的计算。每形成 100 kg 经济产量养分吸收量的计算：首先分别计算各个试验地点的水肥一体化施肥和无氮区的每形成 100 kg 经济产量养分吸收量，计算公式如下。

每形成 100 kg 经济产量养分吸收量＝（籽粒产量×籽粒养分含量＋茎叶产量
×茎叶养分含量）/籽粒产量

水肥一体化施肥区作物吸氮总量＝水肥一体化施肥区产量×施氮
下形成 100 kg 经济产量养分吸收量/100

无氮区作物吸氮总量＝无氮区产量×无氮下形成 100 kg 经济产
量养分吸收量/100

氮肥利用率＝（水肥一体化施肥区作物吸氮总量－无氮区作物吸
氮总量）/所施肥料中氮素的总量×100％

（4）预期试验结果

① 水肥一体化条件下，相比于常规施肥管理，肥料利用率显著提高。

② 作物的产量和品质有显著提升。

四、不同施肥时期和施肥方式试验

施肥方式就是将肥料施于土壤和植株的途径与方法，前者称为土壤施肥，后者称为植株施肥。施肥时期是指肥料施用在什么时期。

（一）试验设计的目的与意义

在制定施肥计划时，当一种作物的施肥量已经确定下来，下一个需要考虑的是肥料应该在什么时期施用和各时期应该分配多少肥料的问题。对于大多数一年生或多年生作物来说，施肥时期一般分基肥、种肥、追肥 3 种。各时期所施用的肥料有其单独的作用，但又不是孤立地起作用，而是相互影响的。对同一作物，通过不同时期施用的肥料间互相影响与配合，促进肥效的充分发挥。

合理施肥技术除了确定适宜施肥期、施肥量外，还应确定施肥位置，因为土壤施肥是供作物根系吸收利用的。目前在生产上对氮、磷、钾化肥的施用方式很多，基肥有全层深施、浅施（面施）、沟施（条施）和穴施；追肥有沟施、穴施和撒施。采用不同施用方法时，肥料与根系的接触面有很大的差异。作物品种不同，其根系生长习性也不同，双子叶植物主根较为发达，单子叶植物则以侧根生长为主。由此看来，研究肥料施用位置，对提高肥料利用率有直接关系。研究施肥方式主要包括施肥深度（垂直分布）、肥料集中程度（水平分布）、种子施肥、叶面施肥等内容。

施肥时期和施肥方式是提高肥料施用效果和改善植物营养的重要技术措施，不同植物由于营养规律的不同，适宜的施肥方式和施肥时期也会有差异。

（二）不同施肥方式试验

（1）不同施肥深度（垂直分布）试验　根据研究目的，大田作物可以进行种肥不同施肥深度或追肥不同施肥深度的试验研究。种肥不同施肥深度的试验可以设置以下 9 个处理：①全面撒施；②种、肥混合（根据肥料对出苗的影响考虑是否设置）；③种子正下位 5 cm；④种子正下位 10 cm；⑤种子正下位 15 cm；⑥种子侧下位 5 cm；⑦种子侧下位 10 cm；⑧种子侧下位 15 cm；⑨不施肥处理（CK）。各个施肥处理肥料用量（依据测土配方施肥结果确定用量）一致，肥料可以是单一肥料、复混肥料（专用肥料）、缓控释肥料等。处理重复 3 次。

追肥不同施肥深度的试验可以设置以下 5 个处理：①地面撒施；②株侧 5 cm；③株侧 10 cm；④株侧 15 cm；⑤不施肥处理（CK）。各施肥处理肥料用量（依据测土配方施肥结果确定用量）、追肥时期均一致，追肥次数和每次追肥量依据作物营养需求规律和营养关键需求时期，以及灌溉管理措施来确定。肥料可以是氮肥、追肥型复混肥料等。处理重复 3 次。

施肥深度试验根据不同研究目的，也可以进行不同施肥深度的组合试验。如以施用磷肥作为底肥说明施肥位置的效果比较试验，试验方案可以设计以下处理：①CK（不施磷肥）；②浅施 100%；③浅施 30%，全层深施 70%；④条施 100%；⑤条施 30%，全层深施 70%。浅施指肥料撒施后，再用钉齿耙等机具将肥料耙入 0～6 cm 土层内。条施是利用机具开沟施用，最好使肥料和播种行隔开。试验可在施用有机肥和氮、钾化肥的基础上进行，各种肥料的品种和用量必须一致。

（2）肥料不同集中程度（水平分布）试验　根据研究目的，可以进行种肥不同集中程度或追肥不同集中程度的试验研究。种肥不同集中程度试验可以设置以下 4 个处理：①不施肥对照（CK）；②全面撒施；③条施；④穴施。各个处理肥料用量一致（依据测土配方施肥结果确定用量），肥料可以是单一肥料、复混肥料（专用肥料）、缓控释肥料等。处理重复 3 次。

追肥不同集中程度的试验也设置以下 4 个处理：①不施肥对照（CK）；②全面撒施；③条施；④穴施。各处理肥料用量（依据测土配方施肥结果确定用量）、追肥时期均一致，追肥次数和每次追肥量依据作物营养需求规律和营养关键需求时期，以及灌溉管理措施来确定。肥料可以是氮肥、追肥型复混肥料等。处理重复 3 次。

（3）微量元素不同施肥方式试验　依据试验地区土壤微量元素丰缺状况和供试作物对微量元素的敏感程度，选择一种或几种微量元素进行试验。试验设置以下 5 个处理：①不施微量元素；②播种时土壤施用微量元素（条施或穴施）；③拌种；④浸种；⑤叶面喷施。各处理都要在施用氮、磷、钾的基础上进行。土壤施用、拌种和浸种的微量元素肥料用量按常规量设计，处理间用量可以不同；叶面施肥的浓度和喷施次数依据微量元素种类、不同作物叶面施肥技术要求确定，叶面喷施时其他处理喷施清水。处理重复 3 次。

（三）不同施肥时期试验

由于不同土壤的供肥保肥性能和各种作物的营养特性如营养临界期、营养最大效率期有所不同，因此，同样数量的肥料，在农作物不同生育阶段施用，其效果则有较大的区别。特别是氮素化肥，因施用时期不合适，造成减产的事例常有发生。例如，马铃薯结薯期若施用氮肥过多，则会导致植株徒长，不利于结薯。因此有必要进行肥料施用期试验，以确定最佳施用期。肥料施用期试验，主要应根据作物的生育特点，拟订试验设计方案。

（1）氮肥不同施肥时期试验　在一定栽培条件下找出某地区、某作物的氮肥合理施用时期。作物氮肥施肥时期试验设计应按各地区、各作物种类、品种、自然条件、耕作、施肥习惯及其他各种具体情况而拟定。一般可设置以下处理：①空白区（不施任何肥料）；②底肥区（有机肥＋磷钾肥）；③底肥加全部氮肥作基肥；④底肥加 1/2 的氮肥作基肥和 1/2 的氮肥作追肥（一次追）；⑤底肥加全部氮肥作追肥（一次追）；⑥底肥加全部氮肥作追肥（分三次追，每次追 1/3）。肥料用量根据测土配方施肥结果确定，追肥时间依作物生育情况而定。

表 3-17 是吴玉东等在冬菜（全能菜心）进行的氮肥不同施肥时期与比例试验设计。试验方案设 6 个处理：空白对照 CK，不施任何肥料；处理 2，每 667 m² 施肥：氮、磷、钾投入比为 10∶3∶6，不施有机肥，只施化肥；处理 3，把处理 2 中氮肥在基肥和前期追肥中的比例提高 10%，氮肥在后期追肥中比例减少 10%，其他要求与处理 2 相同；处理 4，把处理 2 中氮肥在基肥和前期追肥中提高 20%，在后期追肥中减少 20%，其他要求与处理 2 相同；处理 5，把处理 2 中在基肥和前期追肥中比例减少 10%，氮肥在后期追肥中增加 10%，其他与处理 2 相同；处理 6，把处理 2 中氮肥在基肥和前期追肥中比例减少 20%，在后期的追肥中增加 20%，其他要求与处理 2 相同。处理 3、处理 4、处理 5 和处理 6 的磷肥、钾肥与处理 2 相同。

表 3-17　冬菜氮肥不同施肥时期与比例试验方案

| 处理 | 基肥 | 追肥 | | | | P_2O_5 | K_2O |
	纯氮	播后 10 d 施纯氮	播后 17 d 施纯氮	播后 22 d 施纯氮	播后 25 d 施纯氮		
CK	0	0	0	0	0	0	0
2	1	1.5	3	3	1.5	3	6
3	1.2	1.8	3.5	2.5	1	3	6
4	1.5	2.0	4.0	2.0	0.5	3	6
5	0.8	1.5	2.5	3.8	1.7	3	6
6	0.5	1.0	2.0	4.5	2.0	3	6

表 3-18 为冯卫东等研究水稻基、追肥不同施肥时期及比例的试验方案。

表 3-18　水稻不同施肥时期试验方案

处理	基追比例	基肥	面肥	分蘖肥	穗肥	粒肥
1（CK）	7∶3	7		1	1	1
2	5∶5	5	1	1	1	2
3	3∶7	3	1	1	1	3	1
4	2∶8	2	1	1	1	4	1

（2）氮、磷、钾肥不同施肥时期试验　对氮、磷、钾肥可以设计不同施肥时期和比例。施肥时期和比例的设置要考虑不同作物与品种、不同土壤、施肥习惯及其他具体条件而拟定。

表 3-19 是尹梅等在云南省曲靖市麒麟区进行不同施肥时期对玉米产量和质量的影响的试验方案。每个处理的肥料施用量均相等。

表 3-19　玉米施肥时期试验方案

处理	基（底）肥	苗肥	穗肥
T1	有机肥，磷 100%，钾 100%	氮 50%	氮 50%
T2	有机肥，氮 20%，磷 100%，钾 100%	氮 40%	氮 40%
T3	有机肥，氮 20%，磷 100%，钾 100%	氮 30%	氮 50%
T4	有机肥，氮 20%，磷 50%，钾 100%	氮 30%，磷 50%	氮 50%
T5	有机肥，氮 20%，磷 50%，钾 100%	氮 30%	氮 50%，磷 50%
T6	有机肥，氮 20%，磷 100%，钾 50%	氮 30%	氮 50%，钾 50%
T7	有机肥，氮 20%，磷 100%	氮 30%，钾 50%	氮 50%，钾 50%

表 3-20 是陆树华等研究滴灌施肥条件下氮、钾分配时期对甘蔗产量和品质的影响的试验方案。同时，设置了一个常规栽培方式，按常规大田生产进行管理。其中过磷酸钙作基肥一次施用，20% 尿素和 50% 氯化钾以颗粒状在苗期通过开沟施用，60% 尿素和 50% 氯化钾在伸长期通过开沟施用，20% 尿素在成熟期开沟施用。

表 3-20　滴灌条件下氮、钾施肥时期试验方案 （g/袋）

处理	总施用量		苗期及分蘖期			伸长期			成熟期		
	尿素	氯化钾	施用次数	每次施用量		施用次数	每次施用量		施用次数	每次施用量	
				尿素	氯化钾		尿素	氯化钾		尿素	氯化钾
T1	15	15	5	1.00	1.00	6	1.00	1.00	4	1.00	1.00
T2	15	15	5	1.50	1.50	10	0.75	0.75	0	0	0
T3	15	15	2	0.75	0.75	10	1.20	1.20	2	0.75	0.75
T4	15	15	4	0.75	0.75	10	0.90	0.90	4	0.75	0.75

注：本试验根据氮、钾肥在甘蔗生育期内分配的不同设置 4 个处理：分别为 T1（平均施用），T2（苗期及分蘖期施用 50%，伸长期施用 50%，成熟期 0%），T3（苗期及分蘖期施用 10%，伸长期施用 80%，成熟期施用 10%）和 T4（苗期及分蘖期施用 20%，伸长期施用 60%，成熟期施用 20%）。

（3）叶面施肥时期试验　叶面施肥效果除了与喷施浓度有关外，喷施次数和时期也是影响施肥效果的重要因素，生产中需要通过田间试验确定最适宜的喷施时期及次数。喷施时期及次数与作物种类、土壤养分供应状况、喷施养分的类型等因素有关，设计试验方案时要考虑具体情况设置不同处理。

张文杰等研究叶面施肥对大豆合丰 42 品质和产量影响时，试验处理分为两个因素：A 因素为施肥时期（A1 开花期，A2 结荚期，A3 开花及结荚期），B 因素为施肥水平，肥料共分 6 个剂量（表 3-21）。

表 3 - 21　大豆叶面施肥成分及用量

序号	处理	成分	水平（g/hm²）
1	B1（CK）	磷酸二氢钾＋尿素	0＋0
2	B2	磷酸二氢钾＋尿素	750＋2 250
3	B3	磷酸二氢钾＋尿素	1 500＋4 500
4	B4	磷酸二氢钾＋尿素	2 250＋6 750
5	B5	磷酸二氢钾＋尿素	3 000＋9 000
6	B6	磷酸二氢钾＋尿素	3 750＋11 250

张瑞富等研究叶面施肥对甜玉米生长及产量的影响时，试验采用裂区设计。施肥期 A 和施肥种类 B 两个试验因素，A 因素为主处理，设拔节期施肥和抽雄期施肥两个水平；B 因素为副处理，设对照（CK）、叶面喷施尿素（N）、叶面喷施磷酸二氢钾（PK）、叶面喷施尿素及磷酸二氢钾混合肥（NPK）4 个水平。N 肥为 0.1％尿素，PK 肥为 0.3％磷酸二氢钾，NPK 混合肥为二者等比例混合，CK 同期叶面喷清水。

五、其他肥料肥效试验

（一）肥料品种试验

同种肥料中有不同品种的肥料，通过肥料品种试验，可了解不同肥料品种的肥效，为生产筛选适应于不同土壤和作物的肥料品种。

如磷肥品种有过磷酸钙、重过磷酸钙、钙镁磷肥、钢渣磷肥、磷矿粉、硝酸磷肥、磷酸铵等十余种，如将这些品种同时安排在一组试验里，因处理过多，不易在田间实施，因此选择 4～5 个品种供试验比较。选择的原则是选用当地生产和使用较多的品种，或选用有代表性的，或选择新型的肥料品种，为此可以设计如下磷肥品种比较试验方案：①CK（不施肥）；②单施 N；③N＋过磷酸钙（水溶性磷肥）；④N＋重过磷酸钙（水溶性磷肥，不含硫）；⑤N＋钙镁磷肥（枸溶性磷肥）；⑥N＋磷矿粉（难溶性磷肥）。此方案为单元磷肥品种系列的比较，着重研究磷肥中三种磷素（水溶性、枸溶性和难溶性）形态在不同土壤、作物上的反应。

也可以设计如下磷肥品种比较试验方案：①CK（不施肥）；②单施 N（铵态氮肥）；③单施 N（硝酸铵）；④硝酸磷肥；⑤铵态氮＋磷酸铵。此方案为含磷复合肥品种的比较试验，因为硝酸磷肥和磷酸铵两种复合肥，不仅磷素形态不同，而且氮素形态也不一样。因此，需添加铵态氮肥和硝酸铵两个处理，才能找出两个复合肥品种肥效差异的原因。

（二）肥料长期定位试验

肥料的效应受气候和作物养分供应状况的影响，往往随年度不同而异，因此，只有多年定位试验的结果，才能对肥效和施肥方案的合理性做出较为客观的评价。多年定位试验可以揭示施肥方案对作物和土壤的长期效应，是制定科学合理施肥技术措施的重要依据。

　　试验通常设 8 个处理：①CK，种作物不施肥；②M，单施有机肥；③N，单施化学氮肥；④NP，化学氮、磷肥料配合；⑤NK，化学氮、钾肥料配合；⑥PK，化学磷、钾肥料配合；⑦NPK，化学氮、磷、钾肥料配合；⑧MNPK，有机肥配合 NPK 化肥。有机肥可以选择牲畜粪尿，也可以实施秸秆还田，或二者同时进行，试验处理改为 10 个（增加单施秸秆和秸秆与 NPK 化肥配施两个处理）。种植的作物实行合理的轮作，有机肥用量可以年度间确定一个固定量，化肥的用量年度间可以是固定量，也可以根据当年种植的作物确定适宜施肥量。

　　通过上述试验方案，可以研究不同施肥措施对土壤的效应，包括物理效应、养分效应、化学效应、微生物效应、农药及重金属效应等；也可以研究不同施肥对作物的效应，包括对作物生长发育效应、产量效应、品质效应、养分吸收效应等。目前研究也关注不同施肥制度对水体富营养化、地下水污染以及温室效应等全球生态环境恶化的影响。

第四章
田间观察记载

肥料田间试验的特点是试验结果易受外界各种因素的影响，作物生长前期和后期表现好坏不一定相同。因此，判断各处理间的差异，除根据产量外，还需对在整个生长期间各方面的表现加以综合评定，才能得出正确的结论。在试验中，进行全面的、系统的、正确的观察记载，目的在于掌握第一手材料，用以反映肥料对作物的真实作用。

一、生长性状调查

在作物生长的关键时期调查作物的根茎叶长势情况。

（一）水稻

具体调查指标见表4-1。

表4-1　水稻生长性状调查

处理	分蘖期（日/月）	抽穗期（日/月）	株高（cm）	叶色	剑叶长（cm）	穗长（cm）
处理1						
处理2						
处理3						
...						

（1）分蘖期　从分蘖开始发生到停止的时期为分蘖期，以50％的植株开始分蘖为分蘖期。

（2）抽穗期　稻穗从剑叶鞘内抽出1 cm以上时为抽穗，当全田有50％抽穗为抽穗期。

（3）株高　收割前，在各试验处理有代表性的位置上连续取10株，选择每株的主茎，分别从茎基部量至穗顶（芒除外），求其平均数即为植株高度。

（4）叶色　一般分浓绿、绿、淡绿三级。在分蘖期和抽穗期定人、定时、定叶观察，于上午九时左右人背着阳光，观察最上部两片定形叶叶片上部1/3处的颜色。

（5）剑叶长　抽穗期在各试验处理有代表性的位置上连续取10株，测量剑叶长度，求平均值。

（6）穗长　在每个处理有代表性的位置连续测量 10 穗的长度，求平均值。

（二）玉米

具体调查指标见表 4-2。

表 4-2　玉米生长性状调查

处理	拔节期 （日/月）	喇叭口期 （日/月）	株高 （cm）	茎粗 （cm）	叶色	穗长 （cm）	秃尖长度 （cm）
处理 1							
处理 2							
处理 3							
…							

（1）拔节期　玉米生长过程中，茎的节间向上迅速伸长的时期。一般以全田 50% 以上植株的第一茎节露出地面 1.5～2.5 cm 为拔节期。

（2）大喇叭口期　玉米生长过程中，50% 植株玉米棒三叶大部分伸出，但未全部展开，心叶丛生，侧面形似高音喇叭，此期是玉米的大喇叭口期。

（3）株高　收割时，各处理选有代表性的部位，连续取 10 株，分别从茎基部量至雄穗顶端长度，求其平均数即为植株高度。

（4）茎粗　收割时，各处理选有代表性的部位，连续取 10 株，并排摆放，测量茎基部的直径，除以 10 即为茎基粗。

（5）叶色　一般分浓绿、绿、淡绿三级。拔节期或喇叭口期观察叶色。

（6）穗长　收割时，各处理选有代表性的部位，连续取 10 穗，测穗长求平均值。

（7）秃尖长度　从上述 10 穗中量取其秃尖长度，求出平均值。

（三）小麦

具体调查指标见表 4-3。

表 4-3　小麦生长性状调查

处理	分蘖期 （日/月）	拔节期 （日/月）	株高 （cm）	叶色	旗叶长 （cm）	穗长 （cm）
处理 1						
处理 2						
处理 3						
…						

（1）分蘖期　田间 50% 麦苗第一分蘖露出叶鞘 2 cm 的时期。

（2）拔节期　田间 50% 以上植株茎基部第一节间露出地面 1.5～2 cm 时称之为拔节期。

（3）株高　收割时，各处理选有代表性的部位，连续取 10 株，分别从茎基部量至穗顶（芒除外），求其平均数即为植株高度。

（4）叶色　一般分浓绿、绿、淡绿三级。分蘖和拔节期两次观察叶色。

（5）旗叶长　收割时，各处理选有代表性的部位，连续取 10 株，测量旗叶长，求其平均数即为旗叶长。

（6）穗长　收割时，各处理选有代表性的部位，连续取 10 穗，测量穗长（芒除外），求其平均数。

（四）马铃薯

具体调查指标见表 4 - 4。

表 4 - 4　马铃薯生长性状调查

处理	块茎形成期（日/月）	株高（cm）	叶色	分枝数（个）	薯块大小比率（大：中：小）
处理 1					
处理 2					
处理 3					
...					

（1）块茎形成期　现蕾至第一花序开始开花为块茎形成期。田间 50% 植株地上茎顶端封顶叶展开，第一花序开始现蕾开花的时期。

（2）叶色　块茎增长期进行调查，一般分淡绿、绿和浓绿三种。

（3）株高　收获时调查，各处理选有代表性的部位，连续取 10 株，从基部测量到顶端的长度，求平均值。

（4）分枝数　取上面的样品，长度在 10 cm 以下的不计，统计分枝数，求平均值。

（5）薯块大小比率　0.25 kg 以上为大薯；0.1～0.25 kg 为中薯；0.1 kg 以下为小薯。收获时取 10～20 株，分级求得。

（五）大豆

具体调查指标见表 4-5、表 4-6。

表 4 - 5　大豆生长性状调查

处理	开花结荚期（日/月）	鼓粒期（日/月）	株高（cm）	叶色	有效分枝数（个）
处理 1					
处理 2					
处理 3					
...					

表4-6 大豆根瘤情况统计

处理	根瘤总数（个）	根瘤总鲜重（g）	有效根瘤数（个）	有效根瘤鲜重（g）
处理1				
处理2				
处理3				
…				

（1）开花结荚期　田间50%植株进入从始花为开花期；50%植株从软而小的豆荚出现到幼荚形成为结荚期。

（2）鼓粒期　从豆粒开始膨大起，直到最大体积和重量时止，称鼓粒期。

（3）株高　在各试验处理有代表性的位置上连续取10株，从基部测量到顶部，求平均值。

（4）叶色　开花期和鼓粒期观察。一般分浓绿、绿、淡绿三级。

（5）有效分枝数　指主茎上结荚的分枝数，有效枝至少有2个节，不计二次分枝。

（6）根瘤调查　成熟时每个处理取10株，调查根瘤总数和红色根瘤数（有效根瘤），分别称重。

（六）花生

具体调查指标见表4-7。

表4-7 花生生长性状调查

处理	开花下针期（日/月）	结荚期（日/月）	叶色	株高（cm）	主根长（cm）	结果枝数（个）
处理1						
处理2						
处理3						
…						

（1）开花下针期　从50%的植株开始开花到50%的植株出现鸡头状的幼果为开花下针期或简称花针期。

（2）结荚期　从50%的植株出现鸡头状幼果到50%的植株出现饱果为结荚期。

（3）叶色　一般分浓绿、绿、淡绿三级。开花下针期和结荚期观察。

（4）株高　从第一对侧枝分生处量至顶叶叶节，测10株，求平均值。

（5）主根长　从第一对侧枝分生处量至主根末尾处，测10株，求平均值。

（6）结果枝数　调查10株，除主茎外所有结果分枝的总和，不足5 cm的不计，求平均值。

（七）番茄、茄子、青椒

具体调查指标见表4-8。

表4-8　番茄、茄子、青椒生长性状调查

处理	开花坐果期（日/月）	结果期（日/月）	株高（cm）	叶色	主根长（cm）
处理1					
处理2					
处理3					
...					

（1）开花坐果期　第一花序现大蕾到第一个果实形成，即为开花坐果期。

（2）结果期　从第一花序坐住果至采收结束。

（3）株高　开始采收时调查，各处理选有代表性的部位连续选5株，从地面基部量至顶端，求平均值即为株高。

（4）叶色　开花期调查，分深绿、绿和淡绿三种。

（5）主根长　拉秧时，各处理选有代表性的部位连续选5株，根茎部位量到主根末尾处，平均值即为主根长。

（八）黄瓜、西瓜、香瓜

具体调查指标见表4-9。

表4-9　黄瓜、西瓜、香瓜生长性状调查

处理	初花期（日/月）	结果期（日/月）	叶色	果色	蔓长（cm）	茎粗（cm）
处理1						
处理2						
处理3						
...						

（1）初花期　又称为发棵期或抽蔓期。从定植起到第一雌花瓜坐住。

（2）结果期　由第一雌花坐住瓜到拉秧。

（3）叶色　初花期和结果期观察，一般分淡绿、绿、深绿三种。

（4）果色　成熟期观察，根据品种特性，分深、中、浅三种及颜色均匀程度。

（5）蔓长　各处理选有代表性位置连续取10株，在掐尖前从基部量至顶端，求平均值。

（6）茎粗　采收前，各试验处理选有代表性的位置连续取10株，量取植株基部最粗的部位的宽度，求平均值。

（九）芹菜、小白菜等

具体调查指标见表 4-10。

表 4-10　芹菜、小白菜等生长性状调查

处理	株高 （cm）	叶色	茎基粗 （mm）	分蘖数 （个/株）
处理 1				
处理 2				
处理 3				
…				

（1）**株高**　采收时各处理选择有代表性部位连续取 10 株，从基部量至顶端，求平均值。

（2）**叶色**　采收前 20 d 观察，分淡绿、绿、浓绿三种。

（3）**茎基粗**　以上样品，逐棵测量基部最粗部位的宽度，求平均值。

（4）**分蘖数**　采收前，各试验处理选有代表性的位置连续取 10 株，调查每株分蘖数，求平均值。

（十）大白菜、甘蓝

具体调查指标见表 4-11。

表 4-11　大白菜、甘蓝生长性状调查

处理	莲座期 （日/月）	结球期 （日/月）	株高 （cm）	叶色	茎粗 （cm）	主根长 （cm）
处理 1						
处理 2						
处理 3						
…						

（1）**莲座期**　从"团棵"到再长出 1～2 个叶环（每个叶环为 5～8 片叶子），形成发达的叶丛时称为莲座期。

（2）**结球期**　从植株开始包心到形成叶球为结球期。

（3）**株高**　采收时各试验处理选择有代表性的部位，连续取 10 株，从基部量至最顶部的长度，求平均值。

（4）**叶色**　莲座期观察，一般分淡绿、绿、深绿三种。

（5）**茎粗**　采收时各试验处理选择有代表性的部位，连续取 10 株，每株测量最粗部位的直径，求平均值。

（6）**主根长**　采收时，各处理选有代表性的部位连续选 10 株，测量每一株主根长度，求平均值。

（十一）大蒜

具体调查指标见表 4 - 12。

表 4 - 12　大蒜生长性状调查

处理	抽薹期 （日/月）	株高 （cm）	叶色	蒜薹色	蒜薹长度 （cm）	薹茎粗 （mm）
处理 1						
处理 2						
处理 3						
…						

（1）抽薹期　从花序总包开始长出叶鞘，到花茎的大小充分长成。

（2）株高　抽薹前在各处理有代表性的位置，连续取 10 株，从基部量到叶片顶端的长度，求平均值。

（3）叶色　抽薹前观察，可分淡、中、绿三个等级。

（4）蒜薹色　采收时观察，蒜薹茎的颜色，分淡绿、绿、深绿。

（5）蒜薹长度　采收时，各试验处理选有代表性的位置，连续取 10 株，逐个测量长度，求平均值。

（6）薹茎粗　将上面测长度的蒜薹，测量最粗部位的宽度，求平均值即为薹茎粗。

（十二）苹果、梨、桃、李、杏

具体调查指标见表 4 - 13。

表 4 - 13　苹果、梨、桃、李、杏生长性状调查

处理	果实膨大期 （日/月）	新梢长度 （cm）	叶色	果实 着色率（%）	1～2 等果率 （%）
处理 1					
处理 2					
处理 3					
…					

（1）果实膨大期　苹果的果实是由子房和花托发育而成的假果，其中子房发育成果心，花托发育成果肉，胚发育成种子。当这些组织形成后开始进入果实膨大期，又分为初期、中期、成熟期、末期。

（2）新梢长度　秋季新梢已形成、顶芽停止生长时，在各试验处理的相同方向相同部位选 10 个有代表性营养枝测量长度，求平均值。

（3）叶色　果实膨大期观察。可分淡绿、绿、深绿三个等级。

（4）果实着色率　果实采收前，在各试验处理的相同方位选 10 个果目测着色百分率，求平均值。

（5）1～2等果率　果实采收后，各处理随机选 50 个果，根据 1～2 等果的分级标准目测和分级板进行筛选，求 1～2 等果百分率，重复 2～3 次，求平均数。

（十三）葡萄

具体调查指标见表 4-14。

表 4-14　葡萄生长性状调查

处理	萌芽始期（日/月）	开花期（日/月）	新梢长度（cm）	叶色
处理 1				
处理 2				
处理 3				
…				

（1）萌芽始期　3%～5%的绒球状芽露出彩色或绿色组织时为萌芽始期。

（2）开花期　3%～5%的花蕾开放时为开花始期；1/2～2/3 的花蕾开放时为开花盛期；95%以上的花蕾开放时为开花末期。

（3）新梢长度　秋季定梢前，量取每个单株新梢长度求平均值。

（4）叶色　开花末期观察。可分淡绿、绿、深绿三个等级。

（十四）草莓

具体调查指标见表 4-15。

表 4-15　草莓生长性状调查

处理	现蕾期（日/月）	旺盛生长期（日/月）	匍匐茎数（个）	叶色	果色	果型
处理 1						
处理 2						
处理 3						
…						

（1）现蕾期　当新茎长出 3 片叶，而第四片叶未长出时，花序就在第四片叶的托叶鞘内显露，之后花序梗伸长，露出整个花序，当 3%植株露出花序为现蕾期。

（2）旺盛生长期　浆果采收后，植株进入旺盛生长期，当有 3%～5%植株发生匍匐茎，到停止形成匍匐茎和新茎的时期为旺盛生长期。

（3）匍匐茎数　匍匐茎和新茎停止生长后，在各试验处理有代表性的位置，连续取 10 株，数取匍匐茎数，求平均值。

（4）叶色　旺盛生长期观察。可分淡绿、绿、深绿三个等级。

（5）果色、果型　采收后各处理随机选 50 个果观察，根据品种本身特性判断果型和果实颜色，分浅、中、深三级。

(十五) 烟草

采收时调查，具体调查指标见表 4-16。

表 4-16 烟草生长性状调查

处理	株高 (cm)	叶数 (个)	叶长 (cm)	叶宽 (mm)	节距 (cm)
处理 1					
处理 2					
处理 3					
…					

（1）株高 采收前各处理有代表性的位置选 10 株，从地上基部量至顶端，求平均值。

（2）叶数 调查上述 10 株总叶片数，求平均值。

（3）叶长、叶宽 从上述 10 株样品中，各株选第三片叶，测量其叶长和叶宽，分别求平均值。

（4）节距 上述 10 株，逐棵从基部叶节处量至最顶端叶节的长度，并调查节数，每株节长度除以节数，求平均值即为节距。

(十六) 冬 (春) 油菜

在各处理选有代表性的部位，定点调查 10 株，具体调查指标见表 4-17。

表 4-17 冬 (春) 油菜生长性状调查

处理	越冬期 (日/月)	抽薹期 (日/月)	花期 (日/月)	株高 (cm)	叶龄 (片)	绿叶数 (片)
处理 1						
处理 2						
处理 3						
…						

（1）越冬期 冬油菜从当年 12 月下旬至翌年 2 月上旬，是全年气温最低的时期，低温促进油菜花芽分化，营养生长与生殖生长同时并进，以营养生长占主导地位。

（2）抽薹期 以全区 50％以上植株主茎开始延伸，冬油菜主茎顶端离子叶节达 10 cm 为标准，北方春油菜以 5 cm 为标准。

（3）花期 以全区有 50％以上花序已经开花为标准。

（4）株高 自子叶节至全株最高部分的长度。

（5）叶龄 指主茎上已展开的叶片数。

（6）绿叶数 指调查时主茎上已展开的绿叶数（不包括子叶）。

（十七）芝麻

在各处理选有代表性的部位，定点调查 10 株，具体调查指标见表 4 - 18。

表 4 - 18　芝麻生长性状调查

处理	出苗期 （日/月）	分枝期 （日/月）	花期 （日/月）	蒴果形成期 （日/月）	株高 （cm）	始蒴部位 （cm）	根颈粗 （cm）
处理 1							
处理 2							
处理 3							
…							

（1）出苗期　全小区出苗率达到 75% 以上，以子叶张开展平为标准。

（2）分枝期　在主茎下部叶腋间出现侧芽，长约 1.0 cm。单秆性品种不观测该生育期。

（3）花期　全小区 50% 以上的植株开花。

（4）蒴果形成期　在主茎的叶腋间，出现一个长形有棱、顶端扁平而尖的蒴果。

（5）株高　子叶节到主茎顶端的高度。

（6）始蒴部位　自子叶节至主茎下部第一个有效果节的高度。

（7）根颈粗　指子叶节处直径。

（十八）棉花

在各处理选有代表性的部位，定点调查 10 株，具体调查指标见表 4 - 19。

表 4 - 19　棉花生长性状调查

处理	出苗期 （日/月）	花期 （日/月）	吐絮期 （日/月）	株高 （cm）	叶色	主茎叶数 （个）	倒四叶宽 （cm）	第一果枝 位（cm）	单株果枝 数（个）	单株结铃 数（个）
处理 1										
处理 2										
处理 3										
…										

（1）出苗期　试验小区内棉花出苗后，幼苗子叶平展达 50% 的时期。

（2）现蕾期　最下部果枝第一果节出现 3.0 mm 三角苞到 50% 植株花蕾出现 3.0 mm 三角苞的时期。

（3）吐絮期　小区全株 50% 以上的棉铃完全张开，棉絮外露呈松散状态的时期。

（4）株高　子叶节至主茎顶端的高度。

（5）叶色　一般分浓绿、绿、淡绿三级。

（6）主茎叶片数　主茎上着生叶片数量。

（7）倒四叶宽　植株主茎自上而下第四位上着生的主茎叶片的宽度。

（8）第一果枝节位　棉株果枝的始节位，即棉花现蕾后从下至上第一果枝位置。

（9）单株果枝数　棉株主茎果枝数量。

（10）单株结铃数　棉株个体成铃数（包括烂铃和吐絮铃），由大铃和小铃组成，单株结铃数＝大铃＋小铃/3，以"个"表示。大铃标准：棉铃最大直径在 2 cm 及以上；小铃标准直径小于 2 cm 的棉铃及当日花。

（十九）高粱

在各处理选有代表性的部位，定点调查 10 株，具体调查指标见表 4 - 20。

表 4 - 20　高粱生长性状调查

处理	拔节期 （日/月）	抽穗期 （日/月）	株高 （cm）	茎粗 （cm）	叶色	穗长 （cm）
处理 1						
处理 2						
处理 3						
…						

（1）拔节期　生长过程中，茎的节间向上迅速伸长的时期。一般以全田 50％以上植株的第一茎节露出地面 1.5～2.5 cm 为拔节期。

（2）抽穗期　稻穗从剑叶鞘内抽出 1 cm 以上时为抽穗，当全田有 50％抽穗时为抽穗期。

（3）株高　收割时，各处理选有代表性的部位，连续取 10 株，分别从茎基部量至雄穗顶端长度，求其平均数即为植株高度。

（4）茎粗　收割时，各处理选有代表性的部位，连续取 10 株，并排摆放，测量茎基部的直径，除以 10 即为茎基粗。

（5）叶色　一般分浓绿、绿、淡绿三级。拔节期或抽穗期观察。

（6）穗长　自穗下端叶梗处到穗尖的长度，在每个处理有代表性的位置连续测量 10 穗的长度，求平均值。

（二十）甘蔗

甘蔗种植主要分为两种方式：新植甘蔗和宿根甘蔗。在各处理选有代表性的部位，定点调查 10 株，具体调查指标见表 4 - 21。

表 4 - 21　甘蔗生长性状调查

处理	出苗期 （日/月）	分蘖期 （日/月）	茎伸长期 （日/月）	发株期 （日/月）	株高 （cm）	叶色	茎径 （cm）
处理 1							
处理 2							
处理 3							
…							

（1）出苗期　种子幼芽露出地面 2.0 cm 的时期。

（2）分蘖期　有 10% 的蔗苗分蘖到全部开始拔节前，称为分蘖期。主要调查甘蔗总苗数、主苗数、分蘖苗数；总苗数指某一时期单位面积的总苗数（包括死苗数在内）；主苗数指由种苗萌发出土的单位面积苗数（包括死苗数在内）；分蘖苗数指由主苗（茎）分生出来的苗数。

（3）茎伸长期　自开始拔节至伸长基本停止。

（4）发株期　新植甘蔗收后开始再生 2.0 cm 左右的时期。

（5）株高　植株从地面至最高可见肥厚带的高度。

（6）叶色　一般分浓绿、绿、淡绿三级。

（7）茎径　用卡尺量蔗茎的基部（底部）、中部和梢部的粗度（直径），平常经常测量中部茎径代表全茎平均茎径。

（二十一）柑橘

具体调查指标见表 4-22。

表 4-22　柑橘生长性状调查

处理	抽梢期（日/月）	果实膨大期（日/月）	新梢长度（cm）	叶色	坐果率（%）	果实着色率（%）
处理 1						
处理 2						
处理 3						
...						

（1）抽梢期　柑橘一年多发生三次新梢即春梢、夏梢、秋梢，南方温暖地区可抽冬梢，翌年形成结果枝。

（2）果实膨大期　果实快速增重增大，横向生长明显比纵向生长加快，海绵层变薄，砂囊迅速增长增大，彼此分离，含水量迅速增加，内容物充实硬化。

（3）新梢长度　新梢已形成、顶芽停止生长时，在各试验处理的相同方向相同部位选10 个有代表性营养枝测量长度，求平均值。

（4）叶色　果实膨大期观察。可分淡绿、绿、深绿三个等级。

（5）果实着色率　果实采收前，在各试验处理的相同方位选 10 个果目测着色百分率，求平均值。

（6）坐果率　果树上结果数占开花总数的百分率。开花时各试验处理在相同方位选有代表性的枝条，并做好标记，统计花朵数；分别在第一次生理落果、第二次生理落果和成熟期后调查坐果数，计算坐果率。

（二十二）荔枝、龙眼、枇杷、猕猴桃

具体调查指标见表 4-23。

表 4-23　荔枝、龙眼、枇杷、猕猴桃生长性状调查

处理	抽梢期（日/月）	果实膨大期（日/月）	新梢长度（cm）	叶色	坐果率（%）	果实着色率（%）
处理 1						
处理 2						
处理 3						
…						

（1）抽梢期　荔枝、龙眼一年可抽 4 次新梢即春梢、夏梢、秋梢、冬梢，根据需要测量抽梢长度。

（2）果实膨大期　果实快速增重增大，果实内开始出现果肉。

（3）新梢长度　新梢已形成、顶芽停止生长时，在各试验处理的相同方向相同部位选 10 个有代表性营养枝测量长度，求平均值。

（4）叶色　果实膨大期观察。可分淡绿、绿、深绿三个等级。

（5）果实着色率　果实采收前，在各试验处理的相同方位选 10 个果目测着色百分率，求平均值。

（6）坐果率　柑橘结果数占开花总数的百分率。开花时各试验处理在相同方位选有代表性的花序 50 个，并做好标记，统计花朵数；分别在第一次生理落果、第二次生理落果和成熟期后调查坐果数，计算坐果率。

二、产量性状调查

不同作物栽种的密度不同，构成产量的因素也不同，因此需要分门别类地调查作物产量性状，进而计算作物的理论产量。

（一）水稻

收获时或者采集样品进行室内考种测定。在各试验处理连续取 10 穴株，挂标签，晾晒以备考种。测定的指标见表 4-24。

表 4-24　水稻产量性状调查

处理	每 667 m^2 密度（穴）	穴穗数（穗/穴）	穗粒数（个）	秕粒数（个）	千粒重（g）
处理 1					
处理 2					
处理 3					
…					

（1）密度　机械播种（插秧）的，了解株行距，就可以计算每 667 m^2 穴数。人工插秧的，选择每个处理有代表性的位置，分别取 1 m^2，调查穴数，折算每 667 m^2 穴数。

（2）穴穗数　每个处理选择有代表性的位置，连续取 10 穴，调查穗数（5 粒以上的穗）。

（3）穗粒数、秕粒数　查量以上 10 穴植株稻穗上的结实总粒数（包括实粒数、秕粒数和已落粒数），除以总穗数，即得每穗平均粒数。秕粒数除以总穗数，即得每穗平均秕粒数。

（4）千粒重　从各小区晒干风净的谷粒随机取样 1 000 粒称重，重复 2～3 次，求平均值即为千粒重。

（二）玉米

收获时或者采集样品进行室内考种测定。在各试验处理连续取 10 株，挂标签，晾晒以备考种。测定的指标见表 4-25。

表 4-25　玉米产量性状调查

处理	每 667 m² 穗数 （个）	穗粒数 （个）	百粒重 （g）
处理 1			
处理 2			
处理 3			
…			

（1）每 667 m² 穗数　调查试验小区穗数，推算每 667 m² 穗数。

（2）穗粒数　每个处理选择有代表性的位置，连续取 10 穗，调查每穗穗行数和行粒数，求每穗穗粒数，其平均值即为穗粒数。

（3）百粒重　各处理选择的 10 穗晒干脱粒后随机取 500 粒，称重后折算成百粒重，重复 2～3 次，求平均值即为百粒重。

（三）小麦

收获时或者采集样品进行室内考种测定。在各试验处理连续取 10 株，挂标签，晾晒以备考种。测定的指标见表 4-26。

表 4-26　小麦产量性状调查

处理	有效分蘖率 （%）	每 667 m² 穗数 （万个）	穗粒数 （个）	秕粒数 （个）	千粒重 （g）
处理 1					
处理 2					
处理 3					
…					

（1）每 667 m² 穗数、有效分蘖率　成熟时在各处理随机取两点调查茎数和有效穗数，折算每 667 m² 有效穗数。有效穗数占总茎数的百分率，即为有效分蘖率。

（2）穗粒数、秕粒数　每个处理选择有代表性的位置，连续取 10 株，随机调查 10 穗的总粒数（包括掉粒和秕粒），再求其平均数。其中秕粒数的平均数为秕粒数。

（3）千粒重　每个处理随机取晒干的小麦粒 1 000 粒，重复 2～3 次，求平均值即为千粒重。

（四）马铃薯、甘薯

采收时调查，测定的指标见表 4 - 27。

表 4 - 27　马铃薯、甘薯产量性状调查

处理	每 667 m² 株数（株）	单株薯数（个）	单薯重（g）
处理 1			
处理 2			
处理 3			
…			

（1）每 667 m² 株数　调查试验小区株数，折算成每 667 m² 株数。

（2）单株薯数　每个处理选择有代表性的位置，连续取 10 株，统计总薯数（小于 10 g 的不计），除以 10 即为单株薯数。

（3）单薯重　将以上 10 株的全部薯称重，除以总薯数即为单薯重。

（五）大豆

收获时或者采集样品进行室内考种测定。在各试验处理连续取 10 株，挂标签，晾晒以备考种。测定的指标见表 4 - 28。

表 4 - 28　大豆产量性状调查

处理	每 667 m² 株数（株）	单株荚数（个）	单荚粒数（个）	百粒重（g）
处理 1				
处理 2				
处理 3				
…				

（1）每 667 m² 株数　收割前，调查试验小区株数，折算成每 667 m² 株数。

（2）单株荚数　每个处理选择有代表性的位置，连续取 10 株，统计总荚数（秕荚不计算在内），除以 10 即为单株荚数。

（3）单荚粒数　将以上 10 株的全部荚剥离，数取总粒数，除以总荚数即为单荚粒数。

（4）百粒重　从各小区晒干风净的豆粒随机取样 500 粒称重，重复 2～3 次，求平均值即为百粒重。

（六）花生

收获时或者采集样品进行室内考种测定。在各试验处理连续取 1 穴，挂标签，晾晒以备考种。测定的指标见表 4 - 29。

表 4 - 29　花生产量性状调查

处理	每 667 m² 穴数 （穴）	单穴饱果数 （个）	单穴秕果数 （个）	百果重 （g）
处理 1				
处理 2				
处理 3				
...				

（1）每 667 m² 穴数　调查试验小区穴数，折算成每 667 m² 穴数。

（2）单穴饱果数　10 穴籽粒饱满的荚果数，求平均值。

（3）单穴秕果数　10 穴籽粒不饱满的荚果数，求平均值。

（4）百果重　从各小区晒干风净的荚果中随机取 100 个荚果称重，重复 2～3 次，求平均值即为百果重。

（七）番茄、茄子、青椒、黄瓜

采收时调查，测定的指标见表 4 - 30。

表 4 - 30　番茄、茄子、青椒、黄瓜产量性状调查

处理	每 667 m² 株数 （株）	单果重 （g）	单株果数 （个）
处理 1			
处理 2			
处理 3			
...			

（1）每 667 m² 株数　收获时，调查试验小区株数，折算成每 667 m² 株数。

（2）单果重　在果实采收中期各处理随机取 10 个果，称重求平均值。

（3）单株果数　各试验小区实际的果数除以株数。

（八）大白菜、甘蓝、小白菜

采收时调查，测定的指标见表 4 - 31。

表 4 - 31　大白菜、甘蓝、小白菜产量性状调查

处理	每 667 m² 株数（株）	单棵重（g）
处理 1		
处理 2		
处理 3		
...		

（1）每 667 m² 株数　收获时，调查试验小区株数，折算成每 667 m² 株数。

（2）单棵重　在各处理选择有代表性的位置随机取 10 棵称重，除以 10 即为单棵重。

（九）苹果、梨、桃

采收时调查，测定的指标见表 4 - 32。

表 4 - 32　苹果、梨、桃产量性状调查

处理	每 667 m² 株数（株）	坐果率（%）	单株果数（个）	单果重（g）
处理 1				
处理 2				
处理 3				
...				

（1）每 667 m² 株数　调查试验小区株数，折算成每 667 m² 株数。

（2）坐果率　开花时各试验处理在相同方位选有代表性的花序 30 个，统计花朵数并做好标记；生理落果后调查坐果数，坐果数与总花朵数的百分率即为坐果率。

（3）单株果数　每个小区总果数，除以株数。

（4）单果重　各处理随机取 100 个果称重，重复 2～3 次，除以 100 求平均值即为单果重。

（十）葡萄

采收时调查，测定的指标见表 4 - 33。

表 4 - 33　葡萄产量性状调查

处理	每 667 m² 株数（株）	坐果率（%）	单株穗数（个）	单穗粒数（个）	百粒重（kg）
处理 1					
处理 2					
处理 3					
...					

（1）每 667 m^2 株数　调查试验小区株数，折算成每 667 m^2 株数。

（2）坐果率　开花前，每处理选有代表性的花序 10 个，分别记下花朵数量。生理落果后再统计坐果数，分别计算坐果率。

（3）单株穗数　调查总果穗，除以总株数。

（4）单穗粒数　采收时，各处理选中部有代表性的果穗 10 个，统计果粒，求平均值。

（5）百粒重　随机选 100 粒称重，重复 2～3 次，求平均值。

（十一）草莓

采收时调查，测定的指标见表 4-34。

表 4-34　草莓产量性状调查

处理	每 667 m^2 株数（株）	单株果数（个）	单果重（g）
处理 1			
处理 2			
处理 3			
...			

（1）每 667 m^2 株数　调查试验小区株数，折算成每 667 m^2 株数。

（2）单株果数　第一次采收时，在各试验处理选有代表性的部位连续取 10 株，统计每株果数，求平均值。

（3）单果重　各处理随机取 10 个果称重，重复 2～3 次，求平均值。

（十二）冬（春）油菜

冬（春）油菜成熟期是指 75% 以上角果显枇杷黄色或主轴中段角果内种子开始变色，采集样品进行室内考种测定。在各试验处理连续取 10 穴株，挂标签，晾晒以备考种。测定的指标见表 4-35。

表 4-35　冬（春）油菜产量性状调查

处理	株高（cm）	有效分枝点高度（cm）	主轴长度（cm）	有效分枝数（个）		单株有效角果数（个）				角果长度（cm）	每角粒数（个）	千粒重（g）	每 667 m^2 产量（kg）	单位面积经济产量（kg）	单位面积生物产量（kg）	经济产量系数
				一次	二次	主轴	一次	二次	合计							
处理 1																
处理 2																
处理 3																
...																

（1）株高　自子叶节至全株最高部分的长度，以 cm 表示。

（2）有效分枝点高度　指子叶节至第一个一次有效分枝的间距，以 cm 表示。

（3）主轴长度　指主花序上第一个有效角果至顶端有效角果之距，以 cm 表示。

（4）一次有效分枝数　指主茎上着生的分枝，具有 1 个以上有效角果的分枝数。

（5）二次有效分枝数　指一次分枝上着生具有 1 个以上有效角果的分枝数。

（6）单株有效角数　指主花序、一次分枝、二次分枝上具有 1 粒以上的角果总数。

（7）角果长度　即果身长度（不包括果柄和果喙）。

（8）角果宽度　指角果最宽部位的宽度。

（9）每角果粒数　在典型植株上，按比例分段，随机摘取 20 个正常角果，计算平均种子数。

（10）千粒重　用晒干纯净种子，随机取样 3 份，分别称重取差异不超过 3% 的平均值，以 g 表示。

（11）产量　各小区单打单收，折合每 667 m^2 产量。采用近红外光谱分析测定油菜籽品质。

（12）经济产量　指单位面积上的菜籽产量。

（13）生物产量　指茎、枝、叶、角果（含种子）及主要根系的干物质的单位面积的重量。

（14）经济产量系数　经济产量系数＝经济产量/生物产量。

（十三）芝麻

芝麻成熟期指植株枝叶变黄，部分叶片脱落，下部蒴果转黄色，多数蒴果认为绿色，采集样品进行室内考种测定。在各试验处理连续取 10 株，挂标签，晾晒以备考种。测定的指标见表 4-36。

表 4-36　芝麻产量性状调查

处理	株高 (cm)	空梢尖长 (cm)	主茎果轴 长（cm）	分枝数 (cm)	蒴果总数 （个）	每蒴粒数 （个）	千粒重 (g)	每 667 m^2 产量（kg）
处理 1								
处理 2								
处理 3								
...								

（1）株高　自子叶节至主茎顶端的高度。

（2）空梢尖长　终花期结束后，主茎梢尖蒴果不能正常发育部分的长度。

（3）主茎果轴长　主茎结蒴果的长度，可用株高减去始蒴高度减去空梢长度计算。

（4）分枝数　分枝型品种植株上第一次有效分枝数，单秆型品种不调查。

（5）蒴果总数　整个植株蒴果之和，包括主茎蒴果和分枝蒴果。

（6）每蒴粒数　从主茎终端取 10 个有代表性的蒴果，数蒴粒数，求平均值。

（7）千粒重　取正常饱满籽粒，数千粒称重，重复三次，求平均值。

（8）产量　各小区单打单收，折合每 667 m^2 产量。

（十四）棉花

棉花收获后测定的指标见表 4-37。

表 4 - 37　棉花产量性状调查

处理	单铃重 (g)	籽指 (g)	小区霜前籽棉 产量（g）	小区霜后籽棉 产量（g）	衣分 (%)	小区籽棉产量 (g)
处理 1						
处理 2						
处理 3						
...						

（1）单铃重　第一次收花前在取样行均匀收取中上部吐絮正常的内围棉铃 50 个，晒干称重，计算平均单铃籽棉重为单铃重。

（2）籽指　测定单铃重的籽棉样品分别轧花后，在各样品棉子中随机取样 2 份，每份 100 粒，分别称重，重复两次，取平均值。

（3）霜前籽棉　霜降之前实收的籽棉（含僵瓣）为霜前籽棉。

（4）霜后籽棉　霜降后至 11 月中旬实收的籽棉为霜后籽棉，不摘青铃。

（5）小区霜前籽棉产量　各小区两次收获的霜前籽棉实收产量之和。

（6）小区霜后籽棉产量　各小区收获的霜后籽棉实收产量。

（7）小区籽棉产量　小区霜前籽棉和霜后籽棉产量之和。

（8）衣分　取拣出僵瓣后充分混合的籽棉（含霜前籽棉和霜后籽棉）1 千克，轧花，称取皮棉重，计算衣分。重复两次，取平均值。

（十五）高粱

高粱成熟期是指 75% 以上植株的穗下部籽粒达到蜡状硬度、籽粒变硬、不易被指甲压迫，在各处理选有代表性的部位，连续取 10 株采集样品，进行室内考种测定见表 4 - 38。

表 4 - 38　高粱产量性状调查

处理	株高 (cm)	茎粗 (cm)	单穗粒重 (g)	千粒重 (g)	每 667 m² 产量 (kg)
处理 1					
处理 2					
处理 3					
...					

（1）株高　收割时，各处理选有代表性的部位，连续取 10 株，分别从茎基部量至雄穗顶端长度，求其平均数即为植株高度。

（2）茎粗　收割时，并排摆放，测量茎基部的直径，除以 10 即为茎基粗。

（3）单穗粒重　单穗籽粒总重量。

（4）千粒重　1 000 个完整的籽粒重量，重复 3 次，取平均值。

（5）产量　各小区全部籽粒产量，折算成 667 m² 产量。

（十六）甘蔗

甘蔗工艺成熟表现为熟期枯黄叶增多，梢叶短小，茎外皮干燥光滑，蔗汁呈淡黄色，上、中、下部甜度差异不大。测定指标见表4-39。

表4-39 甘蔗产量性状调查

处理	有效茎数（个）	株高（cm）	茎长（cm）	茎径（cm）	每667 m² 产量（kg）
处理1					
处理2					
处理3					
…					

（1）有效茎数 指茎长超过1 m（株高超过1.3 m），茎径大于1.5 cm的甘蔗植株数。

（2）株高 植株从地面至最高可见肥厚带的高度。

（3）茎长 从蔗株基部土面至生长点（鸡蛋黄）的蔗茎长度，一般情况可用（株高-30 cm或株高-35 cm）当作茎长来计算。

（4）茎径 用卡尺量蔗茎的基部（底部）、中部和梢部的粗度（直径），测量中部茎径代表全茎平均茎径。

（5）产量（包括农业产量和工业产量） 农业产量通常称为甘蔗的总产量，是指能作原料蔗收获的甘蔗总重量；工业产量指运送到糖厂地磅过秤的原料蔗总量。

（十七）柑橘

采收时调查，测定的指标见表4-40。

表4-40 柑橘产量性状调查

处理	每667 m² 株数（株）	着色情况	单果重（g）	单果大小（cm）	果皮厚度（cm）	每667 m² 产量（kg）
处理1						
处理2						
处理3						
…						

（1）每667 m² 株数 调查试验小区株数，折算成每667 m² 株数。

（2）着色情况 与该品种典型色泽进行对比，分为均匀着色、75%以上均匀着色、35%以上均匀着色。

（3）单果重 各处理随机取100个果称重，重复2~3次，除以100求平均值即为单果重。

（4）单果大小 用卡尺测量单果重样品，并根据大小计算不同尺寸单果所占比例。

（5）果皮厚度　用卡尺测量果皮厚度。

（6）产量　根据小区内柑橘总产、株数计算单株产量，根据密度折算 667 m² 产量。

（十八）荔枝、龙眼、枇杷、猕猴桃

采收时调查，测定的指标见表 4-41。

表 4-41　荔枝、龙眼、枇杷、猕猴桃产量性状调查

处理	每 667 m² 株数（株）	果肉颜色	单果重（g）	单果大小（cm）	每 667 m² 产量（kg）
处理 1					
处理 2					
处理 3					
…					

（1）每 667 m² 株数　调查试验小区株数，折算成每 667 m² 株数。

（2）果肉颜色　与该品种典型果肉色泽进行对比分为三类：一致、基本一致、不一致。

（3）单果重　各处理随机取 100 个果称重，重复 2～3 次，除以 100 求平均值即为单果重，计算果实规格（个/kg）。

（4）单果大小　用卡尺测量单果重样品，并根据大小计算不同尺寸单果所占比例。

（5）产量　根据小区内荔枝、龙眼、枇杷、猕猴桃总产量、株数计算单株产量，根据密度折算 667 m² 产量。

（十九）茶叶

具体调查指标见表 4-42。

表 4-42　茶叶产量性状调查

处理	春季营养芽萌发期（日/月）	株高（cm）	芽密度（个）	每 667 m² 产量（kg）
处理 1				
处理 2				
处理 3				
…				

（1）春季营养芽萌发期　在一定温度条件下，营养芽（包括顶芽和腋芽）吸收水分和养料开始膨胀增大。芽开始膨大至鳞片展开芽体向上伸展，这一时期称为春季营养芽萌发期。

（2）株高　地表到茶树顶端的距离。

（3）芽密度　在试验前和每季采茶结束以后，选取 3～5 个点，用一尺见方的框子，

罩在采摘面上，统计单位面积内的茶芽个数。

（4）产量　小区内可供采摘鲜芽总量，折算成 667 m² 产量。

三、品质性状调查

施肥可以提高土壤质量，为作物生长全程提供养分。这些养分可以合成氨基酸、蛋白质、淀粉和糖等营养成分。因此，施肥可以直接影响作物的品质。

（一）粮油作物品质性状

粮油作物品质性状主要指标见表 4 - 43。

表 4 - 43　粮油作物品质性状主要指标

作物\品质性状	水稻	玉米	小麦	大豆	花生
垩白度	√				
直链淀粉	√				
蛋白质			√	√	√
赖氨酸		√			
淀　粉		√			
含油量				√	√
色　泽			√	√	√
容　重	√	√	√	√	√

（1）垩白度　垩白作为衡量稻米外观品质好坏的重要指标，垩白度越高品质越差。可以对考种的样品进行检测，检测方法见 NY/T 83—2017。

（2）直链淀粉　直链淀粉含量直接影响大米品质。可以对考种的样品进行检测，检测方法见 GB/T 15683。

（3）蛋白质　蛋白质含量直接影响花生和小麦品质。可以对考种的样品进行检测，检测方法：花生蛋白质 GB/T 14489.2—2008；小麦蛋白质 GB 5009.5。

（4）赖氨酸　玉米籽粒的氨基酸组成是衡量蛋白质品质的重要指标。可以对考种的样品进行检测，检测方法见 GB 5009.124。

（5）淀粉　玉米淀粉含量是衡量玉米品质的重要指标。可以对考种的样品进行检测，检测方法见 GB 5009.9。

（6）含油量　含油量是衡量大豆花生品质重要指标。可以对考种的样品进行检测，检测方法见 GB/T 14488.1—2008。

（7）色泽　色泽是衡量籽粒外观品质的指标。可以对考种的样品进行检测，检测方法见 GB/T 5490。

（8）容重　容重是衡量籽粒的饱满程度的指标。可以对考种的样品进行检测，检测方法见 GB/T 5498。

（二）经济作物品质性状

经济作物品质性状主要指标见表 4 - 44。

表 4 - 44 经济作物品质性状主要指标

指标 \ 果蔬作物	白菜类	甘蓝类	绿叶类	瓜果类	茄果类	葱蒜类	薯芋类	苹果	葡萄	草莓
可溶性固形物	√	√	√	√	√	√	√	√	√	√
粗纤维	√	√	√	√	√					
维生素 C	√	√	√	√	√			√	√	√
总糖				√	√					
总酸				√	√			√	√	√
可溶性糖								√	√	√
色泽					√		√	√	√	√
淀粉							√			
整齐度							√	√	√	√

（1）可溶性固形物　主要指可溶性糖类。蔬菜采收中期，果树采收后进行检测，检测方法见 NY/T 2637—2014。

（2）粗纤维　又称膳食纤维，它是碳水化合物种的一类非淀粉多糖，主要来源于细胞壁，是目前养生品质衡量的重要指标。采收中期或采收后每个处理选取样品进行检测，检测方法见 GB 5009.10—2003。

（3）维生素 C　它是衡量食物很重要的营养指标。检测方法见 GB 5009.86—2017（第三法）。

（4）总糖　它是衡量蔬菜水果重要营养指标。采收时每个处理选取样品进行检测，检测方法见 NY/T 1278—2007。

（5）总酸　它是衡量蔬菜水果的品质、风味及稳定性的指标。采收时每个处理选取样品进行检测，检测方法见 GB/T 12456—2008（酸碱滴定法）。

（6）可溶性糖　包括葡萄糖、果糖和蔗糖等单糖和双糖，是作物品质重要构成性状之一。采收时每个处理选取样品进行检测，检测方法见 NY/T 2742—2015。

（7）色泽　它是衡量农作物外观品质的指标。采收时每个处理选取样品进行检测，检测方法见 GB/T 5490。

（8）淀粉　它是衡量薯芋类品质的重要指标。采收时每个处理随机选取样品进行测定，检测方法见 GB 5009.9。

（9）整齐度　它是蔬菜水果外观品质衡量指标。蔬菜采收中期和水果采收期，每个处理有代表性的位置随机选取 20 个（穗）果，逐一称重，计算标准差，标准差越小，整齐度越好。

四、作物抗性指标调查

植物的抗逆性征是指植物具有的抵抗不利环境的某些性状，如抗寒、抗旱、抗盐、抗病虫害等。自然界一种植物出现的优良抗逆性状，在自然界条件下很难转移到其他种类的植物体内，主要是因为不同种植物间存在着生殖隔离。自然界抗逆性基因来源于基因突变。植物受到胁迫后，一些被伤害致死，另一些的生理活动虽然受到不同程度的影响，但它们可以存活下来。通过科学施肥，提高作物本身健康水平，可以抵御外界环境对作物生长的影响。

1. 抗寒性（冻害）

指能耐零下短时低温影响的特性。一般在越冬前期和越冬后期进行调查，在出现融雪或严重霜冻后，解冻 3～5 d 追加观察次数。通过调查确定冻害植株百分率和冻害指数。

（1）冻害植株百分率　表现为有冻害的植株占调查植株总数的百分数。

（2）冻害指数　对调查植株逐株确定冻害程度。

草本越冬作物，如冬小麦、冬油菜等，以随机取样法每小区调查 50 株。冻害程度分 0、1、2、3、4 五级，各级标准如下。

"0" 植株正常，未受冻害；

"1" 仅个别大叶受害，受害叶层局部萎缩呈灰白色；

"2" 有半数叶片受害，受害叶层局部或大部萎缩、焦枯，但心叶正常；

"3" 全部叶片大部受害，受害叶局部或大部萎缩、焦枯，心叶正常或受轻微冻害，植株尚能恢复生长；

"4" 全部大叶和心叶均受冻害，趋向死亡。

北方果树，如苹果、梨等，冻害程度主要分为 0、1、2、3、4 五级，主要调查树干，各级标准如下。

"0" 树干未受冻害；

"1" 树干轻微冻害，木质部 1～2 轮变黄褐色；

"2" 树干中等冻害，木质部外轮不同程度变褐色；

"3" 树干严重冻害，木质部均变为褐色；

"4" 死亡，枝干变暗褐色、干枯。

南方果树，如柑橘、龙眼、荔枝，冻害程度主要分为 0、1、2、3、4、5 六级，主要调查树势、叶片、一年生枝条、主干，各级标准如下。

"0" 树势无损害，叶片正常无脱落，一年生枝条无冻伤，主干无冻伤；

"1" 树势稍有影响，叶片 25%～50%脱落，个别晚秋梢冻伤，主干无冻伤；

"2" 树势有一定损害，叶片 50%～75%脱落，少数秋梢冻伤，主干无冻伤；

"3" 树势损害较严重，叶片 75%以上脱落，秋梢冻枯长度大于枝长，主干无冻伤；

"4" 树势伤害严重有死亡可能，叶片全部冻伤枯死，秋梢、夏梢均枯死，主干部分冻伤；

"5" 树势全部枯死，叶片全部枯死，一年生全部冻死，地上部全部冻死。

2. 抗病性

指作物生长过程中抵御病毒、细菌、真菌侵染的能力。根据不同作物不同病害发生规律，确定调查时间、调查部位，统计发病百分率和发病指数。

（1）发病百分率　表现为有病害的植株占调查植株总数的百分数。

（2）发病指数　对调查植株逐株确定病害程度。

草本植物抗病性调查方法：每小区随机方法调查 50 株，按分级标准逐株调查记载。调查叶片严重度一般分五级，必要时可根据相关标准确定分级数，五级标准如下。

"0" 无病；

"1" 仅 1～2 片边叶有病斑，心叶无病；

"2" 少数边叶（2 片左右）小心叶均有病斑，但植株生长正常；

"3" 全株大部叶片（包括心叶）均产生系统病斑，上部叶片皱缩畸形；

"4" 全株大部叶片均有系统病斑，部分病叶枯凋，植株枯死或趋枯死。

调查分枝严重度一般分五级，必要时可根据相关标准确定分级数，五级标准如下。

"0" 无病；

"1" 1/3 以下分枝发病，主茎无病；

"2" 1/3～2/3 分枝发病，或主茎及 1/3 以下分枝发病；

"3" 主茎及 1/3～2/3 分枝发病，或主茎无病但 2/3 以上分枝发病；

"4" 全株发病。

果树调查时每小区随机选取 5 株有代表性的植株，每株按不同方位和高度随机取叶 100 片，调查其发病情况，计算病叶率及病性指数。

"0" 级：全叶无病斑；

"1" 级：病斑面积小于全叶面积的 1/4；

"2" 级：病斑面积占全叶面积的 1/4～1/2；

"3" 级：病斑面积占全叶面积的 1/2～3/4；

"4" 级：病斑面积大于全叶面积的 3/4。

五、数据记载要求

（一）试验地基本情况记载

试验地基本情况直接影响试验效果的好坏，详细掌握试验地基本情况有助于对试验结果进行科学合理分析。记载包括地点、地形、土质、肥力、前茬作物产量、肥水管理等试验田块情况；播种时间、播种方式、株行距、播量、深度、种子处理等播种情况。

（二）气象条件记载

任何环境条件的变化都会引起作物的相应变化，最后由产量做出反应。缺乏气象记载，往往不能明确某些处理（或品种）产量高低的原因。正确记载气候条件，注意作物生长动态，研究两者之间的关系，就可以进一步探明原因，得出较正确的结论。气象观察可在试验所在地进行，也可引用附近气象部门的材料。有关试验地的小气候，则必须由试验人员自行观察记载。对于如冷、热、风、雨、霜、雪、雹等灾害性气候以及由此而引起的作物生长发育的变化，试验人员应及时观察并记载下来，以供日后分析试验结果使用。

（三）试验栽培的记载

任何田间管理和其他栽培措施都在不同程度上改变作物生长发育的外界条件，因而会引起作物的相应变化。因此，在试验过程中详细记载，如整地、施肥、播种、中耕、喷药等项目的日期、数量、方法等有助于正确分析试验结果。

（四）作物生育期的记载

这是田间观察记载的主要内容。在试验过程中，要观察作物的各个生育期、形态特征、特性、生长动态、经济性状等。还要做一些生理、生化等反面的测定，以研究不同处理对作物内部物质变化的影响。这时的记载和测定，是分析作物增产规律的重要依据。田间观察与记载必须专人负责，做得及时并准确，持之以恒，以便掌握全面可靠的资料。

（五）收获后的室内考种与测定

这是在田间不宜或不能进行而必须在作物收获后方能观察记载和测定的一些项目，如千粒重、容重、粒形等项目及种子蛋白质、油分、糖分含量等测定。为了使观察记载和测定有助于对试验做出更全面和正确的结论，必须做到细致准确。首先，所观察的样本必须有代表性。其次，记载和测定的项目必须有统一的标准和方法。如目前无统一规定的，则应根据试验的要求定出标准，以便遵照执行。同一试验的一项记载工作应由同一工作人员完成。特别是一些由目测法进行的观察项目，如生育期，虽有一定的标准，但个人做出判断时常出入较大，由不同人员进行记载，易造成误差，影响试验的精确度。田间试验的任务就是将试验资料进行整理分析，结合田间工作积累的感觉经验，从感性认识上升为理性认识，对试验做出科学的结论。

（六）相关记载表格（供参考）

具体表格见表4-45～表4-48。

表4-45　试验地基本情况

试验地点	_____县_____乡_____村_____地块
土壤类型（亚类）	
质地（沙、沙壤、壤、黏壤、黏）	
地形（平、坡、洼）	
障碍因子（连作、缺素、病虫害）	
肥力	

（续）

	试验地点	_____县 _____乡_____村_____地块					
前茬作物	名称						
	常年每 667 m² 产量（kg）						
	施肥情况						
	土壤分析项目	有机质 （g/kg）	全氮 （g/kg）	碱解氮 （mg/kg）	有效磷 （mg/kg）	速效钾 （mg/kg）	pH
试验前	检测结果						
试验后	检测结果						

表 4-46　供试作物生育期记载表（月/日）（以小麦为例）

试验处理	播种期	出苗期	分蘖期	拔节期	抽穗期	开花期	成熟期
处理 1							
处理 2							
处理 3							
…							

表 4-47　供试作物生物学性状及产量因素记载表（以小麦为例）

试验处理	株高 （cm）	旗叶长 （cm）	结实率 （%）	每 667 m² 穗数（个）	穗粒数 （粒/穗）	千粒重 （g）
处理 1						
处理 2						
处理 3						
…						

表 4-48　各处理小区产量

试验处理	小区面积 （m²）	小区产量（kg）				增产率 （%）
		重复 1	重复 2	重复 3	平均值	
处理 1						
处理 2						
处理 3						
…						

第五章
样品采集与检测

肥料田间试验的效果一方面可通过田间观测、产量测定等方面的数据统计，分析肥料对作物生物学性状、产量、经济效益的影响；另一方面在开展田间试验前后可采集土壤、植株样品进行检测，分析肥料对土壤理化性质、作物养分的影响。本章主要介绍肥料田间试验的样品采集、土壤主要理化指标和植株中元素含量的检测方法。

一、土壤样品采集与制备

土壤样品采集应具有代表性和可比性，并根据不同分析项目采取相应的采样和处理方法。

（一）采样时期

大田作物和蔬菜在上茬作物收获后，下茬作物播种、施肥前采集，一般在秋后；设施蔬菜在凉棚期采集；果树在上一个生育期果实采摘后、下一个生育期开始之前，连续一个月未进行施肥后的任意时间采集土壤样品；开展改良土壤或改进栽培技术等田间试验时，试验前后均要采集土样，试验后土样与农作物同步采集；进行氮肥追肥推荐时，应在追肥前或农作物生长的关键时期采集；为了诊断作物营养需要和决定追肥时，也应在农作物生长期进行采样。

（二）采样方法

（1）采样布点　采样时应沿着一定的线路，按照"随机""等量"和"多点混合"的原则，采用"S"形或"梅花"形布点采样。"随机"即每个采样点都是任意决定的，使试验地所有点都有同等机会被采集到；"等量"是要求每一点采集土样深度要一致，采样量要一致；"多点混合"是指把一个采样单元内各点所采的土样均匀混合构成一个混合样品，以提高样品的代表性。根据试验地块的形状，长方形的地块应采用"S"形布点取样；试验地块面积较小的情况下，也可采用"梅花"形布点取样（图5-1）。蔬菜地混合样点的样品采集要根据沟、垄面积的比例确定沟、垄采样点数量。果园选取树冠滴水线内侧10 cm位置或以树干为原点向外延伸到树冠边缘的2/3处土壤，距施肥沟（穴）10 cm左右，每株对角采两点（图5-2）。滴灌布点要避开滴灌头湿润区。

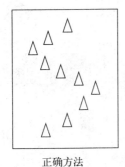

正确方法

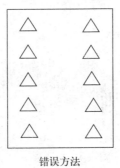

错误方法

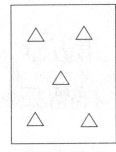

取样面积小时可用

图 5-1 样品采集分布示意

图 5-2 果树采样位置与采样深度示意

（2）采样工具 有专用取土器、铁铲（铁锹或木片或竹片）、小刀、卷尺、采样袋（布袋、纸袋或塑料网袋）、采样标签、记号笔等。如需检测微量元素或其他重金属元素项目，则需用不锈钢工具或者木制、竹制工具。

（3）采样方法

① 采样点数量。每个样品取 15～20 个样点混合而成。

② 采样深度。大田采样深度为 0～20 cm，果园、茶园采样深度为 0～20 cm、20～40 cm 两层分别采集，蔬菜地可根据需要分别采集耕层和亚耕层样品，采样深度同果园样品。用于土壤无机氮含量测定的采样深度应根据不同作物、不同生育期的主要根系分布深度来确定。

③ 采样方法。每个采样分点的取土深度及采样量应保持一致，土样上层与下层的比例要相同。取样器应垂直于地面入土，深度相同。水田样品的采集应注意地面的平整以保证采样深度的一致。

土壤挖取：采样时先刮去 2～3 cm 厚的表层土，用铁铲（锹）挖成一个深 20 cm（根据需要可以是 40 cm 或者更深）的完整垂直剖面，再取宽 10 cm、厚 2 cm 的土片，用刀和尺子将土片削成宽 2 cm、长（自上而下）15～20 cm 的土条，捏碎大块，剔除石砾、植物残体等混杂物。如果土壤不易成型，可分段削片取土，每次宽度、厚度一致。微量元素或其他重金属元素的样品必须用不锈钢取土器采样或先用土铲铲出一个耕层断面，再用竹片去除与金属器具接触部分后取样。对泥脚较深的田块或冬水田样品在无法采用工具取样时，可手工采集犁底层以上部分，但应注意上下层的一致和深度的一致。若使用专用不锈钢取土器取样，则按取土器使用说明操作即可。

④ 土壤物理性质测定样品的采集。测定土壤容重等物理性状，必须用原状土样，其样品直接用环刀在各土层中采取。采取土壤结构性的样品，必须注意土壤湿度，不宜过干或过湿，应在不黏铲、经接触不变形时分层采取。在取样过程中必须保持土块不受挤压、不变形，尽量保持土壤的原状，如有受挤压变形的部分要弃去。土样采集后要小心装入铝盒或环刀，带回室内分析测定。

⑤ 样品量。土壤样品必须多点混合，混合后的土样以取土 1 千克左右为宜（需要长期保存备用的，取土 2 千克以上），可用四分法将多余的土壤弃去。方法是将采集的土壤样品放在盘子里或塑料布上，弄碎、混匀，铺成正方形或平行四方形，沿对角线将土样平均分成四份，把对角的两份分别合并成一份，保留一份，弃去一份（图 5-3）。如果所得的样品依然很多，可再用四分法处理，直至所需数量为止。

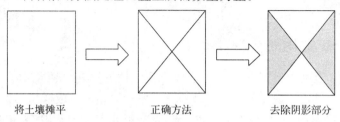

将土壤摊平　　　　　正确方法　　　　　去除阴影部分

图 5-3　四分法取土样说明

采集冬水田等烂泥土样时，四分法难以应用，可将采集的样品放入塑料盆中，用塑料棍将各样点的烂泥搅匀后再取出所需数量的样品。

⑥ 样品标记。采集的样品放入统一的样品袋，袋内外均需有标记，用铅笔写明样品编号、土壤类型、采样日期、采样地块名称、采样深度、前茬作物等事项，同时在采样记录表上完整填写以上信息。

（三）新鲜样品制备

某些土壤成分如二价铁、硝态氮、铵态氮等在风干过程中性质会发生显著变化，必须用新鲜样品进行分析。为了能真实反映土壤在田间自然状态下的某些理化性状，新鲜样品要及时送回室内进行处理分析，用粗玻璃棒或塑料棒将样品混匀后迅速称样测定。

新鲜样品不宜贮存，如需要暂时贮存，可将新鲜样品装入塑料袋，扎紧袋口，放在冰箱冷藏室或进行速冻保存。

（四）风干样品制备

从野外采回的土壤样品应及时放在样品盘上，摊成薄薄一层，置于干净整洁的室内通风处自然风干，严禁暴晒，并注意防止酸、碱等气体及灰尘的污染。风干过程中要经常翻动土样并将大土块捏碎以加速干燥，同时剔除杂质。

风干后的土样按照不同的分析要求研磨过筛，充分混匀后，装入样品瓶（袋）中备用。瓶（袋）内外各放标签一张，写明编号、采样地点、土壤名称、采样深度、样品粒径、采样日期、采样人及制样时间、制样人等项目。制备好的样品要妥善贮存，避免日晒、高温、潮湿和酸碱等气体的污染。全部分析工作结束，分析数据核实无误后，试样还需保存，以备查询。需要长期保存的样品，必须保存于广口瓶中，用蜡封好瓶口。

（五）一般化学分析试样

将风干后的样品平铺在制样板上，用木棍或塑料棍碾压，并将植物残体、石块等侵入体和新生体剔除干净。也可将土壤中侵入体和植株残体剔除后采用不锈钢土壤粉碎机制样。细小已断的植物须根，可采用静电吸附的方法清除。压碎的土样用 2 mm 孔径筛过筛，未通过的土粒重新碾压，直至全部样品通过 2 mm 孔径筛为止。将通过 2 mm 孔径筛的土样用四分法取约 100 g 继续碾磨，余下的通过 2 mm 孔径筛的土样用四分法取 500 g 装瓶，用于 pH、盐分、离子交换性能及有效养分等项目的测定。取出约 100 g 通过 2 mm 孔径筛的土样继续研磨，使之全部通过 0.25 mm 孔径筛，装瓶用于有机质、全氮、碳酸钙等项目的测定。

（六）微量元素及其他重金属分析试样

用于微量元素及其他重金属分析的土样，其处理方法同一般化学分析样品，但在采样、风干、研磨、过筛、运输、贮存等环节，不要接触容易造成样品污染的铁、铜等金属器具。采样、制样推荐使用不锈钢、木、竹或塑料工具，过筛使用尼龙网筛等。通过 2 mm 孔径尼龙筛的样品可用于测定土壤有效态微量元素。

（七）颗粒分析试样

将风干土样反复碾碎，用 2 mm 孔径筛过筛。留在筛上的碎石称量后保存，同时将过筛的土壤称重，计算石砾质量百分数。将通过 2 mm 孔径筛的土样混匀后盛于广口瓶内，用于颗粒分析及其他物理性状测定。

若风干土样中有铁锰结核、石灰结核或半风化体，不能用木棍碾碎，应首先将其细心拣出称量保存，然后再进行碾碎。

（八）注意事项

不在雨雪天气采样，避免在施用化肥、农药后立即采样。要避开路边、田埂、沟边、肥堆等特殊部位。

二、植株样品采集与制备

（一）采样原则

样品的采集是分析质量控制中的第一道也是最重要、影响最大的一个环节。它对分析结果的可靠性起决定性作用。样本采集的一般原则如下。

（1）代表性　在田间按照一定路线多点采取组成平均样品。避免有边际效应或其他原因影响的特殊个体作为样品，特大特小、奇异及受病虫害或机械损伤等的个体均不能作为样品采集。

（2）典型性 针对所要达到的目的，采集能充分反映这一目的的典型样品。例如缺素诊断采样时，应注意样株的典型性，并且要同时在附近地块另行选取有对比意义的正常典型样株。用于营养诊断测定的样品采集还要特别注意植株的采集部位和组织器官。

（3）适时性 针对不同的采样目的和测试项目，必须做到适时采样。

（二）成熟期大田作物样品的采集与制备

（1）样品采集 首先应视采样地块大小及生长均匀程度设置5～10个采样点，采样点可按对角线形或"S"形设置，然后每采样点沿接近植株基部采集1～5株样株（条播小麦也可取统一长度内的样株）。样株数目应视作物种类、株间变异程度、种植密度、株型大小或生育期以及所要求的准确度而定，一般为5～50株。为计算作物养分吸收量而采集的主要大田粮、棉、油作物的采样时间、部位、样本数量等详见表5-1。其余作物的采集可参照表5-1中相似的作物进行采集。

表5-1 主要粮、棉、油作物的采集时间和采样部位

作物种类	采样时间	采样部位		采样株数	备注
		茎叶及有关部分	籽粒		
水稻	完熟期，最好与收获同步	茎叶	带壳籽粒	20株以上	保证脱粒后籽粒样品重量不少于250 g
玉米	完熟期，最好与收获同步	茎叶和玉米轴、玉米须、玉米苞叶	去除玉米轴、玉米须、玉米苞叶的玉米粒	5株	
小麦	完熟期，最好与收获同步	茎叶和脱粒后的颖壳	麦粒	20株以上	
油菜	角果黄熟期，最好与收获同步	茎叶和脱粒后的角果荚	去除角果荚的油菜籽	10株以上	
大豆	荚果黄熟期，最好与收获同步	茎叶和脱粒后的果荚	大豆粒	10株以上	
棉花	第二收获期（前喷花不采，采第二喷花）	茎叶和棉絮	脱絮后的棉籽	5株	

采集的植株需立即将籽粒与其他部分分开（玉米可将整个玉米掰下），以免养分运转，并分别将各器官全部带回室内风干。油菜等有后熟期的样品或鲜基难以脱粒的样品应待完全成熟或风干后再行脱粒。

将采集的样株仔细包好（玉米等大植株可切成上、中、下三个部分后包装，剪切的刀具应锋利以尽量避免汁液的流出），填好采样记录和标签，标签一式两份，一份装入样品包装内，一份挂在样品包装外，其内容包括：作物名称、品种名称、采样地点、采样田

块、采样时间、采样人。若需长距离运输，包装要松散些，包装袋要透风，以免样品因包装过紧会发热增强呼吸作用而造成损失。

（2）**样品处理与制备**　植物样品如需洗涤，应在刚采集的新鲜状态时，用湿棉布擦净表面污染物，然后用蒸馏水或去离子水淋洗 1～2 次后，尽快擦干。

风干样品单独脱粒。籽粒除杂（棉籽需去皮）、称重；茎叶及有关部分（如表 5-1 所述玉米轴、须、苞叶，油菜角果荚等，以下简称茎叶）切碎成 3.3 cm 或更短（玉米茎秆、轴可用锋利的刀劈开后切碎），称重，计算茎叶、籽粒比（风干基）。

茎叶（棉花的棉絮单独处理和分析）的各部分按和整株样品相当的比例用四分法缩分（同时取一份作风干基水分测定用）。铺成薄层在 60 ℃ 的鼓风干燥箱中干燥 12 h 左右，直到茎秆容易折断为宜。样品稍冷后立即用磨样机磨碎（需要测试微量元素的样品最好用玛瑙球磨机，并过尼龙筛制样，以防止磨样机的污染），使之全部过 0.5 mm 筛。

籽粒样品中水稻（糙米）、小麦、玉米、大豆等含油相对较少的种子可缩分后在 60～70 ℃ 鼓风干燥箱干燥 4 h 后用磨样机磨碎，全部过 0.5 mm 筛，油菜籽、棉籽（去皮，棉籽种皮不容易剥掉，可先用水浸泡 4～6 h，再用锋利的小刀将种子切为两半，取出种仁）。缩分后于 70～80 ℃ 干燥箱内干燥 15～17 h，在瓷研钵中用杵击碎即可。

制成样品贮于广口瓶，贴好标签备用，样品制备量应不少于 100 g。分析前于 90 ℃ 烘 2 h 平衡后称取。

（三）成熟期大田园艺作物（蔬菜）样品的采集与制备

在试验区或地块中按一定的路线随机采集 10 株以上的蔬菜样株组成混合样品。基本上全部为可食部分的蔬菜（如叶菜类）则全株采集。部分可食的蔬菜如瓜果类可在称量出全部样株各部分的比例后再分别采集。采集瓜果的数量，较小的果实如青椒一类不少于 40 个；番茄、洋葱、马铃薯等不少于 20 个；黄瓜、茄子、小萝卜等不少于 15 个；较大的果实如西瓜、大白菜球等不少于 10 个；其余部分（如茎、叶、藤等）依据需要采集。单个样品采样总重不低于 1 kg。

采回的瓜果样品应该立即冲洗、擦干。瓜果蔬菜的分析一般都用新鲜样品。大的样品或样品数量多时，可均匀地切其中一部分，但所取部分中各种组织的比例应与全部样品的相当。样品经切碎后用高速组织粉碎机或研钵打碎成浆状。从混匀的浆液中取样。多汁的瓜果也可在切碎后用纱布或直接用手挤出大部分汁液，将残渣粉碎后再与汁液一起混匀、称样。

新鲜瓜果的短时间保存可以采用冷藏或立即干燥（需同时称样作水分含量），尽量使样品成分不发生变化。干燥方法为：蔬菜的茎、叶、藤等可先将鲜样在 80～90 ℃ 烘箱中鼓风烘 15～30 min（松软组织烘 15 min，致密坚实的组织烘 30 min），然后降温至 60～70 ℃，逐尽水分；瓜果类样品先短时间 110～120 ℃ 高温，然后降至 60～70 ℃，逐尽水分，但总的烘干时间不宜过长，一般为 5～10 h。最好使用真空烘箱。

（四）作物营养诊断的采样方法与样品制备

（1）**样品采集**　在进行营养诊断时，首先要确定采样时期，即最佳生育期；其次，在样株确定后还要决定取样的部位和组织器官。一般选取植株在该生育期对该养分的丰缺最敏感的组织器官。大田作物在生殖生长开始时期常采取主茎或主枝顶部新成熟的健壮叶或功能叶；幼嫩组织的养分组成变化很快，一般不宜采集。苗期采集则多采集整个地上部分。大田作物开始结实后，营养体中的养分转化很大，不宜再作叶分析，故一般谷类作物在授粉后即不再采作诊断用的样品。果树和林木等多年生植物的营养诊断通常采用"叶分析"或不带叶柄的"叶片分析"，个别果树如葡萄则常作"叶柄分析"。

植物体内各种物质，特别是活动性成分如硝态氮、铵态氮、还原糖等都处于不断代谢变化中，不仅在不同生育期的含量有很大差别，并且在一日之内也有显著的周期性变化。因此，在分期采样时，取样时间应相对一致，通常以上午8～10时为宜。

采集的植株如需要分不同器官（如叶片、叶鞘、叶柄、茎、果实等部位）测定，需要立即将其剪开，以免养分运转。

作物营养的采样方法可参考表5－2。

（2）样品制备　测定植物体内易起变化的成分（如硝态氮、铵态氮、无机磷、水溶性糖、维生素等）必须用新鲜样品。测定不易起变化的成分可用干燥样品。

植物样品应在刚采集的新鲜状态冲洗，否则一些易溶性养分（如可溶性糖、钾、硝酸根离子等）很容易从已死亡的组织中洗出。可以用湿棉布［必要时可用一些很稀的（如1 mg/L）有机洗涤剂］擦净表面污染物，然后用蒸馏水或去离子水淋洗1～2次即可。取样很多时，也可用水冲洗，尽快擦干，但不能用过多的水长时间浸洗，以防钾、钙等易溶养分的损失。微量元素样品可先用0.1%的中性洗涤液洗涤20 s，取出用清水冲洗，然后用去离子水洗净，用滤纸吸去叶片上水分。

鲜样的制备可用剪刀剪碎混匀后直接称样，也可用高速组织粉碎机或研钵打碎成浆状。鲜样如需短暂保存，必须在冰箱中（－5 ℃）冷藏，以抑制其生理变化。

制备干燥样品时，应将新鲜样品立即杀青干燥，减少体内因呼吸作用和霉菌活动引起的生物和化学变化。先将鲜样在80～90 ℃烘箱中鼓风烘15～30 min（松软组织烘15 min，致密坚实的组织烘30 min），然后降温至60～70 ℃，逐尽水分。样品稍冷后立即用磨样机磨碎，使之全部过0.5 mm筛，保存于广口瓶中备用，分析前于90 ℃烘2 h后称取。

干燥样品的分析结果如需换算成鲜样的含量时，应在鲜样洗净擦干后立即称其鲜重，干燥后再称其干重。

表5－2　作物营养诊断的采样方法

作物种类	生育期	采样部位	采样株数
	大田作物		
谷类（包括水稻）	（1）幼苗期（株高<30cm）	全部地上部分	50～100
	（2）抽穗前（抽穗后不再取样）	最上的4个叶片	50～100
玉米	（1）幼苗期（株高<30 cm）	全部地上部分	20～30
	（2）抽雄以前	轮生叶下充分发育的叶片	15～25

（续）

作物种类	生育期	采样部位	采样株数
	（3）从抽雄到吐丝	穗位叶（或其上下紧挨的叶）中部 1/3 的叶片	15～25
高粱	抽穗前或抽穗时	顶部第二片叶	15～25
棉花	初花或初花前，或现第一批蕾时	主茎最新的成熟叶片	30～40
大豆或其他豆类	（1）苗期（株高＜30 cm）	全部地上部分	20～30
	（2）始花前或始花后（开始结荚后不再取样）	顶部充分发育的 2～3 片叶片	20～30
花生	花期以前或花期	主茎和侧枝的成熟叶包括叶柄	40～50
苜蓿等	开花 1/10，或稍前	植株顶部以下 1/3 左右的成熟叶片	40～50
牧草或饲料用草	出穗以前或在饲料质量最好的适宜时期	最上部 4 片叶	40～50
烟草	开花以前	最上部充分发育的叶	8～12
甜菜	生长中期	中心幼叶与外边最老轮生叶之间正中的充分展开和成熟的叶片	30～40
甘蔗	生长 4 个月时	植株顶端第三或第四片成熟叶片，切取中部 20 cm 一段，并去除中脉	15～25
蔬菜作物			
球菜作物（大白菜、甘蓝球等）	（1）结球以前	轮生叶中心最先成熟的叶	10～20
	（2）结束时	外包叶的叶脉	10～20
叶菜作物（菠菜、生菜等）	生长中期	最近成熟的叶	35～55
芹菜	生长中期	最近成熟的叶柄	15～30
马铃薯	早花前或早花时	选主茎顶端第三至六片叶中的一片叶，包括叶柄	20～30
根菜作物（胡萝卜、洋葱、甜菜等）	根或球膨大以前	中心成熟的叶	20～30
番茄（大田）	早花期或以前	顶端第三或第四片叶	20～25
番茄（温室）	坐果时或以前	（1）幼株：邻近第二和第三簇处的叶片	20～25
		（2）老株：第四到六簇处的叶片	20～25
豌豆	始花前或始花时	顶部第三节处的叶或叶柄	30～60
菜豆等	（1）苗期（株高＜30 cm）	全部地上部分	20～30
	（2）开花初期或开花前	顶部充分发育的 2～3 片叶片	20～30
瓜类（西瓜、黄瓜、甜瓜）	生长早期坐果前	主茎基部附近成熟叶	20～30

（续）

作物种类	生育期	采样部位	采样株数
	水果和核果		
桃、李、杏、梅、樱桃、梨、苹果	生长中期	当年生枝条基部或短枝的叶，包括叶柄	20～100
葡萄	终花期	靠近果丛处数片叶的叶柄	60～100
橙	生长中期	非果枝（有人也用载果枝）上 4～7 月龄当年的春发叶，由顶端往下取第二至三叶一片（带叶柄）。	25～50（采集约100 片）
柠檬、酸橙	生长中期	非果枝上新发的成长叶，包括叶柄	20～30
核桃	开花后 6～8 叶	成长枝条上复叶的中部几对小叶	30～35
草莓	生长中期	最近充分展开的成熟叶片	50～75

三、样品检测方法

（一）检测基础知识

（1）纯水

① 规格。根据 GB/T 6682—2008《分析实验室用水规格和试验方法》，纯水分为三个级别：一级水，用于有严格要求的分析，如高效液相色谱分析；二级水，用于无机痕量分析，如原子吸收分析；三级水，用于一般化学分析。

② 制备。制备方法一般分为蒸馏法、离子交换法、电渗析法等。

③ 检验。全检须按表 5-3 所列指标进行。

表 5-3　分析实验室用水的规格

项　目		一级水	二级水	三级水
外观（目视观察）		无色透明液体		
pH 范围（25 ℃）		—[a]	—[a]	5.0～7.5
电导率（25 ℃）/（mS/m）	≤	0.01[b]	0.10[b]	0.50
可氧化物质 [以（O）计]（mg/L）	<	—[c]	0.08	0.4
吸光度（254 nm，1 cm 光程）	≤	0.001	0.01	—
蒸发残渣（105 ℃±2 ℃）/（mg/L）	≤	—[c]	1.0	2.0
可溶性硅 [以（SiO_2）计]/（mg/L）	<	0.01	0.02	—

注：a 表示由于在一级水、二级水的纯度下，难以测定其真实的 pH，因此，对一级水、二级水的 pH 范围不做规定；b 表示一级水、二级水的电导率需用新制备的水"在线"测定；c 表示由于在一级水的纯度下，难以测定可氧化物质和蒸发残渣，对其限量不做规定。可用其他条件和制备方法来保证一级水的质量。

全检严格但很费时，一般化验工作可只测定电导率，用以判定纯水质量。

④ 储存。纯水一般使用聚乙烯或玻璃容器储存。新容器使用前需用盐酸溶液（20%）浸泡 2～3 d，再用待储存的水反复冲洗，然后注满，浸泡 6 h 以上方可使用。各级纯水具体储存方法：一级水：不可储存，使用时制备；二级水：储存于密封的、专用聚乙烯容器中；三级水：储存于密封的、专用聚乙烯容器中，也可使用专用玻璃容器储存。

（2）化学试剂　化学试剂按其质量一般分为：优级纯（GR），深绿色标签，用于精确分析；分析纯（AR），红色标签，用于一般分析；化学纯（CP），蓝色标签，用于工业分析。

工作基准试剂，深绿色标签，用于标准溶液配制。

化学试剂的选用应以实验条件、分析方法和分析结果要求的准确度为依据，具体来讲，是要根据指定的分析标准或分析方法的要求选用。

（3）玻璃器皿　玻璃器皿种类繁多，用途极广，下面只简单介绍玻璃器皿的洗涤方法。

① 常规洗涤法。对于一般的玻璃器皿，首先用自来水冲洗，然后用适合的毛刷蘸低泡沫洗涤液刷洗，冲净洗涤液后，最后用纯水冲洗数次即可。

② 特殊洗涤法。

A. 测定微量元素用的玻璃器皿，用 10% 的硝酸溶液浸泡 8 h 以上，然后用纯水直接冲净。

B. 不宜刷洗的玻璃器皿，如容量瓶、移液管等，一般选用合适的洗涤液浸泡后用水冲净。若采用超声波清洗机清洗，效果更佳。

C. 比色皿清洗，一般可用温热的（40～50 ℃）的 2% 的碳酸钠浸泡后洗净；用于测定有机物后，则应以有机溶剂洗涤，必要时可用硝酸浸泡后洗净。

（4）标准溶液

① 分类。一般来讲，标准溶液可分为标准滴定溶液和标准溶液两类。

② 配制。标准溶液配制应按 GB/T 601《化学试剂　标准滴定溶液的制备》、GB/T 602《化学试剂　杂质测定用标准溶液的制备》、HG/T 2843《化学产品　化学分析常用标准滴定溶液、标准溶液、试剂溶液和指示剂溶液》或指定分析方法的要求配制。

A. 所用试剂，在没有注明其他要求时，均指分析纯试剂；所使用水的 pH 范围和电导率应符合 GB/T 6682 中三级水规格。

B. 制备标准滴定溶液时所用的试剂为分析纯及其以上试剂；标定标准滴定溶液时所用的基准试剂为容量分析工作基准试剂。

C. 称量工作基准试剂称准至 0.000 1 g。

D. 工作中所用滴定管、量瓶、单标线吸管、分度吸管均应符合 JJG196 要求。

E. 标准滴定溶液浓度应全部换算为 20 ℃时的浓度。因此，在标定标准滴定溶液时，应进行滴定管体积校正和溶液温度校正。

F. 标准滴定溶液的浓度值取四位有效数字。

（5）检测质量控制　质量控制包括环境条件的控制、人力资源的控制、计量器具的控制、试剂药品的控制、设备设施的控制、实验室内的控制、实验空间的控制。下面仅介绍实验内最基本的质量控制。

① 空白试验。空白值的大小和分散程度，影响着方法的检测限和检测结果的精密度。影响空白值的主要因素：纯水质量，试剂纯度，试液配置质量，玻璃器皿的洁净度，精密仪器的

灵敏度和精密度，实验室的清洁度，分析人员的操作水平和经验等。空白试验平行测定的相对差值一般不应大于50％，同时，应通过大量的试验，逐步总结出各种空白值的合理范围。

②精密度控制。精密度一般采用平行测定的允许差来控制。通常情况下，需做30％的平行。平行测试结果符合方法规定的允许差，最终结果以其平均值报出，如果平行测试结果超过规定的允许差，需要加测一次，取符合规定允许差的测定值报出。如果多组平行测试结果超过规定的允许差，应考虑整批重做。

③准确度控制。准确度一般采用标准样品作为控制手段。通常情况下，每批样品或每10个样品加测标准样品一个，其测试结果与标准样品标准值的差值，应控制在标准偏差（S）或不确定度范围内。采用参比样品控制与标准样品控制一样，但首先要与标准样品比对校准。在土壤、植株检测中，用标准样品控制微量分析，用参比样品控制常量分析，较为经济合理、切合实际。如果标准样品（或参比样品）测试结果超差，则应对整个测试过程进行检查，找出超差原因再重新工作。另外，加标回收试验也经常用作准确度的控制。

此外，管理上还应定期做好准确度控制，重复性控制及复现性控制等方面的工作。

（二）土壤样品检测方法

（1）土壤质地的测定（指测法）　土壤质地的指测法有干法和湿法两种，可相互补充，但以湿法为主。湿法又称揉条法，其操作如下。

取小块土样（比算盘珠略大些），拣掉土样内的植物根和结核体（铁子、石灰结核）后，加水充分湿润（以挤不出水为宜），调匀，放在手掌心用手指来回揉搓，搓成直径约3 mm的细条。将搓成的细条观察其外表，或做成圆环，根据图5-4和表5-4中土壤质地湿测和干测指标，确定土壤质地类型。

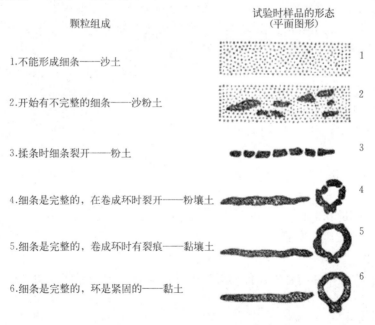

图5-4　揉条法测定土壤质地指标

表 5-4　鉴定土壤质地的指标

质地类型	在手掌中研磨时的感觉	用放大镜或肉眼观察的形状	干燥时的状态	潮湿时的状态	揉成细条时的状态
沙土	有沙粒感觉	几乎完全由沙粒组成	土粒分散，不成团	流沙不成团	不能揉成细条
沙粉土（沙壤土）	不均质，主要是沙的感觉，也有细土粒的感觉	主要是沙粒，也有较细的土粒	土块用手指轻压后，易碎	无可塑性	揉成细条时裂成若干小段
粉土（轻壤土）	不均质，有相当量的黏质粒	主要是沙粒，有 20%～30% 的黏土粒	用手指破坏土块需用较大的力	可塑性物	揉成细条时易裂成小瓣
粉壤土（中壤土）	感到沙质和黏质，土粒大致相同	还能见到沙粒	用手指难于破坏干土块	可塑	能揉成完整的细条，将其弯曲成圆环时裂成小瓣
黏壤土（重壤土）	感到有少量沙粒	主要有粉沙和黏粒，沙粒几乎没有	不可能用手指压碎干土块	可塑性良好	易揉成细条但在卷成圆环时有裂痕
黏土	很细的均质土，难于磨成粉末	均质的细粉末，没有沙粒	形成坚硬的土块，用锤击仍不能使其粉碎	可塑性良好，呈黏糊体	揉成的细条易卷成圆环，不发生裂痕

（2）土壤容重的测定

① 方法提要。利用一定容积的环刀切割自然状态的土壤，使土壤充满其中，称量后计算单位体积的烘干土壤质量，即为容重。

② 适用范围。本方法适用于除坚硬和易碎的土壤以外各类土壤容重的测定。

③ 主要仪器设备。

A. 环刀：容积 100 cm^3。

B. 钢制环刀托：上有两个小排气孔。

C. 削土刀：刀口要平直。

D. 小铁铲。

E. 木锤。

F. 天平：感量 0.1 g。

G. 电热恒温鼓风干燥箱。

H. 干燥器。

④ 分析步骤。采样前，先在各环刀的内壁均匀地涂上一层薄薄的凡士林，逐个称取环刀质量（m_1），精确至 0.1 g。选择好土壤剖面后，按土壤剖面层次，由上至下用环刀在每层的中部采样。如只测定耕层土壤容重，可不挖土壤剖面。先用铁铲刨平采样层的土面，将环刀托套在环刀无刃的一端，环刀刃朝下，用力均衡地压环刀托把，将环刀垂直压

入土中。如土壤较硬，环刀不易插入土中时，可用木锤轻轻敲打环刀托把，待整个环刀全部压入土中，且土面即将触及环刀托的顶部（可由环刀托盖上之小孔窥见）时，停止下压。用铁铲把环刀周围土壤挖去，在环刀下方切断，并使其下方留有一些多余的土壤。取出环刀，将其翻转过来，刃口朝上，用削土刀迅速刮去黏附在环刀外壁上的土壤，然后从边缘向中部用削土刀削平土面，使之与刃口齐平。盖上环刀顶盖，再次翻转环刀，使已盖上顶盖的刃口一端朝下，取下环刀托，同样削平无刃口端的土面并盖好底盖。在环刀采样的相近位置另取土样 20 g 左右，装入有盖铝盒，测定含水量（ω）。将装有土样的环刀迅速装入木箱带回室内，在天平上称取环刀及湿土质量（m_2），精确至 0.1 g。

⑤ 结果计算。

$$容重 \ (g/cm^3) = \frac{(m_2 - m_1) \times [100 - \omega \ (H_2O)]}{V \times 100}$$

式中：m_2——环刀及湿土质量（g）；

　　　m_1——环刀质量（g）；

　　　V——环刀容积（cm^3）$= \pi r^2 h$，r 为环刀有刃口一端的内半径（cm），h 为环刀高度，一般常用环刀容积为 100 cm^3；

　$\omega(H_2O)$——土壤含水量（%）$= \dfrac{湿土重 - 干土重}{湿土重} \times 100$。

平行测定结果以算术平均值表示，保留两位小数。

⑥ 精密度。平行测定结果允许绝对误差≤0.03 g/cm^3。

⑦ 注释。

A. 容重测定也可将装满土壤的环刀直接于 105 ℃±2 ℃的恒温干燥箱中烘至恒量，在天平上称量测定。

$$容重 \ (g/cm^3) = \frac{烘干土样质量 \ (g)}{环刀容积 \ (cm^3)}$$

B. 在用削土刀削平土面时，应注意防止切割过分或切割不足。

C. 取样时取土深度应保持一致。

D. 如果结合做田间持水量项目时，环刀内壁不涂凡士林。

E. 也可直接从环刀筒中取出土壤测定含水量。

（3）土壤 pH 的测定

① 方法提要。采用电位法测定土壤 pH 是将 pH 玻璃电极和甘汞电极（或复合电板）插入土壤悬液或浸出液中构成一原电池，测定其电动势值，再换算成 pH。在酸度计上测定，经过标准溶液定值后则可直接读取 pH。水土比例对 pH 影响较大，尤其对于石灰性土壤稀释效应的影响更为显著。以采取较小水土比为宜，本方法规定水土比为 2.5：1。同时，酸性土壤除测定水浸土壤 pH 外，还应测定盐浸 pH，即以 1 mol/L KCl 溶液浸取土壤 H^+ 后用电位法测定。

② 适用范围。本方法适用于各类土壤 pH 的测定。

③ 主要仪器设备。

A. 酸度计（精确到 0.01pH 单位）：有温度补偿功能。

B. pH 玻璃电极。

C. 饱和甘汞电极（或复合电极），当 pH 大于 10 时，必须用专用电极。

D. 搅拌器。

④ 试剂。

A. 去除 CO_2 的水：煮沸 10 min 后加盖冷却，立即使用。

B. 氯化钾溶液 $[c(KCl)=1 \text{ mol/L}]$：称取 74.6 g KCl 溶于 800 mL 水中，用稀氢氧化钾和稀盐酸调节溶液 pH 为 5.5～6.0，稀释至 1 L。

C. pH 4.01（25 ℃）标准缓冲溶液：称取经 110～120 ℃烘干 2～3 h 的邻苯二甲酸氢钾 10.21 g 溶于水，移入 1 L 容量瓶中，用水定容，贮于聚乙烯瓶。

D. pH 6.87（25 ℃）标准缓冲溶液：称取经 110～130 ℃烘干 2～3 h 的磷酸氢二钠 3.533 g 和磷酸二氢钾 3.388 g 溶于水，移入 1 L 容量瓶中，用水定容，贮于聚乙烯瓶。

E. pH 9.18（25 ℃）标准缓冲溶液：称取经平衡处理的硼砂（$Na_2B_4O_7 \cdot 10H_2O$）3.800 g 溶于无 CO_2 的水中，移入 1 L 容量瓶中，用水定容，贮于聚乙烯瓶。

F. 硼砂的平衡处理：将硼砂放在盛有蔗糖和食盐饱和水溶液的干燥器内平衡两昼夜。

⑤ 分析步骤。

A. 仪器校准：各种 pH 计和电位计的使用方法不尽一致，电极的处理和仪器的使用按仪器说明书进行。将待测液与标准缓冲溶液调到同一温度，并将温度补偿器调到该温度值。用标准缓冲溶液校正仪器时，先将电极插入与所测试样 pH 相差不超过 2 个 pH 单位的标准缓冲溶液，启动读数开关，调节定位器使读数刚好为标准液的 pH，反复几次至读数稳定。取出电极洗净，用滤纸条吸干水分，再插入第二个标准缓冲溶液中，两标准液之间允许偏差 0.1 pH 单位，如超过则应检查仪器电极或标准液是否有问题。仪器校准无误后，方可用于样品测定。

B. 土壤水浸液 pH 的测定：称取通过 2 mm 孔径筛的风干土壤 10.0 g 于 50 mL 高型烧杯中，加 25 mL 去除 CO_2 的水或 KCl 溶液，以搅拌器搅拌 1 min，使土粒充分分散，放置 30 min 后进行测定。将电极插入待测液中（注意玻璃电极球泡下部位于土液界面处，甘汞电极插入上部清液），轻轻摇动烧杯以除去电极上的水膜，促使其快速平衡，静置片刻，按下读数开关，待读数稳定（在 5 s 内 pH 变化不超过 0.02）时记下 pH。放开读数开关，取出电极，以水洗涤，用滤纸条吸干水分后即可进行第二个样品的测定。每测 5～6 个样品后需用标准液检查定位。

C. 土壤氯化钾盐浸提液 pH 的测定：当土壤水浸 pH＜7 时，应测定土壤盐浸提液 pH。测定方法除用 1 mol/L 氯化钾溶液代替无 CO_2 水以外，其他测定步骤与水浸 pH 测定相同。

⑥ 结果计算。用酸度计测定 pH 时，直接读取 pH，不需计算，结果表示至一位小数，并标明浸提剂的种类。

⑦ 精密度。平行测定结果允许绝对相差：中性、酸性土壤≤0.1pH 单位，碱性土壤≤0.2pH 单位。

⑧ 注释。

A. 长时间存放不用的玻璃电极需要在水中浸泡 24 h，使之活化后才能进行正常反应。暂时不用的可浸泡在水中，长期不用时，应干燥保存。玻璃电极表面受到污染时，需进行处理。甘汞电极腔内要充满饱和氯化钾溶液，在室温下应有少许氯化钾结晶存在，但氯化钾结晶不宜过多，以防堵塞电极与被测溶液的通路。玻璃电极的内电极与球泡之间、甘汞电极内电极与陶瓷芯之间不得有气泡。

B. 电极在悬液中所处的位置对测定结果有影响，要求将甘汞电极插入上部清液中，尽量避免与泥浆接触，以减少甘汞电极液接电位的影响。

C. pH 读数时摇动烧杯会使读数偏低，应在摇动后稍加静止再读数。

D. 操作过程中避免酸碱蒸汽侵入。

E. 标准缓冲溶液在室温下一般可保存 30~60 d，在 4 ℃冰箱中可延长保存期限。用过的标准缓冲溶液不要倒回原液中混存，发现浑浊、沉淀，就不能再使用。

F. 温度影响电极电位和水的电离平衡，温度补偿器、标准缓冲溶液、待测液温度要一致。标准缓冲溶液 pH 随温度稍有变化，校准仪器时可参照表 5-5。

表 5-5　标准缓冲溶液在不同温度下的变化

温度（℃）	pH		
	标准缓冲溶 4.01	标准缓冲溶液 6.87	标准缓冲液 9.18
0	4.003	6.984	9.464
5	3.999	6.951	9.395
10	3.998	6.923	9.332
15	3.999	6.900	9.276
20	4.002	6.881	9.225
25	4.008	6.865	9.180
30	4.015	6.853	9.139
35	4.024	6.844	9.102
38	4.030	6.840	9.081
40	4.035	6.838	9.068
45	4.047	6.834	9.038

G. 依照仪器使用说明书，至少使用两种 pH 标准缓冲溶液进行 pH 计的校正。

H. 测定批量样品时，最好按土壤类型等将 pH 相差大的样品分开测定，可避免因电极响应迟钝而造成的测定误差。

I. 如果复合电极质量不稳定，会导致读数稳定时间延长，因此，测试期间应经常检查复合电极是否正常。

J. 测量时土壤悬浮液的温度与标准缓冲溶液的温度之差不应超过 1 ℃。

K. pH 标准缓冲溶液也可购买 pH 标准缓冲试剂直接配制。

（4）土壤有机质的测定

① 方法提要。在加热条件下，用过量的重铬酸钾—硫酸溶液氧化土壤有机碳，多余的重铬酸钾用硫酸亚铁铵标准溶液滴定，以样品和空白消耗重铬酸钾的差值计算出有机碳

量。因本方法与干烧法对比只能氧化 90% 的有机碳，因此，将测得的有机碳乘以校正系数 1.1，再乘以常数 1.724（按土壤有机质平均含碳 58% 计算），即为土壤有机质含量。

② 适用范围。本方法适用于有机质含量低于 150 g/kg 的土壤有机质的测定。

③ 主要仪器设备。

A. 油浴锅：用紫铜皮做成或用高度 20～26 cm 的不锈钢锅代替，内装固体石蜡（工业用）。

B. 硬质试管：（18～25）mm×200 mm。

C. 铁丝笼：大小和形状与油浴锅配套，内有若干小格，每格内可插入一支试管。

D. 滴定管：10.0 mL、25.00 mL。

E. 温度计：300 ℃。

F. 电炉：1 000 W。

④ 试剂。

A. 重铬酸钾—硫酸溶液 $[c(1/6K_2Cr_2O_7)=0.4 \text{ mol/L}]$：称取 40.0 g 重铬酸钾溶于 600～800 mL 水中，用滤纸过滤到 1 L 量筒内，用水洗涤滤纸，并加水至 1 L。将此溶液转移至 3 L 大烧杯中。另取 1 L 密度为 1.84 的浓硫酸，慢慢地倒入重铬酸钾水溶液中，不断搅动。为避免溶液急剧升温，每加约 100 mL 浓硫酸后可稍停片刻，并把大烧杯放在盛有冷水的大塑料盆内冷却，当溶液温度降到不烫手时再加另一份浓硫酸，直到全部加完为止。

B. 重铬酸钾标准溶液 $[c(1/6K_2Cr_2O_7)=0.200\ 0 \text{ mol/L}]$：准确称取 130 ℃ 烘 2～3 h 的重铬酸钾（优级纯）9.807 g，先用少量水溶解，然后无损地移入 1 000 mL 容量瓶中，加水定容。

C. 硫酸亚铁铵溶液 $[c(Fe(NH_4)_2(SO_4)_2 \cdot 6H_2O)=0.2 \text{ mol/L}]$：称取硫酸亚铁铵 78.4 g，溶解于 600～800 mL 水中，加浓硫酸 20 mL，搅拌均匀，加水定容至 1 000 mL（必要时过滤），贮于棕色瓶中保存。此溶液易被空气氧化而致浓度下降，每次使用时应标定其准确浓度。

硫酸亚铁铵溶液的标定：吸取 0.200 0 mol/L 重铬酸钾标准溶液 20.00 mL 于 150 mL 三角瓶中，加浓硫酸 3～5 mL 和邻菲啰啉指示剂 2～3 滴，用硫酸亚铁铵溶液滴定，根据硫酸亚铁铵溶液消耗量计算硫酸亚铁铵溶液的准确浓度。

$$c=\frac{c_1 \cdot V_1}{V_2}$$

式中：c——硫酸亚铁铵标准溶液的浓度，mol/L；

c_1——重铬酸钾标准溶液的浓度，mol/L；

V_1——吸取的重铬酸钾标准溶液的体积，mL；

V_2——滴定时消耗硫酸亚铁铵溶液的体积，mL。

D. 邻菲啰啉（$C_{12}HgN_2 \cdot H_2O$）指示剂：称取邻菲啰啉 1.49 g 溶于含有 1.00 g 硫酸亚铁铵 $[Fe(NH_4)_2(SO_4)_2 \cdot 6H_2O]$ 的 100 mL 水溶液中。此指示剂易变质，应密闭保存于棕色瓶中。

⑤ 分析步骤。称取通过 0.25 mm 孔径筛的风干试样 0.05～0.5 g（精确到 0.000 1 g，

称样量根据有机质含量范围而定），放入硬质试管中，然后从滴定管准确加入 10.00 mL 0.4 mol/L 重铬酸钾—硫酸溶液，摇匀并在每个试管口插入一玻璃漏斗。将试管逐个插入铁丝笼中，再将铁丝笼沉入已在电炉上加热至 185~190 ℃ 的油浴锅内，使管中的液面低于油面，要求放入后油浴温度下降至 170~180 ℃，待试管中的溶液沸腾时开始计时，此刻必须控制电炉温度，不使溶液剧烈沸腾，其间可轻轻提起铁丝笼在油浴锅中晃动几次，以使液温均匀，并维持在 170~180 ℃，5 min±0.5 min 后将铁丝笼从油浴锅中提出，冷却片刻，擦去试管外的油液。把试管内的消煮液及土壤残渣无损地转入 250 mL 三角瓶中，用水冲洗试管及小漏斗，洗液并入三角瓶中，使三角瓶内溶液的总体积控制在 50~60 mL。加 3 滴邻菲啰啉指示剂，用硫酸亚铁铵标准溶液滴定剩余的 $K_2Cr_2O_7$，溶液的变色过程是橙黄—蓝绿—棕红。

每批分析时，必须同时做 2 个空白试验，即称取大约 0.2 g 灼烧过的浮石粉或土壤代替土样，其他步骤与土样测定相同。如果滴定所用硫酸亚铁铵溶液的毫升数不到下述空白试验所耗硫酸亚铁铵溶液毫升数的 1/3，则有氧化不完全的可能，应减少土壤称样量重测。

特别注意：油浴用锅应根据材质不同定期强制更换，以防止石蜡渗漏引发火灾。

⑥ 结果计算。

$$有机质（g/kg）=\frac{c \cdot (V_0-V) \times 0.003 \times 1.724 \times 1.10}{m} \times 1\,000$$

式中：V_0——空白试验所消耗硫酸亚铁铵标准溶液体积，mL；

　　　V——试样测定所消耗硫酸亚铁铵标准溶液体积，mL；

　　　c——硫酸亚铁铵标准溶液的浓度，mol/L；

　　0.003——1/4 碳原子的毫摩尔质量，g；

　　1.724——由有机碳换算成有机质的系数；

　　1.10——氧化校正系数；

　　　m——风干试样的质量，g；

　1 000——换算成每千克含量。

平行测定结果用算术平均值表示，保留三位有效数字。

⑦ 精密度。

平行测定结果允许相差：

有机质含量（g/kg）	允许绝对相差（g/kg）
<10	≤0.5
10~40	≤1.0
40~70	≤3.0
>100	≤5.0

⑧ 注释。

A. 由于此法与干烧法对比只能氧化约 90% 的有机质，所以在计算分析结果时应乘上一个氧化校正系数 1.1。

B. 测定土壤有机质必须采用风干样品。因为水稻土及一些长期渍水的土壤，由于较多的还原性物质存在，可消耗重铬酸钾，使结果偏高。

C. 一般土壤中的氯化物对有机质的测定结果影响不大。以氯化物为主的盐土等在测定有机质时，可同时测定氯离子含量后扣除。在土壤 Cl：C 为5：1以下时，可采用如下方式校正：土壤含碳量（g/kg）≈未经校正土壤含碳量（g/kg）－［土壤 Cl 含量（g/kg）/12］

D. 加热时，产生的二氧化碳气泡不是真正沸腾，只有在真正沸腾时才能开始计算时间。

E. 如样品的有机质含量超过 150 g/kg，由于称量过少，难以得到准确的分析结果。遇此情况时，一是可采用增加 H_2SO_4 - $K_2Cr_2O_7$ 溶液的用量，同时带空白另做；也可以用固体稀释法将灼烧土与样品充分混匀，称量，计算时扣除稀释倍数。

F. 样品处理过程中，应注意用静电吸附等方法挑除土壤样品中的植物根叶等有机残体。

G. 用 Fe^{2+} 滴定 $Cr_2O_7^{2-}$，当 H_2SO_4 的浓度保持在 $c\left(\frac{1}{2}H_2SO_4\right)=2\sim3$ mol/L 时，滴定曲线的突跃范围为 $0.85\sim1.22$ V。指示剂变色敏锐，若增加 $K_2Cr_2O_7$ - H_2SO_4 用量时，滴定前应加水稀释。

H. 如果土壤施用了风化煤粉或含有煤屑的城市垃圾，采用本方法测定，可能会出现有机质含量迅速升高的假象。这是由不属于土壤有机质的高度缩合碳引起的，应特别注意。

I. 不同土壤有机质含量的称样量：

有机质含量（g/kg）	试样质量（g）
<20	0.4～0.5
20～70	0.2～0.3
70～100	0.1
100～150	0.05

J. 如果需要提供烘干基含量，可测定土壤水分进行折算。折算公式为：

土壤有机质（烘干基，g/kg）＝土壤有机质（风干基，g/kg）×100/［100－ω（H_2O）］

式中：ω（H_2O）为风干土水分含量，%。

（5）土壤全氮的测定

① 方法提要。样品在加速剂的参与下，用浓硫酸消煮时，各种含氮有机化合物，经过复杂的高温分解反应，转化为铵态氮。碱化后蒸馏出来的氨用硼酸吸收，以酸标准溶液滴定，计算土壤全氮含量（不包括硝态氮）。

包括硝态和亚硝态氮的全氮测定，在样品消煮前，需先用高锰酸钾将样品中的亚硝态氮氧化为硝态氮后，再用还原铁粉使全部硝态氮还原，转化成铵态氮。

② 适用范围。本方法适用于各类土壤全氮含量的测定。

③ 主要仪器设备。

A. 消化管（与消煮炉、定氮仪配套），容积 250 mL。

B. 定氮仪。

C. 可控铝锭消煮炉（升温不低于 400 ℃）。

D. 半微量滴定管，10 mL。

E. 弯颈漏斗：与消化管配套。

④ 试剂。

A. 硫酸。

B. 硫酸标准溶液或盐酸标准溶液：按照 GB/T 601《化学试剂　标准滴定溶液的制备》进行配制。

C. 氢氧化钠溶液 [ρ（NaOH）＝400 g/L]：称取 400 g 氢氧化钠溶于水中，稀释至1 L。

D. 硼酸—指示剂混合液。

硼酸溶液 [ρ（H$_3$BO$_3$）＝20 g/L]：称取硼酸 20.00 g 溶于水中，稀释至 1 L。

混合指示剂：0.5 g 溴甲酚绿和 0.1 g 甲基红于玛瑙研钵中，加入少量 95％乙醇，研磨至指示剂全部溶解后，加 95％乙醇至 100 mL。使用前，每升硼酸溶液中加 20 mL 混合指示剂，并用稀酸或稀碱调节至红紫色（pH 约 4.5）。此液放置时间不宜过长，如在使用过程中 pH 有变化，需随时用稀酸或稀碱调节。

E. 加速剂：称取 100 g 硫酸钾、10 g 五水合硫酸铜、1 g 硒粉于研钵中研细，必须充分混合均匀。

F. 高锰酸钾溶液 [ρ（KMnO$_4$）＝50 g/L]：称取 25 g 高锰酸钾溶于 500 mL 水，贮于棕色瓶中。

G. 硫酸溶液（1∶1）。

H. 还原铁粉：磨细通过 0.15 mm 孔径筛。

I. 辛醇。

⑤ 分析步骤。

A. 称样：称取通过 0.25 mm 孔径筛的风干试样 0.5～1 g（含氮约 1 mg，精确到 0.000 1 g）。

B. 土样消煮：不包括硝态和亚硝态氮的消煮。

将试样送入干燥的消化管底部，加入 2.0 g 加速剂，加水约 2 mL 湿润试样，再加 8 mL 浓硫酸，摇匀。将消化管置于控温消煮炉上，用小火加热，待管内反应缓和时(10～15 min)，加强火力至 375 ℃。待消煮液和土粒全部变为灰白稍带绿色后，再继续消煮 1 h，冷却，待蒸馏。在消煮试样的同时，做两份空白测定。

包括硝态氮和亚硝态氮的消煮：

将试样送入干燥的消化管底部，加 1 mL 高锰酸钾溶液，轻轻摇动消煮管，缓缓加入 2 mL 1∶1硫酸溶液，不断转动消化管，放置 5 min 后，再加入 1 滴辛醇。通过长颈漏斗将 0.5 g±0.01 g 还原铁粉送入消化管底部，瓶口盖上弯颈漏斗，转动消化管，使铁粉与酸接触，待剧烈反应停止时（约 5 min），将消化管置于控温消煮炉上缓缓加热 45 min（管内土液应保持微沸，以不引起大量水分丢失为宜）。停止加热，待消化管冷却后，加 2.0 g 加速剂和 8 mL 浓硫酸，摇匀。按"不包括硝态和亚硝态氮的消煮"的步骤，消煮至试液完全变为黄绿色，再继续消煮 1 h，冷却，待蒸馏。在消煮试样的同时，做两份空白测定。

C. 氨的蒸馏和滴定：蒸馏前先按仪器使用说明书检查定氮仪，并空蒸 0.5 h 洗净管道。待消煮液冷却后，向消化管内加入约 60 mL 水，摇匀，置于定氮仪上。于三角瓶中加入 25 mL 20 g/L 硼酸—指示剂混合液，将三角瓶置于定氮仪冷凝器的承接管下，管口插入硼酸溶液中，以免吸收不完全。然后向消化管内缓缓加入 35 mL 400 g/L 氢氧化钠溶液，蒸馏 5 min，用少量的水洗涤冷凝管的末端，洗液收入三角瓶内。

用 0.01 mol/L 硫酸（或 0.01 mol/L 盐酸）标准溶液滴定馏出液，由蓝绿色至刚变为红紫色。记录所用酸标准溶液的体积。空白测定所用酸标准溶液的体积，一般不得超过 0.40 mL。

⑥ 结果计算。

$$土壤全氮（N，g/kg）=\frac{c \cdot (V-V_0) \times 0.014}{m} \times 1\,000$$

式中：V——滴定试液时所用酸标准溶液的体积，mL；

V_0——滴定空白时所用酸标准溶液的体积，mL；

c——酸标准溶液的浓度，mol/L；

0.014——氮原子的毫摩尔质量；

m——风干试样质量，g；

1 000——换算成每千克含量。

平行测定结果用算术平均值表示，保留小数点后二位。

⑦ 精密度。

平行测定结果允许相差：

土壤含氮量（g/kg）	允许绝对相差（g/kg）
>1	≤0.05
1~0.6	≤0.04
<0.6	≤0.03

⑧ 注释。

A. 因试样烘干过程中可能使全氮量发生变化，因此土壤全氮用风干样品测定。如果需要提供烘干基含量，可测定土壤水分进行折算。折算公式为：土壤全氮（烘干基，g/kg）=土壤全氮（风干基，g/kg）×100/[100−ω（H_2O）]，ω（H_2O）为风干土水分含量，%。

B. 试样的粒径，这里采用 0.25 mm 孔径筛，但如果含氮量高，称量<0.5 g 时，则应通过 0.149 mm 孔径筛。

C. 一般土壤中硝态氮含量不超过全氮量的 1%，故可忽略不计。如硝态氮含量高，则要用高锰酸钾和铁粉预处理，硝态氮的回收率在 90% 以上。

D. 某些还原铁粉会有大量氮，在试剂选择上应注意。

E. 消煮的温度应控制在 360~400 ℃，此时，消煮的土液保持微沸，硫酸蒸气在消化管上部 1/3 处冷凝流回。超过 400 ℃土液将剧烈沸腾，硫酸蒸气达到消化管顶部甚至溢出，将引起硫酸铵的热分解而导致氮素损失。

（6）土壤碱解性氮的测定

① 方法提要。旱地土壤由于土壤硝态氮含量较高，必须加还原剂还原，再用1.8 mol/L氢氧化钠溶液处理土样，在扩散皿中，土样于碱性条件下水解，使易水解氮经碱解转化为铵态氮，由硼酸溶液吸收，以标准酸滴定，计算碱解氮的含量。对于水稻土和经常淹水的土壤，由于硝态氮含量甚微，不需加还原剂，因此氢氧化钠溶液浓度采用1.2 mol/L。

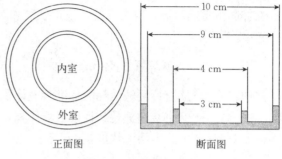

图 5-5　扩散皿示意

② 适用范围。本方法适用于各类土壤中碱解氮的测定。

③ 主要仪器设备。恒温培养箱（控温在60℃以内）；扩散皿（图5-5）；半微量滴定管：10 mL。

④ 试剂。

A. 氢氧化钠溶液 $[c(\text{NaOH})=1.8\,\text{mol/L}]$：称取 72.0 g 氢氧化钠，溶解于水，稀释至1 L。

B. 氢氧化钠溶液 $[c(\text{NaOH})=1.2\,\text{mol/L}]$：称取 48.0 g 氢氧化钠，溶解于水，稀释至 1 L。

C. 锌—硫酸亚铁还原剂：称取 50.0 g 磨细并通过 0.25 mm 孔径筛的硫酸亚铁（$\text{FeSO}_4 \cdot 7\text{H}_2\text{O}$）及 10.0 g 锌粉混匀，贮于棕色瓶中。

D. 碱性胶液：称取 40 g 阿拉伯胶放入装有 50 mL 水的烧杯中，加热至 70～80 ℃，搅拌促溶，约 1 h 后放冷。加入 20 mL 甘油和 20 mL 饱和碳酸钾水溶液，搅匀，放冷。离心除去泡沫和不溶物，将清液贮于玻璃瓶中备用。

E. 硫酸标准溶液或盐酸标准溶液：按照 GB/T 601《化学试剂　标准滴定溶液的制备》进行配制。

F. 定氮混合指示剂：称取 0.5 g 溴甲酚绿和 0.1 g 甲基红于玛瑙研钵中，加入少量95%乙醇，研磨至指示剂全部溶解后，加 95%乙醇至 100 mL。

G. 硼酸溶液 $[\rho(\text{H}_3\text{BO}_3)=20\,\text{g/L}]$：称取硼酸 20.00 g 溶于水中，稀释至 1 L。每升20 g/L 硼酸溶液中加 20 mL 混合指示剂，并用稀碱或稀酸调至红紫色（pH 约 4.5）。此溶液放置时间不宜过长，如在使用过程中 pH 有变化，需随时用稀酸或稀碱调节。

⑤ 分析步骤。称取通过 2 mm 孔径筛的风干试样 2 g（精确至 0.01 g）和 1 g 锌—硫酸亚铁还原剂，均匀平铺于扩散皿外室内（若为水稻土，不需加还原剂）。

在扩散皿内室加入 2 mL 20 g/L 硼酸溶液，并滴加 1 滴定氮混合指示剂。在皿的外室边缘涂上碱性胶液，盖上毛玻璃，旋转数次，使毛玻璃与皿边完全黏合，再慢慢转开毛玻璃的一边，使扩散皿外室露出一条狭缝，迅速加入 10 mL 1.8 mol/L 氢氧化钠溶液（水稻土样品用 1.2 mol/L 氢氧化钠溶液）于扩散皿外室，立即用毛玻璃盖严。

水平地轻轻转动扩散皿，使氢氧化钠溶液与土样充分混合，然后小心地用两根橡皮筋交叉成十字形圈紧，使毛玻璃固定。放在恒温培养箱中于 40 ℃保温 24 h±0.5 h。

将扩散皿取出，用 0.01 mol/L 盐酸（或硫酸）标准溶液滴定内室硼酸中吸收的氨量，颜色由蓝色刚变紫红色即达终点。滴定时应用细玻璃棒搅动内室溶液，不宜摇动扩散皿，以免溢出。

在样品测定同时进行空白试验，校正试剂和滴定误差。

⑥ 结果计算。

$$碱解氮（N，mg/kg）=\frac{c \cdot (V-V_0) \times 14}{m} \times 1\,000$$

式中：V——滴定待测液消耗酸标准溶液体积，mL；

　　　　V_0——滴定空白消耗酸标准溶液体积，mL；

　　　　　c——酸标准溶液浓度，mol/L；

　　　　m——风干试样质量，g；

　　　　14——氮的毫摩尔质量，mg；

　　1 000——换算成每千克含量。

平均测定结果以算术平均值表示，保留整数。

⑦ 精密度。平行测定结果允许相对相差≤10%。

⑧ 注释。

A. 由于碱性胶液的碱性很强，在涂胶液和恒温扩散时，必须特别细心，慎防污染内室。

B. 碱性胶液可用碱性甘油代替，其配制方法为：在 100 mL 甘油中溶解几十小粒固体氢氧化钠即可。

C. 用硼酸溶液吸收氨时，温度不宜超过 40 ℃，温度过高，影响硼酸对氨的吸收。

D. 在扩散过程中，扩散皿必须盖严，不使漏气。

E. 扩散皿的洗涤：用完后的扩散皿用自来水稍加冲洗后，放入稀酸中浸泡。再按一般玻璃器皿洗涤方法洗涤。

（7）土壤有效磷的测定

① 方法提要。利用盐酸—氟化铵溶液浸提酸性土壤有效磷，利用碳酸氢钠溶液浸提中性和石灰性土壤有效磷，所提取的磷以钼锑抗比色法测定。

② 主要仪器设备。分光光度计或紫外—可见分光光度计；全温振荡器；塑料瓶，200 mL；无磷滤纸。

③ 酸性土壤（pH<6.5）有效磷的测定。本方法适用于 pH<6.5 的土壤有效磷测定。

A. 试剂：

a. 氟化铵—盐酸浸提剂 [$c(NH_4F)=0.03$ mol/L—$c(HCl)=0.025$ mol/L]：称取 1.11 g 氟化铵溶于约 400 mL 水中，加入 2.1 mL 盐酸，用水稀释至 1 L，贮存于塑料瓶中。

b. 酒石酸锑钾溶液 $\left\{\rho\left[K(SbO)C_4H_4O_6 \cdot \frac{1}{2}H_2O\right]=5\ g/L\right\}$：称取 0.5 g 酒石酸锑钾溶于水中，稀释至 100 mL。

c. 硫酸溶液（5%，V/V）：吸取 5 mL 浓硫酸溶液缓缓加入 90 mL 水中，冷却后以水稀释至 100 mL。

　　d. 硫酸钼锑贮备液：量取 153 mL 浓硫酸，缓缓加入到 400 mL 水中，不断搅拌，冷却。另称取钼酸铵 $[(NH_4)_6Mo_7O_{24} \cdot 4H_2O]$ 10 g 溶于温度约 60 ℃ 300 mL 水中，冷却。然后将硫酸溶液缓缓倒入钼酸铵溶液中。再加入 5 g/L 酒石酸锑钾溶液 100 mL，冷却后，加水稀释至 1 000 mL，摇匀，贮于棕色试剂瓶中。

　　e. 钼锑抗显色剂：称取 1.5 g 抗坏血酸（左旋，旋光度 +21°～22°）溶于 100 mL 钼锑贮备液中。此溶液有效期不长，应用时现配。

　　f. 磷标准溶液：购买国家有证标准溶液或按照 GB/T 602《化学试剂　杂质测定用标准溶液的制备》进行配制，逐级稀释至所需浓度。

　　g. 二硝基酚指示剂：称取 0.2 g 2,4-二硝基酚或 2,6-二硝基酚溶于 100 mL 水中。

　　h. 氨水溶液（1∶3）。

　　i. 硼酸溶液 $[\rho(H_3BO_3)=30 \text{ g/L}]$：称取 30 g 硼酸溶于 900 mL 热水中，冷却后稀释至 1 L。

　　B. 分析步骤：称取通过 2 mm 孔径筛的风干试样 5.00 g 置于 250 mL 塑料瓶中，加入 20～25 ℃氟化铵—盐酸浸提剂 50.0 mL，在 20～25 ℃ 恒温条件下振荡 30 min±1 min（振荡频率 180 r/min±20 r/min），取出后立即用无磷滤纸干过滤于塑料瓶中。同时做空白试验。

　　吸取滤液 5.00～10.00 mL（含磷 5.00～20.00 μg）于 50 mL 容量瓶中，加入 10 mL 30 g/L 硼酸溶液，摇匀，加水至 30 mL 左右，再加入二硝基酚指示剂两滴，用 5％硫酸溶液和 1∶3 氨水溶液调节溶液刚显微黄色。加入钼锑抗显色剂 5.00 mL，用水定容至刻度，充分摇匀。在室温高于 20 ℃处放置 30 min 后，用 1 cm 光径比色皿在波长 700 nm 处比色，测量吸光度。

　　校准曲线的绘制：吸取磷标准溶液 $[\rho(P)=5 \text{ μg/mL}]$ 0 mL、1.00 mL、2.00 mL、3.00 mL、4.00 mL、5.00 mL、6.00 mL 于 50 mL 比色管中，加入与吸取待测液等量体积的浸提剂，加入 10 mL 30 g/L 硼酸溶液，摇匀，加水至 30 mL 左右，再加入二硝基酚指示剂两滴，用 5％硫酸溶液和 1∶3 氨水溶液调节溶液刚显微黄色。加显色剂 5.00 mL，摇匀，加水定容至刻度。此系列溶液中磷的浓度依次为 0 μg/mL、0.10 μg/mL、0.20 μg/mL、0.30 μg/mL、0.40 μg/mL、0.50 μg/mL、0.60 μg/mL。在室温高于 20 ℃处放置 30 min 后，按上述样品待测液分析步骤、条件，用系列溶液的零浓度调节仪器零点进行比色，测量吸光值，绘制校准曲线或计算回归方程。

　　④ 酸性土壤（pH≥6.5）有效磷的测定。本方法适用于 pH≥6.5 的土壤有效磷测定。

　　A. 试剂：

　　a. 氢氧化钠溶液 $[\rho(NaOH)=100 \text{ g/L}]$：称取 10 g 氢氧化钠溶于 100 mL 水中。

　　b. 碳酸氢钠浸提剂 $[\rho(NaHCO_3)=0.50 \text{ mol/L}, \text{pH}=8.5]$ 称取 42.0 g 碳酸氢钠（NaHCO₃）溶于约 950 mL 水中，用 100 g/L 氢氧化钠溶液调节 pH 至 8.5（用酸度计测定），用水稀释至 1 L。贮存于聚乙烯瓶或玻璃瓶中备用。如贮存期超过 20 d，使用时必须重新校正 pH。

c. 酒石酸锑钾溶液 $\left\{\rho\left[K(SbO)C_4H_4O_6 \cdot \frac{1}{2}H_2O\right]=3\ g/L\right\}$：称取 0.3 g 酒石酸锑钾溶于水中，稀释至 100 mL。

d. 钼锑贮备液：称取 10.0 g 钼酸铵 $[(NH_4)_6Mo_7O_{24} \cdot 4H_2O]$溶于 300 mL 约 60 ℃ 水中，冷却。另取 181 mL 浓硫酸缓缓注入 800 mL 水中，搅匀，冷却。然后将稀硫酸注入钼酸铵溶液中，搅匀，冷却。再加入 100 mL 3 g/L 酒石酸锑钾溶液，最后用水稀释至 2 L，盛于棕色瓶中备用。

e. 钼锑抗显色剂：称取 0.5 g 抗坏血酸 ($C_6H_8O_6$ 左旋，旋光度 $+21°\sim22°$) 溶于 100 mL 钼锑贮备液中。此溶液有效期不长，应用时现配。

B. 分析步骤：称取通过 2 mm 孔径筛的风干试样 2.50 g，置于 200 mL 塑料瓶中，加入约 1 g 无磷活性炭，加入 25 ℃±1 ℃ 的碳酸氢钠浸提剂 50.0 mL，摇匀，在 25 ℃±1 ℃ 温度下，于振荡器上用 180 r/min±20 r/min 的频率振荡 30 min±1 min，立即用无磷滤纸过滤于干燥的 150 mL 三角瓶中。

吸取滤液 10.00 mL 于 25 mL 比色管中，缓慢加入显色剂 5.00 mL，慢慢摇动，排出 CO_2 后加水定容至刻度，充分摇匀。在室温高于 20 ℃ 处放置 30 min，用 1 cm 光径比色皿在波长 880 nm 处比色，测量吸光度。

校准曲线的绘制：吸取磷标准溶液 $[\rho(P)=5\ \mu g/mL]$ 0 mL、0.50 mL、1.00 mL、1.50 mL、2.00 mL、2.50 mL、3.00 mL 于 25 mL 比色管中，加入空白试液 10.00 mL，显色剂 5 mL，慢慢摇动，排出 CO_2 后加水定容至刻度。此系列溶液中磷的浓度依次为 0 $\mu g/mL$、0.10 $\mu g/mL$、0.20 $\mu g/mL$、0.30 $\mu g/mL$、0.40 $\mu g/mL$、0.50 $\mu g/mL$、0.60 $\mu g/mL$。在室温高于 20 ℃ 处放置 30 min 后，按上述样品待测液分析步骤、条件进行比色，用系列溶液的零浓度调节仪器零点测量吸光值，绘制校准曲线或计算回归方程。

⑤ 结果计算。

$$有效磷（P, mg/kg）=\frac{\rho \cdot V \cdot D}{m \times 1\ 000} \times 1\ 000$$

式中：ρ——查标准曲线或求回归方程而得测定液中 P 的质量浓度，$\mu g/mL$；

V——显色液体积，mL；

D——分取倍数；

1 000——分别将 μg 换算成 mg 和将 g 换算为 kg；

m——风干试样质量，g。

平行测定结果以算术平均值表示，保留小数点后一位。

⑥ 精密度。

平行测定结果的允许误差：

测定值（P，mg/kg）	允许差（P，mg/kg）
<10	绝对差值≤0.5
10~20	绝对差值≤1.0
>20	相对相差<5%

⑦ 注释。

A. 本方法所规定的酸度及钼酸铵浓度下，钼锑抗法显色以 20～40 ℃为宜，如室温低于 20 ℃，可放置在 30～40 ℃烘箱中保温 30 min，取出冷却后比色。

B. 如果土壤有效磷含量较高，应减少浸提液的吸样量，并加浸提剂补足至 10.00 mL 后显色，以保持显色时溶液的酸度。计算时按所取浸提液的分取倍数计算。

C. 10 mL $NaHCO_3$ 浸提滤液加入钼锑抗试剂后，即产生大量的 CO_2 气体，由于容器瓶口较小，CO_2 不易逸出，易造成试液外溢。实际操作过程中也可采用将 10.00 mL $NaHCO_3$ 浸提滤液、5.00 mL 钼锑抗试剂和 10.00 mL 水均准确加入 50 mL 三角瓶中，无需再定容进行显色的方式操作。

D. 用 $NaHCO_3$ 溶液浸提有效磷时，温度影响较大，应严格控制浸提温度。

E. 土样经风干和贮存后，测定的有效磷含量可能稍有改变，但一般无大影响。

（8）土壤速效钾的测定

① 方法提要。以中性 1 mol/L 乙酸铵溶液为浸提剂时，NH_4^+ 与土壤胶体表面的 K^+ 进行交换，连同水溶性钾一起进入溶液。浸出液中的钾可直接用火焰光度计或原子吸收分光光度计测定。

② 适用范围。本方法适用于各类土壤速效钾含量的测定。

③ 主要仪器设备。全温振荡器；火焰光度计或原子吸收分光光度计；塑料瓶：200 mL。

④ 试剂。

A. 乙酸铵溶液，[$c(CH_3COONH_4)＝1$ mol/L]：称取 77.08 g 乙酸铵溶于近 1 L 水中，用稀乙酸（CH_3COOH）或氨水（1∶1）（$NH_3·H_2O$）调节 pH 为 7.0，用水稀释至 1 L。该溶液不宜久放。

B. 钾标准溶液：购买国家有证标准溶液或按照 GB/T 602《化学试剂　杂质测定用标准溶液的制备》进行配制，逐级稀释至所需浓度。

⑤ 分析步骤。称取通过 2 mm 孔径筛的风干试样 5.00 g 于 200 mL 塑料瓶中，加入 50.0 mL 乙酸铵溶液（土液比为 1∶10），盖紧瓶塞，摇匀，在 20～25 ℃下，150～180 r/min 振荡 30 min，干过滤。以乙酸铵溶液调节仪器零点，滤液直接在火焰光度计上测定或经适当稀释用乙酸铵溶液定容后在原子吸收分光光度计上测定。同时做空白试验。

校准曲线的绘制：分别吸取 100 μg/mL 的钾标准溶液 0 mL、3.00 mL、6.00 mL、9.00 mL、12.00 mL、15.00 mL 于 50 mL 容量瓶中，用乙酸铵溶液定容，即为浓度 0 μg/mL、6 μg/mL、12 μg/mL、18 μg/mL、24 μg/mL、30 μg/mL 的钾标准系列溶液。同样品用火焰光度计或原子吸收分光光度计测定，绘制校准曲线或求回归方程。

⑥ 结果计算。

$$速效钾（K，mg/kg）=\frac{\rho·V·D}{m×10^3}×1\ 000$$

式中：ρ——查校准曲线或求回归方程而得测定液中 K 的质量浓度，μg/mL；

V——加入浸提剂体积，50 mL；

D——稀释倍数，若不稀释则 $D＝1$；

10^3 和 1 000——分别将 μg 换算成 mg 和将 g 换算为 kg；

m——风干试样质量，g。

平行测定结果以算术平均值表示，结果取整数。

⑦ 精密度。平行测定结果的相对相差不大于5％；不同实验室测定结果的相对相差不大于8％。

⑧ 注释。含乙酸铵的钾标准溶液不能久放，以免长霉影响测定结果；若样品含量过高需要稀释时，应采用乙酸铵浸提剂稀释定容，以消除基体效应。

（9）土壤缓效钾的测定

① 方法提要。土壤以1 mol/L热硝酸浸提的钾多为黑云母、伊利石、含水云母分解的中间体以及黏土矿物晶格所固定的钾离子，用火焰光度计或原子吸收分光光度计测定，减去速效钾含量即为缓效钾含量。

② 适用范围。本方法适用于各种土壤缓效钾含量的测定。

③ 主要仪器设备。火焰光度计或原子吸收分光光度计；消煮管；油浴或磷酸浴。

④ 试剂。

A. 硝酸溶液 $[c(HNO_3)=1\ mol/L]$：量取 62.5 mL 浓硝酸（HNO_3，$\rho \approx$ 1.42 g/mL）稀释至 1 L。

B. 硝酸溶液 $[c(HNO_3)=0.1\ mol/L]$：量取1 mol/L硝酸溶液100.0 mL稀释至1 L。

C. 钾标准溶液：购买国家有证标准溶液或按照 GB/T 602《化学试剂 杂质测定用标准溶液的制备》进行配制，逐级稀释至所需浓度。

⑤ 分析步骤。称取通过2 mm孔径筛的风干试样2.50 g于消煮管中，加入25.0 mL 1 mol/L硝酸溶液（土液比为1∶10），轻轻摇匀，在瓶口插入弯颈小漏斗，可将多个消煮管置于铁丝笼中，放入温度为130～140 ℃的油浴（或磷酸浴）中，于120～130 ℃煮沸（从沸腾开始准确计时）10 min取下，稍冷，趁热干过滤于100 mL容量瓶中，用0.1 mol/L硝酸溶液洗涤消煮管4次，每次15 mL，冷却后定容，用火焰光度计测定或经适当稀释后采用原子吸收分光光度计测定。同时做空白试验。

校准曲线的绘制：分别吸取 100 μg/mL 钾标准溶液 0 mL、3.00 mL、6.00 mL、9.00 mL、12.00 mL、15.00 mL于50 mL容量瓶中，加入15.5 mL 1 mol/L硝酸溶液，定容，即为浓度：0 μg/mL、6 μg/mL、12 μg/mL、18 μg/mL、24 μg/mL、30 μg/mL的钾标准系列溶液。以钾浓度为零的溶液调节仪器零点，火焰光度计或原子吸收分光光度计测定，绘制校准曲线或求回归方程。

⑥ 结果计算。

$$缓效钾\ (K,\ mg/kg)=\frac{\rho \cdot V \cdot D}{m \times 10^3} \times 1\ 000-\omega_1$$

式中：ρ——查校准曲线或求回归方程而得测定液中 K 的质量浓度，μg/mL；

      V——试样的定容体积，100 mL；

      D——稀释倍数，若不稀释则 $D=1$；

      m——风干试样质量，g；

10^3 和 1 000——分别将 μg 换算成 mg 和将 g 换算为 kg；

      ω_1——测定的速效钾含量，mg/kg。

平行测定结果以算术平均值表示，结果取整数。

⑦ 精密度。平行测定结果的相对相差不大于 8%；不同实验室测定结果的相对相差不大于 15%。

⑧ 注释。对某些富含有机质或碳酸钙的土壤，煮沸时应注意避免悬液溢出，可考虑改用 200 mL 高型烧杯。

加热时温度要均匀，不要忽高忽低。煮沸时间要严格掌握，煮沸 10 min 是从开始沸腾起计算时间。碳酸盐土壤消煮时有大量 CO_2 气泡产生，不要误认为是沸腾。

（10）土壤阳离子交换量与交换性钙镁的测定

① 方法提要。用 0.005 mol/L EDTA 与 1 mol/L 乙酸铵的混合液作为交换提取剂，在适宜的 pH 条件下（酸性、中性土壤用 pH7.0，石灰性土壤用 pH8.5），与土壤吸收性复合体的 Ca^{2+}、Mg^{2+}、Al^{3+} 等交换，在瞬间形成解离度很小而稳定性大的络合物，且不会破坏土壤胶体。由于 NH_4^+ 的存在，交换性 H^+、K^+、Na^+ 也能交换完全，形成铵质土。通过使用 95% 乙醇洗去过剩铵盐，以蒸馏法蒸馏，用标准酸溶液滴定氨量，即可计算出土壤阳离子交换量。交换液中的钙、镁用原子吸收分光光度计进行测定。

② 适用范围。本方法适用于各类土壤中阳离子交换量与交换性钙、镁的测定。

③ 主要仪器设备。

A. 电动离心机：转速 3 000～5 000 r/min。

B. 离心管：100 mL。

C. 定氮仪。

D. 消化管（与定氮仪配套）。

E. 原子吸收分光光度计（配置钙和镁空心阴极灯）。

④ 试剂。

A. 0.005 mol/LEDTA 与 1 mol/L 乙酸铵混合液：称取 77.09 g 乙酸铵及 1.461 g 乙二胺四乙酸，加水溶解后稀释至 900 mL 左右，以 1：1 氨水和稀乙酸调节 pH 至 7.0（用于酸性和中性土壤的提取）或 pH8.5（用于石灰性土壤的提取），转移至 1 000 mL 容量瓶中，定容。

B. 95% 乙醇（必须无铵离子）。

C. 硼酸溶液 $[\rho(H_3BO_3)=20\ g/L]$：称取 20.00 g 硼酸，溶于近 1 L 水中。用稀盐酸或稀氢氧化钠调节 pH 至 4.5，转移至 1 000 mL 容量瓶中，定容。

D. 氧化镁：将氧化镁在高温电炉中经 600 ℃ 灼烧 0.5 h，冷却后贮存于密闭的玻璃瓶中。

E. 盐酸标准溶液：按照 GB/T 601《化学试剂　标准滴定溶液的制备》进行配制。

F. pH10 缓冲溶液：称取氯化铵 33.75 g 溶于无 CO_2 水中，加新开瓶的浓氨水（密度 0.90）285 mL，用水稀释至 500 mL。

G. 钙镁混合指示剂：称取 0.5 g 酸性铬蓝 K 与 1.0 g 萘酚绿 B，加 100 g 氯化钠，在玛瑙研钵中充分研磨混匀，贮于棕色瓶中备用。

H. 甲基红—溴甲酚绿混合指示：称取 0.5 g 溴甲酚绿和 0.1 g 甲基红于玛瑙研钵中，加入少量 95% 乙醇，研磨至指示剂全部溶解后，加 95% 乙醇至 100 mL。

I. 纳氏试剂：称取 10.0 g 碘化钾溶于 5 mL 水中，另称取 3.5 g 二氯化汞溶于 20 mL 水中（加热溶解），将二氯化汞溶液慢慢地倒入碘化钾溶液中，边加边搅拌，直至出现微红色的少量沉淀为止。然后加 70 mL30%氢氧化钾溶液，并搅拌均匀，再滴加二氯化汞溶液至出现红色沉淀为止。搅匀，静置过夜，倾出清液贮于棕色瓶中，放置暗处保存。

J. 氯化锶溶液 $[\rho(SrCl_2 \cdot 6H_2O) = 30 \text{ g/L}]$：称取氯化锶（$SrCl_2 \cdot 6H_2O$） 30 g 溶于水，定容至 1 L。

K. 钙、镁标准溶液：购买国家有证标准溶液或按照 GB/T602《化学试剂 杂质测定用标准溶液的制备》进行配制，逐级稀释至所需浓度。

⑤ 分析步骤。

A. 阳离子交换量的测定：称取通过 2 mm 孔径筛的风干试样 2 g（精确至 0.01 g），放入 100 mL 离心管中，加入少量 EDTA-乙酸铵混合液，用橡皮头玻璃棒搅拌样品，使其成均匀泥浆状，再加混合液使总体积达 80 mL 左右，搅拌 1~2 min，然后用 EDTA-乙酸铵混合液洗净橡皮头玻璃棒。

将离心管成对地放在粗天平两盘上，加入 EDTA-乙酸混合液使之平衡，再对称地放入离心机中，以 3 000 r/min 转速离心 3~5 min，弃去离心管中清液。如酸性、中性土壤需要测定交换性盐基组成时，则将离心后的清液收集于 100 mL 容量瓶中，用混合液提取剂定容至刻度，作为交换性钙、镁的待测液。

向载有样品的离心管中加入少量 95%乙醇，用橡皮头玻璃棒充分搅拌，使土样成均匀泥浆状，再加 95%乙醇约 60 mL，用橡皮头玻璃棒充分搅匀，将离心管成对地放于粗天平两盘上，加乙醇使之平衡，再对称地放入离心机中以 3 000 r/min 转速离心 3~5 min，弃去乙醇清液，如此反复 3~4 次，洗至无铵离子为止（以纳氏试剂检查）。

向管内加入少量水，用橡皮头玻璃棒将铵离子饱和土搅拌成糊状，并无损洗入消化管中，洗入体积控制在 60 mL 左右。在蒸馏前向消化管内加入 1 g 氧化镁，立即将消化管置于定氮仪上。蒸馏前先按仪器使用说明书检查定氮仪，并空蒸 0.5 h 洗净管道。

向盛有 25 mL 20 g/L 硼酸吸收液的三角瓶内加入两滴甲基红—溴甲酚绿指示剂，将三角瓶置于冷凝器的承接管下，管口插入硼酸溶液中，开始蒸馏。蒸馏约 8 min 后，检查蒸馏是否完全。检查时可取下三角瓶，在冷凝器的承接管下端取一滴馏出液于白色瓷板上，加纳氏试剂一滴，如无黄色，表示蒸馏已完全，否则应继续蒸馏，直至蒸馏完全为止。将三角瓶取下，用少量蒸馏水冲洗承接管的末端，洗液收入三角瓶内，以盐酸标准溶液滴定，同时做空白试验（具体操作按定氮仪使用说明书规定）。

B. 交换性钙、镁的测定：校准曲线的绘制：钙、镁混合标准系列溶液：分别吸取含钙（Ca）100 μg/mL 的标准溶液 0 mL、2.00 mL、4.00 mL、6.00 mL、8.00 mL、10.00 mL 于 100 mL 容量瓶中，另分别吸取含镁（Mg）50 μg/mL 的标准溶液 0 mL、1.00 mL、2.00 mL、4.00 mL、6.00 mL、8.00 mL 于上述相应容量瓶中，各加入氯化锶溶液（30 g/L）5 mL，用乙酸铵溶液定容。即为含钙（Ca）0 μg/mL、2.00 μg/mL、4.00 μg/mL、6.00 μg/mL、8.00 μg/mL、10.00 μg/mL 和含镁（Mg）0 μg/mL、0.50 μg/mL、1.00 μg/mL、2.00 μg/mL、3.00 μg/mL、4.00 μg/mL 的钙、镁混合标准

系列溶液。

吸取上述乙酸铵处理土壤的浸出液 20 mL 于 50 mL 容量瓶中，加入氯化锶溶液 5.0 mL，用乙酸铵溶液定容。以乙酸铵浸提剂调节仪器零点，直接在原子吸收分光光度计上与校准曲线同条件测定。

⑥ 结果计算。

$$阳离子交换量（c\ mol/kg）=\frac{c\cdot(V-V_0)}{m\times10}\times1\ 000$$

式中：c——盐酸标准溶液浓度，mol/L；

　　　V——滴定样品待测液所耗盐酸标准溶液量，mL；

　　　V_0——空白滴定耗盐酸标准溶液量，mL；

　　　m——风干试样质量，g；

　　　10——将 mmol 换算成 c mol 的倍数；

　　1 000——换算成每千克中的 c mol。

平行测定结果用算术平均值表示，保留小数点后一位。

$$交换性钙、镁（mg/kg）=\frac{\rho\cdot V\cdot D}{m\times10^3}\times1\ 000$$

式中：ρ——查校准曲线或求回归方程而得测定液中钙或镁的质量浓度，μg/mL；

　　　V——测定液体积，50 mL；

　　　D——分取倍数，浸出液总体积/ 吸取浸出液体积＝100/20；

10^3 和 1 000——分别将 μg 换算成 mg 和将 g 换算为 kg；

　　　m——风干试样质量，g。

平行试验结果以算术平均值表示，保留一位小数。

⑦ 精密度。

A. 阳离子交换量：

平行测定结果允许相差：

测定值（c mol/kg）	允许绝对相差（c mol/kg）
＞50	≤5.0
50～30	2.5～1.5
30～10	1.5～0.5
＜10	≤0.5

B. 交换性钙、镁：平行测定结果允许相对相差≤10％。

⑧ 注释。

A. 含盐分和碱化度高的土壤，因 Na^+ 较多，易与 EDTA 形成稳定常数极小的 EDTA 二钠盐，一次提取交换不完全，所以需要提取 2～3 次方可。

B. 蒸馏时使用氧化镁而不用氢氧化钠，因后者碱性强，能水解土壤中部分有机氮素成铵态氮，致使结果偏高。

C. 检查钙离子的方法：取澄清液约 20 mL 于三角瓶中，加 pH10 缓冲液 3.5 mL，摇匀，再加数滴钙镁指示剂混合，如呈蓝色，则表示无钙离子，如呈紫红色，则表示有钙离子存在。

D. 95％乙醇必须预先做铵离子检验，必须无铵离子。

E. 用过的乙醇可用蒸馏法回收后重复使用。

F. 用乙醇洗剩余的铵离子时，一般三次即可，但洗个别样品时可能出现混浊现象，应增大离心机转速，使其澄清。

G. 土壤浸出液中如有漂浮的枯枝落叶等物，要先过滤除去，避免阻塞喷雾装置。

H. 原子吸收分光光度计测钙、镁的条件，参照仪器说明书。

(11) 土壤有效铜、锌、铁、锰的测定

① 方法提要。用 pH7.3 的 DTPA-TEA-CaCl$_2$ 缓冲溶液作为浸提剂，螯合浸提出土壤中有效态锌、锰、铜、铁，用原子吸收分光光度法测定。其中 DTPA 为螯合剂，氯化钙能防止石灰性土壤中游离碳酸钙的溶解，避免因碳酸钙所包蔽的锌、铁等元素释放而产生的影响。三乙醇胺作为缓冲剂，能使溶液 pH 保持 7.3 左右，对碳酸钙溶解也有抑制作用。

② 应用范围。本方法适用于 pH 大于 6 的土壤有效态铜、锌、铁、锰的测定，其他土壤也可参照使用。

③ 主要仪器设备。原子吸收分光光度计（包括铜、锌、铁、锰元素空心阴极灯）或等离子体发射光谱仪（ICP-AES）；酸度计；全温振荡器；带盖塑料瓶：200 mL。

④ 试剂。

A. DTPA 浸提剂 [c(DTPA) = 0.005 mol/L，c(CaCl$_2$) = 0.01 mol/L，c(TEA) = 0.1 mol/L，pH7.30]：称取 1.967 g 二乙三胺五乙酸（DTPA），溶于 14.92 g（约 13.3 mL）三乙醇胺（TEA）和少量水中；再将 1.47 g 氯化钙（CaCl$_2$·2H$_2$O）溶于水后，一并转入 1 L 容量瓶中，加水至约 950 mL；在酸度计上用 1:1 盐酸溶液或 1:1 氨水调节 pH 至 7.3，用水定容，贮于塑料瓶中。此溶液可保存几个月，但用前需校准 pH。

B. 铜、锌、铁、锰标准溶液：购买国家有证标准溶液或按照 GB/T 602《化学试剂杂质测定用标准溶液的制备》进行配制，逐级稀释至所需浓度。

⑤ 分析步骤。称取通过 2 mm 孔径尼龙筛的风干试样 10.00 g 于 200 mL 塑料瓶中，加入 25 ℃±2 ℃的 DTPA 浸提剂 20 mL，盖好瓶盖，摇匀，在 25 ℃±2 ℃的条件下，以 180 r/min±20 r/min 的频率振荡 2 h，立即过滤。保留滤液，在 48 h 内完成测定。同时做空白试验。

方法一：原子吸收分光光度法。

标准曲线的绘制：按表 5-6 分别吸取铜、锌、铁、锰标准溶液一定体积于 100 mL 容量瓶中，用 DTPA 浸提剂定容，即为铜、锌、铁、锰混合标准系列溶液。测定前，根据待测液元素性质，参照仪器使用说明书，调整仪器至最佳工作状态。以 DTPA 溶液校正仪器零点，采用乙炔—空气火焰，在原子吸收分光光度计上测定。分别绘制铜、锌、铁、锰标准曲线。

与标准曲线绘制的步骤相同，依次测定空白试剂和试样溶液中的锌、锰、铁、铜的浓度。

表 5-6 原子吸收分光光度法混合标准溶液系列

容量瓶编号	Cu 加入标准溶液量 (mL)	Cu 配成浓度 (μg/mL)	Zn 加入标准溶液量 (mL)	Zn 配成浓度 (μg/mL)	Fe 加入标准溶液量 (mL)	Fe 配成浓度 (μg/mL)	Mn 加入标准溶液量 (mL)	Mn 配成浓度 (μg/mL)
1	0	0	0	0	0	0	0	0
2	0.50	0.50	0.50	0.25	1.00	1.00	1.00	1.00
3	1.00	1.00	1.00	0.50	2.00	2.00	2.00	2.00
4	2.00	2.00	2.00	1.00	4.00	4.00	4.00	4.00
5	3.00	3.00	3.00	1.50	6.00	6.00	6.00	6.00
6	4.00	4.00	4.00	2.00	8.00	8.00	8.00	8.00
7	5.00	5.00	5.00	2.50	10.00	10.00	10.00	10.00

注：标准系列的配制可根据仪器灵敏度和试样溶液中待测元素含量高低适当调整。

方法二：等离子体发射光谱（ICP-AES）法。

标准曲线的绘制：按表 5-7 分别吸取铜、锌、铁、锰标准溶液一定体积于 100 mL 容量瓶中，用 DTPA 浸提剂定容，即为铜、锌、铁、锰混合标准系列溶液。测定前，根据待测液元素性质，参照仪器使用说明书，调整仪器至最佳工作状态。以 DTPA 溶液为标准溶液系列的最低标准点，用等离子体发射光谱仪测量混合标准溶液中锌、锰、铁、铜的强度，经微机处理各元素的分析数据，得出标准工作曲线。

与标准曲线绘制的步骤相同，以 DTPA 浸提剂为低标，标准溶液系列中浓度最高的标准溶液（应尽量接近试样溶液浓度并略高一些）为高标，校准标准曲线，然后依次测定空白试剂和试样溶液中的锌、锰、铁、铜的浓度。

表 5-7 等离子发射光谱法混合标准溶液系列

序号	Zn 加入标准溶液的体积 (mL)	Zn 相应浓度 (μg/mL)	Mn 加入标准溶液的体积 (mL)	Mn 相应浓度 (μg/mL)	Fe 加入标准溶液的体积 (mL)	Fe 相应浓度 (μg/mL)	Cu 加入标准溶液的体积 (mL)	Cu 相应浓度 (μg/mL)
1	0	0	0	0	0	0	0	0
2	0.50	0.25	0.50	5.0	1.00	10.0	0.50	0.50
3	1.00	0.50	1.00	10.0	2.50	25.0	1.00	1.00
4	2.50	1.25	2.50	25.0	5.00	50.0	2.50	2.50
5	5.00	2.50	5.00	50.00	10.00	100.0	5.00	5.00

注：标准溶液系列的配制可根据溶液中待测元素含量高低适当调整。

⑥ 结果计算。

$$有效铜（锌、铁、锰，mg/kg）= \frac{\rho \cdot V \cdot D}{m \times 10^3} \times 1\,000$$

式中：ρ——查标准曲线或求回归方程而得测定液中 Cu（Zn、Fe、Mn）的质量浓度，$\mu g/mL$；

V——浸提液体积，mL；

D——浸提液稀释倍数，若不稀释则 $D=1$；

10^3 和 1 000——分别将 μg 换算成 mg 和将 g 换算为 kg；

m——试样质量，g。

取平行测定结果的算术平均值作为测定结果。

有效锌、铜的计算结果表示到小数点后两位，有效锰、铁的计算结果表示到小数点后一位，但有效数字位数最多不超过三位。

⑦ 精密度。

平行测定结果允许相差：

有效锌（以 Zn 计）或有效铜（以 Cu 计）的质量分数	平行测定允许差值	不同实验室间测定允许差值
＜1.50 mg/kg	绝对差值≤0.15 mg/kg	绝对差值≤0.30 mg/kg
≥1.50 mg/kg	相对相差≤10%	相对相差≤30%

有效锰（以 Mn 计）或有效铁（以 Fe 计）的质量分数	平行测定允许差值	不同实验室间测定允许差值
＜15.0 mg/kg	绝对差值≤1.5 mg/kg	绝对差值≤3.0 mg/kg
≥15.0 mg/kg	相对相差≤10%	相对相差≤30%

⑧ 注释。

A. DTPA 提取是一个非平衡体系提取，因而提取条件必须标准化。包括土样的粉碎程度、振荡时间、振荡强度、提取液的酸度、提取温度等。DTPA 提取液的 pH 应严格控制在 7.3，为了准确控制提取液的酸度，在调节溶液 pH 时使用酸度计校准。

B. 测试时若需稀释，应用 DTPA 浸提液稀释，以保持基体一致，并在计算时乘上稀释倍数。

C. 如果测定需要的试液数量较大，则可称取 15.00 g 或 20.00 g 试样，但应保持土液比为 1:2，同时浸提使用的容器应足够大，确保试样的充分振荡。

D. 所用玻璃器皿应事先在 10%HNO₃ 溶液中浸泡过夜，洗净后备用。

（12）土壤有效硼的测定

① 方法提要。土壤中有效硼采用沸水提取，提取液用 EDTA 消除铁、铝离子的干扰，用高锰酸钾消除有机质的颜色后，以甲亚胺-H 比色法或等离子发生光谱法测定提取液中的硼量。

② 适用范围。本方法适用于各类土壤中有效硼含量的测定。

③ 主要仪器设备。分光光度计；等离子发射光谱仪（ICP - AES）；石英三角烧瓶，250 mL；石英回流冷凝装置。

④ 试剂。

A. 高锰酸钾溶液$\left[c\left(\frac{1}{5}KMnO_4\right)=0.2\ mol/L\right]$：称取 31.62 g 高锰酸钾溶于水中，稀释至 1 L。

B. 硫酸溶液$\left[c\left(\frac{1}{2}H_2SO_4\right)=3\ mol/L\right]$：量取 168 mL 浓硫酸缓缓加入到盛有约 800 mL 水的大烧杯中，不断搅拌，冷却后，稀释至 1 L。

C. 酸性高锰酸钾溶液：0.2 mol/L 高锰酸钾溶液与 3 mol/L 硫酸等体积混合，当天现配。

D. 抗坏血酸溶液（100 g/L）：称取 10 g 抗坏血酸溶于水中，稀释至 100 mL，当天现配。

E. 甲亚胺溶液：称取 0.90 g 甲亚胺和 2.00 g 抗坏血酸溶解于微热的 60 mL 水中，稀释至 100 mL，必要时过滤，用时现配。

F. pH5.6～5.8 缓冲液：称取 250 g 乙酸铵和 10.0 gEDTA 二钠盐溶于 250 mL 水中，冷却后用水稀释至 500 mL，再加入 80 mL 1：4硫酸溶液，摇匀（用酸度计检查 pH）。

G. 混合显色剂：量取份 3 份体积上述甲亚胺溶液和 2 份体积 pH5.6～5.8 缓冲液混合。

H. 硼标准溶液：购买国家有证标准溶液或按照 GB/T602《化学试剂　杂质测定用标准溶液的制备》进行配制，逐级稀释至所需浓度。

I. 硼标准系列溶液：分别吸取 10μg/mL 硼标准溶液 0 mL、0.50 mL、1.00 mL、2.00 mL、3.00 mL、4.00 mL、5.00 mL 于 7 个 50 mL 容量瓶中，用无硼水定容，即为 0 μg/mL、0.1 μg/mL、0.2 μg/mL、0.4 μg/mL、0.6 μg/mL、0.8 μg/mL、1.0 μg/mL 硼标准系列溶液，贮于塑料瓶中。

⑤ 分析步骤。称取通过 2 mm 孔径尼龙筛的风干试样 10.00 g 于 250 mL 石英三角瓶中，加入 20.00 mL 水，装好回流冷凝器，文火煮沸并保持微沸 5 min（准确计时），移开热源，继续回流冷凝 5 min（准确计时），取下三角瓶，冷却。在煮沸过的样品溶液中加入两滴硫酸镁溶液加速澄清，一次倾入滤纸上（或离心），滤液承接于塑料杯中（最初滤液浑浊时可弃去）。同时做空白试验。

方法一：甲亚胺比色法。

吸取 4.00 mL 滤液于 10 mL 比色管中，加入 0.5 mL 酸性高锰酸钾溶液，摇匀，放置 2～3 min，加入 0.5 mL 100 g/L 抗坏血酸溶液，摇匀，待紫红色消除且褪色的二氧化锰沉淀完全溶解后，加 5.00 mL 混合显色剂，摇匀，放置 1 h 后于波长 415 nm 处，用 2 cm 光径比色皿比色测定。以扣除空白后的吸光值查校准曲线或求回归方程得到测定液的含硼量（m_1）。

校准曲线的绘制：分别吸取 0 μg/mL、0.1 μg/mL、0.2 μg/mL、0.4 μg/mL、0.6 μg/mL、0.8 μg/mL、1.0 μg/mL 硼标准系列溶液 4.00 mL 于 10 mL 比色管中。用标准系列溶液的零浓度调节仪器零点，同样品操作步骤测定，计算回归方程或绘制工作曲线。

方法二：等离子发生光谱（ICP - AES）法。

标准曲线的配制：分别吸取 10 mg/L 硼标准溶液 0 mL、0.50 mL、1.00 mL、

2.00 mL、5.00 mL、10.00 mL 于 6 个 100 mL 容量瓶中，用浸提剂定容，即为 0 mg/L、0.05 mg/L、0.10 mg/L、0.20 mg/L、0.50 mg/L、1.00 mg/L 硼标准系列溶液。

根据待测液元素性质，调整仪器至最佳工作状态，测定标准溶液中硼的强度，经微机处理各元素的分析数据，得出标准工作曲线。与标准曲线绘制的步骤相同，依次测定空白试剂和试样溶液中的硼的浓度。

⑥ 结果计算。

$$有效硼（B，mg/kg）=\frac{\rho \cdot V \cdot D}{m \times 10^3} \times 1\,000$$

式中：ρ——查标准曲线或求回归方程而得测定液中 B 的质量浓度，mg/L；

V——浸提液体积，mL；

D——浸提液稀释倍数，若不稀释则 $D=1$；

10^3、$1\,000$——换算系数；

m——试样质量，g。

平行测定结果以算术平均值表示，保留两位小数。

⑦ 精密度。

平行测定结果允许绝对相差：

有效硼含量，mg/kg	允许绝对相差，mg/kg
<0.20	≤0.03
0.20~0.50	≤0.05
>0.50	≤0.06

⑧ 注释。

A. 甲亚胺系在水溶液中显色，灵敏度虽较姜黄素法为低，但操作较简便快速，便于批量化作业，也适合较高浓度范围的测定。

B. 加甲亚胺试剂时必须尽量准确，因试剂本身颜色较深，影响吸光值。每批样品标准系列必须重新测定。

C. 甲亚胺制备：将 H 酸—钠盐 [$C_{10}H_4NH_2OH(SO_3HNa)_2$，1-氨基-8-萘酚-3，6-二磺酸氢钠]18 g 溶于 1 000 mL 水中，稍加热使其溶解完全，必要时过滤。在酸度计上边搅拌边用 100 g/LKOH 溶液中和至 pH7，然后边搅拌边滴加 HCl 溶液（1∶1），使其酸度为 pH1.5（试纸试之）。小心加热至 60 ℃，然后边激烈搅拌边缓缓加入水杨醛（$C_6H_4OH \cdot CHO$）20 mL，继续保温搅拌 1 h，取出置于冷暗处放置 24 h 以上。用大号布氏漏斗过滤，收集橙红色沉淀，用无水乙醇洗涤沉淀 5~6 次，收集合成的甲亚胺在 100 ℃干燥 3 h，冷却后，在玛瑙研钵中磨细，放在塑料器皿中，贮于干燥器中保存。

（13）土壤有效钼的测定

① 方法提要。样品经草酸—草酸铵溶液浸提，灼烧破坏草酸盐，酸性土壤用氢氧化钠沉淀分离铁、锰（石灰性土壤可不分离），利用钼—苯羟乙酸—氯酸盐—硫酸体系的极谱催化波测定或用等离子发生质谱仪（ICP-MS）直接测定。

② 适用范围。本方法适用于各类土壤中有效钼含量的测定。

③ 主要仪器设备。等离子发射质谱仪（ICP-MS）；示波极谱仪；全温振荡器；带盖

塑料瓶（200 mL）。

④ 试剂。

A. 草酸—草酸铵浸提剂：称取 24.9 g 草酸铵 $[(NH_4)_2C_2O_4 \cdot H_2O]$ 与 12.6 g 草酸 $(H_2C_2O_4 \cdot 2H_2O)$ 溶于水，定容至 1 L。酸度为 pH3.3，必要时定容前用 pH 计校准。

B. 苯羟乙酸（苦杏仁酸）溶液 $\{\rho[C_6H_5CH(OH)COOH]=100\ g/L\}$：称取 10.00 g 苯羟乙酸溶于水中，稀释至 100 mL。

C. 氯酸钾溶液 $[\rho(KClO_3)=67\ g/L]$：称取 6.70 g 氯酸钾溶于水中，稀释至 100 mL。

D. 硫酸溶液 $\left[c\left(\frac{1}{2}H_2SO_4\right)=12.5\ mol/L\right]$：量取 347.2 mL 浓硫酸缓缓倒入水中，冷却后，稀释至 1 000 mL。

E. 氢氧化钠溶液 $[\rho(NaOH)=400\ g/L]$：称取 40.0 g 氢氧化钠溶于水中，稀释至 100 mL。

F. 酚酞溶液：称取 0.5 g 酚酞指示剂溶于 90 mL95％的乙醇中，加水至 100 mL。

G. 盐酸溶液（1：2）。

H. 钼标准溶液：购买国家有证标准溶液或按照 GB/T 602《化学试剂 杂质测定用标准溶液的制备》进行配制，逐级稀释至所需浓度。

⑤ 分析步骤。称取过 2 mm 孔径筛的风干试样 5.00 g 于 200 mL 塑料瓶中，加入 50 mL草酸—草酸铵浸提剂浸提剂，盖严后摇匀，在 20～25 ℃的条件下，于振荡器上以 180 r/min±20 r/min 的频率振荡 30 min 后放置过夜。将上述滤液干过滤后为待测液。

方法一：极谱法。

吸取滤液 25.00 mL 于 50 mL 高型烧杯中，在电热板上低温蒸干。移入高温炉中于 450 ℃灼烧 4 h，破坏草酸盐。冷却后用 2 mL1：2盐酸溶液溶解残渣，加 4 mL12.5 mol/L 硫酸溶液在电热板上加热至冒烟，赶尽 Cl⁻。取下冷却至室温，用少许水冲洗杯壁，低温加热使盐类溶解，加酚酞指示剂 1 滴，以 400 g/L 氢氧化钠中和至溶液出现红色，移入 25 mL比色管中，定容，盖塞摇匀，放置澄清。取上层清液 5.00 mL 于 25 mL 小烧杯中，加 0.5 mL 12.5 mol/L 硫酸溶液、1 mL 100 g/L 苯羟乙酸溶液、6 mL 67 g/L 氯酸钾溶液，摇匀，放置 20 min，在示波极谱仪从－0.1 V 开始记录钼的极谱波峰电流值（格或微安），并记录电流倍率。同时做空白试验。以扣除空白的极谱波峰电流值查校准曲线或求回归方程得到测定液的含钼量（m_1）。

校准曲线的绘制：分别吸取 1μg/mL 钼标准溶液 0 mL、0.10 mL、0.20 mL、0.40 mL、0.60 mL、0.80 mL、1.00 mL 于 50 mL 烧杯中，加 25.00 mL 浸提液，在电热板上蒸干，放入高温电炉中于 450 ℃灼烧，以下操作同试样分析。此时，标准系列中钼含量分别为：0 μg、0.10 μg、0.20 μg、0.40 μg、0.60 μg、0.80 μg、1.00 μg，以测得的峰电流（扣除标准系列溶液的零浓度峰电流值）和相应的标准液含钼量绘制校准曲线或计算回归方程。

方法二：等离子发生质谱（ICP－MS）法。

标准曲线的配制：分别吸取 1 000 μg/L 钼标准溶液 0 mL、0.50 mL、1.00 mL、2.00 mL、5.00 mL、10.00 mL 于 6 个 100 mL 容量瓶中，用浸提剂定容，即为 0 μg/L、

5.0 μg/L、10.0 μg/L、20.0 μg/L、50.0 μg/L、100.0 μg/L 钼标准系列溶液。

根据待测液元素性质，调整仪器至最佳工作状态，测定标准溶液中钼的计数，经微机处理各元素的分析数据，得出标准工作曲线。与标准曲线绘制的步骤相同，依次测定空白试剂和试样溶液中的钼的浓度。

⑥ 结果计算。

方法一：极谱法。

$$有效钼（Mo，mg \cdot kg）= \frac{m_1 \cdot D}{m \times 10^3} \times 1\,000$$

式中：m_1——查校准曲线或求回归方程而得测定液含钼量，μg；

　　　D——分取倍数，$\frac{50}{25} \times \frac{25}{5}$；

10^3 和 $1\,000$——分别将 μg 换算成 mg 和将 g 换算为 kg；

　　　m——风干试样质量，g。

方法二：等离子发生质谱（ICP - MS）法。

$$有效钼（Mo，mg/kg）= \frac{\rho \cdot V \cdot D \times 10^{-3}}{m \times 10^3} \times 1\,000$$

式中：　　ρ——查标准曲线或求回归方程而得测定液中 Mo 的质量浓度，μg/L；

　　　　　V——浸提液体积，mL；

　　　　　D——浸提液稀释倍数，若不稀释则 $D=1$；

10^{-3}、10^3、$1\,000$——换算系数；

　　　　　m——试样质量，g。

平行测定结果以算术平均值表示，保留两位小数。

⑦ 精密度。平行测定结果允许相对相差≤15％。

⑧ 注释。

A. 石灰性土壤可不分离铁、锰。吸 5.00 mL 滤液于 25 mL 烧杯中，经蒸干并高温灼烧后，直接加 0.5 mL 12.5 mol/L 硫酸，加蒸馏水 5 mL 低温加热溶解，冷却，加 1 mL 100 g/L 苯羟乙酸、6 mL 67 g/L 氯酸钾，摇匀，放置 20 min，在示波极谱仪上测定，并做相应的校准曲线和空白试验。

B. 所用试剂必须无钼。

C. 溶液在蒸干过程中，要防止溅出，浓度越高溅出的危险越大，因此蒸干过程中电热板温度不宜太高，并逐步降低温度直至关闭，利用余热将液体蒸干。放入高温电炉之前，残渣必须完全蒸干，否则在残渣灼烧时有溅出的可能。

D. 温度对钼的催化电流影响较大，温度系数为 4.4％/℃，因此，校准曲线和样品测定应在同一温度条件下进行，最好保持测定温度在 25 ℃左右。

E. 可用 HNO_3 - $HClO_4$ 作氧化剂，取代 450 ℃高温灼烧法来破坏草酸盐，而且破坏草酸盐和消除铁的干扰可一次完成。因不需转移、分取等操作，既加快了分析速度，又可提高分析结果的精密度和准确度。方法：吸取 1 mL 滤液于 25 mL 烧杯中，低温蒸干后，往蒸干的残渣中加入 10 滴浓硝酸和 2 滴高氯酸，在电热板上高温蒸发，使试液在 1～2 min 沸腾，蒸干且烟冒尽后，再向蒸干的残渣中加入 5 滴 1∶1 盐酸溶液，低温蒸至湿盐状，取下冷却后，依次加入 1 mL 2.5 mol/L 硫酸溶液、1 mL 0.5 mol/L 苯羟乙酸溶液、8 mL 67 g/L 氯酸钾溶液于极谱仪上测定。

（14）土壤有效硫的测定

① 方法提要。酸性土壤用磷酸盐—乙酸溶液浸提，石灰性土壤用氯化钙溶液浸提，浸出液中的少量有机质用过氧化氢消除，浸出的 SO_4^{2-} 用硫酸钡比浊法或等离子发生光谱（ICP-AES）法测定。

② 适用范围。本方法用于各类土壤中有效硫含量的测定。

③ 主要仪器和设备。等离子发生光谱仪（ICP-AES）；全温振荡器；电热板或砂浴；分光光度计；电磁搅拌器；塑料瓶，200 mL。

④ 试剂。

A. 氯化钡晶粒：将氯化钡（$BaCl_2 \cdot 2H_2O$）研细，通过 0.5 mm 孔径筛。

B. 过氧化氢 ω（H_2O_2）＝30%。

C. 乙酸溶液 $[c(CH_3COOH)=2 \, mol/L]$：量取 118 mL 冰醋酸用水定容至 1 L。

D. 磷酸盐—乙酸浸提剂：称取 2.04 g 磷酸二氢钙 $[Ca(H_2PO_4)_2 \cdot H_2O]$ 溶于 1 L 2 mol/L 乙酸溶液中。

E. 氯化钙浸提剂（用于石灰性土壤）：称取氯化钙（$CaCl_2$）1.50 g 溶于水，稀释至 1 L。

F. 盐酸溶液（1∶4）。

G. 阿拉伯胶溶液（2.5 g/L）：称取 0.25 g 阿拉伯胶溶于 100 mL 水中，必要时过滤。

H. 硫标准溶液：购买国家有证标准溶液或按照 GB/T 602《化学试剂 杂质测定用标准溶液的制备》进行配制，逐级稀释至所需浓度。

⑤ 分析步骤。称取通过 2 mm 孔径筛的风干试样 10.00 g 于 200 mL 塑料瓶中，加磷酸盐—乙酸浸提剂（中性和酸性土壤）或氯化钙浸提剂（石灰性土壤）50.00 mL，盖紧瓶盖，摇匀，在 20～25 ℃下，于振荡器上振荡 1 h（振荡频率 180 r/min±20 r/min），干过滤。

方法一：比浊法。

吸取 25.00 mL 滤液于 100 mL 三角瓶中，在电热板或砂浴上加热，加 3～5 滴过氧化氢氧化有机物。待有机物分解完全后，继续煮沸，除尽过剩的过氧化氢。加入 1 mL（1∶4）盐酸溶液，得到清亮的溶液。将溶液无损移入 25 mL 具塞比色管中，加 2 mL 阿拉伯胶水溶液，用水稀释至刻度，摇匀后转入 150 mL 烧杯中，加 1.0 g 氯化钡晶粒，用电磁搅拌器搅拌 1 min。在 5～30 min 内在分光光度计上波长 440 nm 处、用 3 cm 光径比色皿比浊，读取吸光度。同时做空白试验，以扣除空白后的吸光值查校准曲线或求回归方程得到测定液中硫的质量浓度（ρ）。

校准曲线的绘制：分别吸取 10 μg/mL 标准溶液 0 mL、1.00 mL、3.00 mL、5.00 mL、8.00 mL、10.00 mL、12.00 mL 于 25 mL 比色管中，加 1 mL（1∶4）盐酸溶液和 2 mL 阿拉伯胶水溶液，用水稀释至刻度，摇匀，即为含硫（S）0 μg/mL、0.40 μg/mL、1.20 μg/mL、2.00 μg/mL、3.20 μg/mL、4.00 μg/mL、4.80 μg/mL 标准系列溶液。将溶液转入 150 mL 烧杯中，同样品测定操作步骤，用标准系列溶液的零浓度调节仪器零点，与试样溶液同条件比浊测定，读取吸光度。绘制校准曲线或求回归方程。

方法二：等离子发生光谱（ICP-AES）法。

标准曲线的配制：分别吸取 1 000 μg/mL 硫标准溶液 0 mL、0.50 mL、1.00 mL、2.00 mL、5.00 mL、10.00 mL 于 6 个 100 mL 容量瓶中，用浸提剂定容，即为 0 μg/mL、5.0 μg/mL、10.0 μg/mL、20.0 μg/mL、50.0 μg/mL、100.0 μg/mL 硫标准系列溶液。

根据待测液元素性质，调整仪器至最佳工作状态，测定标准溶液中硫的强度值，经微机处理各元素的分析数据，得出标准工作曲线。与标准曲线绘制的步骤相同，依次测定空白试剂和试样溶液中的硫的浓度。

⑥ 结果计算。

$$有效硫（S，mg/kg）= \frac{\rho \cdot V \cdot D}{m \times 10^3} \times 1\,000$$

式中：ρ——查校准曲线或求回归方程而得测定液中硫（S）的质量浓度，μg/mL；

　　　　V——浸提液体积；

　　　　D——稀释倍数；

10^3 和 1 000——换算系数；

　　　　m——风干试样质量，g。

平行测定结果以算术平均值表示，保留两位小数。

⑦ 精密度。平行试验结果允许相对相差≤10%。

⑧ 注释。

A. 石灰性土壤用氯化钙溶液浸提时，其土液比、振荡时间、浸提温度及其他操作与磷酸盐—乙酸提取一样。

B. 校准曲线在浓度低的一端不成直线。为了提高测定的可靠性，可在样品溶液和标准系列中都添加等量的 SO_4^{-2} - S，使浓度提高 1μg/mL 硫（S）[加入 2.5 mL 10μg/mL 硫（S）标准溶液]。

(15) 土壤有效硅的测定

① 方法提要。土壤中有效硅以 0.025 mol/L 柠檬酸浸提，浸提出的硅酸在一定的酸度条件下可与钼试剂反应生成硅钼酸，用草酸等掩蔽剂去除磷的干扰后，硅钼酸可被抗坏血酸等还原剂还原成硅钼蓝，在一定浓度范围内，蓝色深浅与硅含量成正比，可进行比色法或等离子发生光谱（ICP-AES）法测定。

② 适用范围。本方法适用于酸性、中性和微碱性土壤中有效硅的测定。

③ 主要仪器设备。等离子发生光谱仪（ICP-AES）；分光光度计；全温振荡器。

④ 试剂。

A. 无水碳酸钠（Na_2CO_3）。

B. 柠檬酸溶液 [$c(C_6H_8O_7) = 0.025$ mol/L]：称取 5.25 g 柠檬酸（$C_6H_8O_7 \cdot H_2O$）溶于水中，稀释至 1 L。

C. 硫酸溶液 [$c(\frac{1}{2}H_2SO_4) = 0.6$ mol/L]：吸取 16.6 mL 浓硫酸，缓缓加入 800 mL 水中，冷却后稀释至 1 L。

D. 硫酸溶液 [$c(\frac{1}{2}H_2SO_4) = 6$ mol/L]：量取 166 mL 浓硫酸，缓缓加入 800 mL 水中，冷却后稀释至 1 L。

E. 钼酸铵溶液 $\{\rho[(NH_4)_6Mo_7O_{24} \cdot 4H_2O] = 50\ g/L\}$：称取 50.00 g 钼酸铵溶于水中，稀释至 1 L。

F. 草酸溶液 $[\rho(H_2C_2O_4 \cdot 2H_2O) = 50\ g/L]$：称取 50.00 g 草酸溶于水中，稀释至 1 L。

G. 抗坏血酸溶液 $[\rho(C_6H_8O_6) = 15\ g/L]$：称取 1.50 g 抗坏血酸（左旋，$C_6H_8O_6$），用 $\left[c\left(\frac{1}{2}H_2SO_4\right) = 6\ mol/L\right]$ 硫酸溶液溶解并稀释至 100 mL。此液需随用随配。

H. 硅（Si）标准溶液：购买国家有证标准溶液或按照 GB/T 602《化学试剂　杂质测定用标准溶液的制备》进行配制，逐级稀释至所需浓度。

⑤ 分析步骤。称取过 2 mm 孔径筛的风干试样 5.00 g 于 200 mL 塑料瓶中，加入 50.0 mL 0.025 mol/L 柠檬酸溶液，塞好瓶盖摇匀，在 25～30 ℃ 的条件下，以 180 r/min 的频率连续振荡 2 h，取出后迅速干过滤于 100 mL 塑料器皿中，弃去最初几毫升滤液后，保留滤液待测定用。

方法一：比色法。

吸取上述滤液 1.00～5.00 mL（使含硅在 10～125 μg 范围内）于 50 mL 容量瓶中，用水稀释至 20 mL 左右，加入 5 mL $\left[c\left(\frac{1}{2}H_2SO_4\right) = 0.6\ mol/L\right]$ 硫酸溶液，在 30～35 ℃ 下放置 15 min，加 5 mL 50 g/L 钼酸铵溶液，摇匀后放置 5 min，再加入 5 mL 50 g/L 草酸溶液和 5 mL 15 g/L 抗坏血酸溶液，用水定容，摇匀后放置 20 min，1.5 h 内在分光光度计上 700 nm 波长处用 1 cm 光径比色皿比色测定。同时做空白试验，以扣除空白后的吸光值查校准曲线或求回归方程得到测定液中硅的质量浓度 （ρ）。

校准曲线的绘制：在试液测定的同时，分别吸取硅标准溶液 0 mL、0.50 mL、1.00 mL、2.00 mL、3.00 mL、4.00 mL、5.00 mL 于 50 mL 容量瓶中，用水稀释至 20 mL 左右，同样品测试显色、定容。此标准溶液硅的浓度分别为 0 μg/mL、0.25 μg/mL、0.50 μg/mL、1.00 μg/mL、1.50 μg/mL、2.00 μg/mL、2.50 μg/mL。摇匀后放置 20 min，1.5 h 内在分光光度计上，用标准系列溶液的零浓度调节仪器零点进行比色，绘制工作曲线或求回归方程。

方法二：等离子发生光谱（ICP - AES）法。

标准曲线的配制：分别吸取 500 μg/mL 硅标准溶液 0 mL、0.50 mL、1.00 mL、2.00 mL、5.00 mL、10.00 mL 于 6 个 50 mL 容量瓶中，用浸提剂定容，即为 0 μg/mL、5.0 μg/mL、10.0 μg/mL、20.0 μg/mL、50.0 μg/mL、100.0 μg/mL 硅标准系列溶液。

根据待测液元素性质，调整仪器至最佳工作状态，测定标准溶液中硅的强度值，经微机处理各元素的分析数据，得出标准工作曲线。与标准曲线绘制的步骤相同，依次测定空白试剂和试样溶液中的硅的浓度。

⑥ 结果计算。

$$有效硅\ (Si,\ mg/kg) = \frac{\rho \cdot V \cdot D}{m \times 10^3} \times 1\ 000$$

式中：ρ——查校准曲线或求回归方程而得测定液中硅的质量浓度，μg/mL；

V——浸提液体积；

D——稀释倍数，加入浸提剂体积/浸提液吸取体积，50/（1～5）；

10^3 和 1 000——换算系数；

    m——风干试样质量，g。

平行结果用算术平均值表示，保留两位小数。

⑦ 精密度。平行测定结果允许相对相差≤10%；不同实验室测定结果允许相对相差≤15%。

⑧ 注释。

A. 酸度对硅钼黄和硅钼蓝的生成和稳定时间有很大影响，因此要严格控制酸度。

B. 不同浸提剂浸出土壤有效硅的差别较大。对于我国南方水稻土来说，用 pH4.0 乙酸缓冲液浸提，浸出量多为 30～300 mg/kg 二氧化硅，用 0.025 mol/L 柠檬酸浸提一般可浸提出 80～500 mg/kg。

C. 生成的硅钼黄的稳定时间受温度影响很大，因此从加入钼酸铵溶液到加入草酸溶液之间的时间间距应视温度而定。为了保证结果重现性好，统一规定：在加入 $\left[c\left(\frac{1}{2}H_2SO_4\right)=0.6\ mol/L\right]$ 硫酸溶液后于 30～35 ℃保温 15 min，加入钼酸铵溶液后，摇匀放置 5 min。

（三）植株样品检测方法

（1）植株氮、磷、钾的测定

① 方法提要。植物中的氮、磷大多数以有机态存在，钾以离子态存在。样品经浓 H_2SO_4 和 H_2O_2 消煮，有机物被氧化分解，有机氮和磷转化成铵盐和磷酸盐，钾也全部释出。消煮液经定容后，可用于氮、磷、钾等元素的定量。氮采用蒸馏滴定法或自动定氮仪法测定，磷用钼锑抗或钒钼黄比色法测定，钾用火焰光度法或原子吸收法测定。

② 适用范围。本方法适用于适合于各种植物样品中氮、磷、钾的测定。

③主要仪器设备。全自动定氮仪；原子吸收分光光度计或火焰分光光度计；分光光度计；消煮炉；定氮蒸馏器。

④ 试剂。

A. 硫酸（H_2SO_4）。

B. 过氧化氢（H_2O_2，30%）。

C. 氢氧化钠（NaOH）。

D. 硼酸（H_3BO_3）。

E. 钼酸铵［$(NH_4)_6Mo_7O_{24}\cdot4H_2O$］。

F. 偏钒酸铵（NH_4VO_3）。

G. 酒石酸锑钾（$KSbOC_4O_6\cdot1/2H_2O$）。

H. 抗坏血酸（$C_6H_8O_6$）。

I. 氯化铯（CsCI）。

J. 2,6-二硝基酚或 2,4-二硝基苯酚。

K. 氢氧化钠溶液（400 g/L）：称取 400 g 氢氧化钠，用水溶解定容至 1 000 mL。

L. 硼酸接收液（10 g/L）：称取 100 mg 溴甲酚绿溶于 100 mL 乙醇，即成 0.1%溴甲酚绿溶液。另取 100 mg 甲基红溶于 100 mL 乙醇，即成 0.1%甲基红溶液。称取 100 g 硼酸，用水溶解并定容至 10 L，添加 100 mL0.1％溴甲酚绿溶液和 70 mL0.1％甲基红溶液，即为 10 g/L 硼酸接收液。

M. 氢氧化钠溶液（240 g/L）：称取 24 g 氢氧化钠，用水溶解并定容至 100 mL。

N. 硫酸溶液（2 mol/L）：吸取 5.6 mL 硫酸加水并定容至 100 mL。

O. 钒钼酸铵溶液：25.0 g 钼酸铵 $[(NH_4)_6Mo_7O_{24} \cdot 4H_2O]$ 溶于 400 mL 水中，必要时可适当加热，但温度不得超过 60 ℃。另将 1.25 g 偏钒酸铵（NH_4VO_3）溶于300 mL 沸水中，冷却后加入 125 mL 浓 HNO_3。将钼酸铵溶液缓缓注入钒酸铵溶液中，不断搅匀，最后加水稀释至 1 L，贮于棕色瓶中。

P. 钼锑抗显色剂：称取 0.5 g 酒石酸锑钾，溶解于 100 mL 水中，即成 0.5％的酒石酸锑钾溶液。另称取 10.0 g 钼酸铵，溶解于 450 mL 水中，缓慢加入 126 mL 硫酸，再加入 0.5％酒石酸锑钾溶液 100 mL，最后用水稀释至 1 L，避光贮存，即为钼锑抗贮存液。称取 1.50 g 抗坏血酸溶于 100 mL 钼锑抗贮存液中，即为钼锑抗显色剂，该显色剂现用现配。

Q. 氯化铯溶液（50 g/L）：称取 50 g 氯化铯，用水溶解并定容至 100 mL。

R. 硫酸标准滴定溶液：按照 GB/T 601《化学试剂　标准滴定溶液的制备》进行配制。

S. 磷、钾标准溶液：购买国家有证标准溶液或按照 GB/T 602《化学试剂　杂质测定用标准溶液的制备》进行配制，逐级稀释至所需浓度。

T. 二硝基酚指示剂（2 g/L）：称取 0.2 g 2,6-二硝基酚或 2,4-二硝基苯酚，用水溶解并定容至 100 mL。

⑤ 分析步骤。称取植物样品 0.1～0.5 g（称准至 0.000 1 g）于 100 mL 消化管内，加 1 mL 水湿润。或称取植物样品 1～5 g（称准至 0.000 1 g）于 100 mL 消化管内。在消化管内加 5 mL 浓硫酸，摇匀，分两次加入过氧化氢，每次 2 mL，摇匀，加盖小漏斗，待激烈反应结束后，置于消煮炉上消煮，使固体物消失成为溶液，待硫酸发白烟，溶液变成褐色，停止加热。稍冷后加入 10 滴过氧化氢，继续加热消煮约 5 min，冷却，加入 10 滴过氧化氢消煮，如此反复至溶液呈无色或清亮后（一般情况下，加过氧化氢的量 6～10 mL）再继续加热 5 min，以除去多余的过氧化氢。取下冷却后，用水将消煮液无损地转移入 100 mL 容量瓶中，定容（V_1），用滤纸过滤或放置澄清，用于氮、磷、钾的测定。同时做试剂空白试验。

A. 氮的测定方法一：蒸馏滴定法。蒸馏前先按仪器使用说明书检查定氮仪，并空蒸 0.5 h 洗净管道。吸取消煮液 5.00～10.00 mL（V_2），加入消化管中。另取 150 mL 三角瓶，内加 30 mL 硼酸接收液溶液，将三角瓶置于定氮仪冷凝器的承接管下，管口插入硼酸溶液中，以免吸收不完全。然后向消化管内缓缓加入 20 mL 400 g/L 氢氧化钠溶液，蒸馏 5 min，用少量的水洗涤冷凝管的末端，洗液收入三角瓶内。

用 0.01 mol/L 硫酸（或 0.01 mol/L 盐酸）标准溶液滴定馏出液，由蓝绿色至刚变为红紫色。记录所用酸标准溶液的体积。空白测定所用酸标准溶液的体积，一般不得超过 0.40 mL。

B. 氮的测定方法二：全自动定氮仪法。启动定氮仪，先添加硼酸接收液（弃去前面的接收液，直至开始流出正常酒红色接收液），之后预热蒸汽发生器。设定定氮仪分析程序，输入标准酸的浓度，精确到 0.000 1 mol/L。选择硼酸接收液体积为 30 mL，蒸馏水设定为 40 mL，氢氧化钠溶液设定为 20 mL。也可选用电位法滴定判定终点的定氮仪进行测试。准确吸取 5.00～10.00 mL（V_2）消煮液于消化管内，将消化管放入仪器中，按照仪器操作说明分别测定空白和样品。

C. 磷的测定方法一：钒钼黄比色法。准确吸取定容、过滤或澄清后的消煮液 10～25 mL（V_3）于 50 mL 容量瓶中，加两滴二硝基酚指示剂，滴加 240 g/L NaOH 溶液中和至刚呈黄色，加入 10.00 mL 钒钼酸铵溶液，用水定容（V_4）。在室温高于 15 ℃的条件下放置 30 min 后，用 1 cm 光径的比色槽在波长 450 nm 处进行测定，以空白溶液为参比调节仪器零点。

校准曲线或直线回归方程：准确吸取磷标准使用溶液 I 0 mL、2 mL、4 mL、6 mL、8 mL、10 mL，分别放入 50 mL 容量瓶中，加水至 30 mL，同上步骤显色并定容，即得 0 mg/L、2 mg/L、4 mg/L、6 mg/L、8 mg/L、10 mg/L 磷标准系列溶液，与待测液同时测定，读取吸光度。然后绘制校准曲线或直线回归方程。

D. 磷的测定方法二：钼锑抗比色法。吸取定容过滤或澄清后的消煮液 2.00～5.00 mL（V_3）于 50 mL 容量瓶中，用水稀释至约 30 mL，加 1～2 滴二硝基酚指示剂，滴加 240 g/L NaOH 溶液中和至刚呈黄色，再加入 1 滴 2 mol/L 硫酸溶液，使溶液的黄色刚刚褪去，然后加入钼锑抗显色剂 5.00 mL，摇匀，用水定容（V_4）。在室温高于 15 ℃的条件下放置 30 min 后，用 1 cm 光径比色槽在波长 700 nm 处测定吸光度，以空白溶液为参比调节仪器零点。

校准曲线或直线回归方程：准确吸取磷标准使用溶液 II 0 mL、1 mL、2 mL、3 mL、4 mL、5 mL，分别放入 50 mL 容量瓶中，加水至 30 mL，同上步骤显色并定容，即得 0 mg/L、0.2 mg/L、0.4 mg/L、0.6 mg/L、0.8 mg/L、1.0 mg/L 磷标准系列溶液，与待测液同时测定，读取吸光度。然后绘制校准曲线或直线回归方程。

E. 钾的测定：吸取定容后的消煮液 2.00～10.00 mL（V_5）放入 50 mL 容量瓶中，用水定容（V_6）。直接在火焰光度计或原子吸收分光光度计测定，读取强度值。

校准曲线或直线回归方程：准确吸取钾标准使用溶液 0 mL、1 mL、2.5 mL、5 mL、10 mL、20 mL，分别放入 50 mL 容量瓶中，加水定容。即得 0 mg/L、2 mg/L、5 mg/L、10 mg/L、20 mg/L、40 mg/L 钾标准系列溶液与待测液同时测定，读取吸光度。然后绘制校准曲线或直线回归方程。用原子吸收分光光度计测定时，可根据仪器的线性范围适当调整标准曲线浓度。

⑥ 结果计算。

$$\text{植株全氮（N，g/kg）} = \frac{c \cdot (V - V_0) \times 0.014 \times \dfrac{V_1}{V_2}}{m} \times 1\,000$$

$$\text{植株全磷（P，g/kg）} = \frac{\rho_{(P)} \times V_4 \times \dfrac{V_1}{V_3}}{m} \times 10^{-3}$$

$$\text{植株全钾（K，g/kg）} = \frac{\rho_{(K)} \times V_6 \times \dfrac{V_1}{V_5}}{m} \times 10^{-3}$$

式中：　　　　　　　V——滴定试液时所用酸标准溶液的体积，mL；

V_0——滴定空白时所用酸标准溶液的体积，mL；

c——酸标准溶液的浓度，mol/L；

0.014——氮原子的毫摩尔质量；

$\rho_{(P)}$、$\rho_{(K)}$——从校准曲线或回归方程求得的磷、钾的质量浓度，mg/L；

V_1、V_2、V_3、V_4、V_5、V_6——定容体积或吸液体积，mL；

m——称样量，g；

1 000、10^{-3}——换算系数。

平行测定结果用算术平均值表示，保留三位有效数字。

⑦ 精密度。在重复性条件下获得的两次独立测试结果的绝对差值不得超过算术平均值的7%（氮）、8%（磷）和7%（钾）。

⑧ 注释。

A. 所用的双氧水应不含氮和磷。双氧水在保存中可能自动分解，加热和光照能促使其分解，故应保存于阴凉处。在双氧水中加入少量硫酸酸化，可防止双氧水分解。

B. 称样量决定于氮、磷、钾含量，健壮茎叶称0.5 g，种子称0.3 g，老熟茎叶可称1 g，若新鲜茎叶样，可按干样的5倍称样。称样量大时，可适当增加浓硫酸用量。

C. 加双氧水时应直接滴入瓶底溶液中，如滴在瓶颈内壁上，将不起氧化作用，若遗留下来还会影响磷的显色。

D. 待测液中 Fe^{3+} 浓度高应选用450 nm波长测定，以清除 Fe^{3+} 干扰。校准曲线也应用同样波长测定绘制。

E. 一般室温下，温度对显色影响不大，但室温太低（如<15 ℃）时，需显色30 min。稳定时间可达24 h。

F. 钒钼黄比色法干扰离子少。主要干扰离子是铁，当显色液中 Fe^{3+} 浓度超过0.1%时，它的黄色有干扰，可用扣除空白消除。

（2）植株中微量元素的测定（钙、镁、硫、硅、铜、锌、铁、锰、硼、钼）

① 方法提要。植物中的中微量元素经过干灰化或湿法消煮，消煮液经定容后，可用于重量法、比色法、原子吸收法和等离子发生光谱法进行测定。

② 适用范围。本方法适用于适合于各种植物样品中微量元素的测定。

③ 主要仪器设备。调温电热板或孔式消煮炉；调温电炉；高温电炉；原子吸收分光光度计；分光光度计；等离子发生光谱仪（ICP‐AES）。

④ 试剂。

A. 硝酸（HNO_3）：$\rho=1.42$ g/mL，分析纯；高氯酸（$HClO_4$）：含量大于72%；95%乙醇。

B. 盐酸 [$c(HCl)=1.2$ mol/L]：100 mL 浓 HCl（$\rho=1.19$ g/L）用水稀释至1 L；盐酸（2.7%）：54 mL 浓盐酸用水稀释至2 L。

C. 硝酸镁溶液：950 g 六水硝酸镁 [$Mg(NO_3)_2 \cdot 6H_2O$]溶于水，定容到1 L。

D. 镧溶液 [$\rho(La)=50$ g/L]：称13.40 g $LaCl_3 \cdot 7H_2O$ 溶于100 mL 水中。

E. EDTA 标准液 [$c(C_{10}H_{14}O_8N_2Na_2 \cdot H_2O)=0.01$ mol/L]：按照 GB/T 601《化学

试剂 标准滴定溶液的制备》进行配制、标定。

F. 钙红指示剂：0.5 g 钙红指示剂 [2-羟基-1-（2-羟基-4-磺酸-1-萘偶氮基）-3-萘甲酸，$C_{21}H_{14}O_7N_2S$] 与 50 g NaCl 研细混匀，贮于棕色瓶中。

G. NaOH 溶液 [$c(NaOH)=2$ mol/L]：8.0 g NaOH（分析纯）溶于 100 mL 无 CO_2 水中。

H. K-B 指示剂：0.5 g 酸性铬蓝 K 和 1 g 萘酚绿 B，与 100 g 105 ℃ 烘过的 NaCl（分析纯）一同研细磨匀，贮于棕色瓶中。

I. 铬黑 T 指示剂：0.5 g 铬黑 T 与 100 g 烘干的 NaCl 共研至极细，贮于棕色瓶中。

J. 氨缓冲溶液（pH=10）：67.5 g NH_4Cl 溶于无 CO_2 水中，加入浓氨水 570 mL，用水稀释至 1 L，贮于塑料瓶中，并注意防止吸收空气中的 CO_2。也可用下列无臭而又稳定的氨缓冲溶液：55 mL 浓 HCl 与 400 mL 水混合后，边搅边加入 310 mL 2-氨基乙醇 $NH_2CH_2CH_2OH$，用水稀释至 1 L。

K. 三乙醇胺溶液 [$C_6H_{15}NO_3$（1∶5）]：三乙醇胺与蒸馏水按 1∶5 体积比混合。

L. 缓冲盐溶液：40 g $MgCl_2 \cdot 6H_2O$、4.1 g NaOAc、0.83 g KNO_3 和 28 mL 95% 乙醇，用水溶解后稀释至 1 L。

M. 氯化钡晶粒（$BaCl_2 \cdot 2H_2O$，分析纯），筛取 0.25～0.5 mm 的晶粒。

N. 1∶1 盐酸溶液。

O. 甲亚胺显色溶液：同土壤有效硼的测定。

P. 乙酸铵缓冲溶液：取乙酸铵（CH_3COONH_4，分析纯）250 g 溶于 400 mL 去离子水中，缓缓加入 125 mL 冰醋酸，混匀，贮于塑料瓶中。

Q. 氯化铁溶液 [$\rho(FeCl_3 \cdot 6H_2O)=0.5$ g/L]：0.5 g 氯化铁（分析纯）溶于 1 L 6.5 mol/L 盐酸中。

R. 异戊醇—四氯化碳混合液：异戊醇 [$(CH_3)CH \cdot CH_2CH_2 \cdot OH$，分析纯]，加等体积四氯化碳（$CCl_4$，分析纯）作为增重剂，使密度大于 1 g/mL。为了保证测定结果的准确性，应先将异戊醇加以处理：将异戊醇盛在大分液漏斗中，加少许硫氰酸钾和二氯化锡溶液，振荡几分钟，静置分层后弃去水相。

S. 柠檬酸（分析纯）。

T. 硫氰酸钾溶液 [$\rho(KCNS)=200$ g/L]：20 g 硫氰酸钾（KCNS，分析纯）溶于水，稀释至 100 mL。

U. 二氯化锡溶液 [$\rho(SnCl_2 \cdot 2H_2O)=100$ g/L]：10 g 二氯化锡（分析纯）溶解于 50 mL 浓盐酸中，加水稀释至 100 mL。由于二氯化锡不稳定，应当天配制。

V. 1∶1 盐酸溶液。

W. 硫酸溶液 [$c(H_2SO_4)=2.5$ mol/L]：量取 140 mL 浓硫酸（H_2SO_4，$\rho \approx 1.84$ g/mL，优级纯），缓缓注入水中，定容至 1 L。

X. 苯羟乙酸溶液 [$c(C_8H_8O_3)=0.5$ mol/L]：苯羟乙酸（苦杏仁酸 $C_8H_8O_3$，分析纯），用二次蒸馏水配制（宜新配，可连续使用一周）。

Y. 饱和氯酸钠溶液（$NaClO_3$）。

Z. 钙、镁、硫、硅、铜、锌、铁、锰、硼、钼标准溶液：购买国家有证标准溶液或按照 GB/T 602《化学试剂　杂质测定用标准溶液的制备》进行配制，逐级稀释至所需浓度。

⑤ 分析步骤。

A. 样品前处理：

a. 方法一：湿法消煮（适用于硅、钙、镁、硫、铜、锌、铁、锰的测定）。

称取烘干磨细的植物样品 1～5 g（称准至 0.000 1 g）于 150 mL 三角瓶或带刻度消煮管中，加入 20 mL 浓硝酸，浸泡过夜。然后加入 4 mL 浓高氯酸，瓶口盖以小漏斗，在电热板上加热，待停止起泡沫后继续加热至硝酸几乎被蒸尽。如果发生碳化，冷却后再加入 10 mL 浓硝酸继续加热蒸发，直至白烟下沉。如果未消化完全，可在冷却后适当补加浓硝酸继续消解至冒白烟，直至溶液呈白色或清亮，剩余液体约 1 mL 时取下。冷却后用水定容至 50 mL。同时做试剂空白试验。

b. 方法二：干灰化（适用于钙、镁、硼、钼、铜、锌、铁、锰的测定）。

称取烘干磨细的植物样品 1～5 g（称准至 0.000 1 g）于瓷坩埚中，加 1～2 mL 95 ％乙醇，使样品湿润，将坩埚放在电炉上，坩埚盖子斜放，调节电炉温度，缓缓加热（要避免样品明火燃烧而致微粒喷出），直到样品呈灰白色为止。将瓷坩埚放入高温箱式电炉中，加热到 500 ℃左右，保持约 1 h，烧至灰分近于白色为止。取出坩埚冷却至室温后用少量水湿润灰分，分次滴加少量 1.2 mol/L 稀盐酸溶液，慎防灰分飞溅损失。待作用缓和后，添加 1.2 mol/L 稀盐酸至约 10 mL，加热至沸，使残渣溶解。趁热过滤，并用热水洗坩埚及残余物数次，滤液盛于 50 mL 容量瓶中，冷却后用水定容。同时做试剂空白试验。

c. 方法三：硝酸镁灰化法（适用于硫的测定）。

称取烘干磨细的植物样品 1～5 g（称准至 0.000 1 g）于瓷坩埚中，加入 10 mL 硝酸镁溶液（当样品含硫高时，要适当增加硝酸镁溶液的加入量，以确保植物中硫完全氧化和固定），使样品湿润。以下操作步骤同方法二。

B. 样品测定：

a. 方法一：重量法（适用于硅的测定）。

在定容之前向消煮液内加入 20 mL 水，摇匀，将消煮液连同残渣一起倒入滤纸上，用 2.7％热盐酸冲洗锥形瓶，并用带橡皮头的玻璃棒把瓶内壁的残渣擦洗下来，倒入漏斗中，用盐酸溶液冲洗，如此操作 5～6 次，直到锥形瓶中没有残渣为止，然后再用温水冲洗沉淀 5 次。将滤纸上的二氧化硅连同滤纸折叠后放入已烘至恒重的瓷坩埚中，105 ℃下在烘箱中烘干，再放到调温电炉上（温度控制在只有少量黑烟从坩埚中冒出），稍敞坩埚盖，使其充分氧化。待黑烟冒完后，把坩埚移入高温电炉中，保持 800 ℃灼烧 2 h，与称空坩埚同样的步骤冷却称量。再在 800 ℃下灼烧 30 min，冷却称至恒定质量。

b. 方法二：原子吸收法（适用于钙、镁、铜、锌、铁、锰的测定）。

待测液 2.00～5.00 mL 于 50 mL 容量瓶中，用水定容后即可用原子吸收分光光度计测定（测定钙在定容之前加入镧溶液 1 mL）。

标准曲线的配制：按表 5-8 分别吸取钙、镁、铜、锌、铁、锰标准溶液一定体积于 100 mL 容量瓶中，定容，即为钙、镁、铜、锌、铁、锰混合标准系列溶液（钙标准溶液在定容之前加入镧溶液 2 mL）。测定前，根据待测液元素性质，参照仪器使用说明书，调整仪器至最佳工作状态。以标准曲线空白校正仪器零点，采用乙炔—空气火焰，在原子吸收分光光度计上测定。分别绘制待测元素标准曲线。

与标准曲线绘制的步骤相同，依次测定空白试剂和试样溶液中的待测元素的浓度。

表5-8 原子吸收分光光度法混合标准溶液系列

容量瓶编号	Mg、Cu、Zn		Ca、Fe、Mn	
	加入标准溶液量（mL）	配成浓度（μg/mL）	加入标准溶液量（mL）	配成浓度（μg/mL）
1	0	0	0	0
2	0.20	0.20	0.50	0.50
3	0.50	0.50	1.00	1.00
4	1.00	1.00	2.00	2.00
5	1.50	1.50	4.00	4.00
6	2.00	2.00	8.00	8.00

注：标准系列的配制可根据仪器灵敏度和试样溶液中待测元素含量高低适当调整。

c. 方法三：等离子发射光谱（ICP-AES）法（适用于钙、镁、铜、锌、铁、锰、硼、钼、硫的测定）。

标准曲线的绘制：按表5-9分别吸取钙、镁、铜、锌、铁、锰、硼、钼、硫标准溶液一定体积于100 mL容量瓶中，定容，即为钙、镁、铜、锌、铁、锰、硼、钼、硫标准系列溶液。测定前，根据待测液元素性质，参照仪器使用说明书，调整仪器至最佳工作状态。以标准曲线空白最低标准点，用等离子体发射光谱仪测量混合标准溶液中待测元素的强度，经微机处理各元素的分析数据，得出标准工作曲线。

与标准曲线绘制的步骤相同，依次测定空白试剂和试样溶液中的待测元素的浓度。

表5-9 等离子发射光谱法混合标准溶液系列

容量瓶编号	Ca、Mg、S		Cu、Zn、Fe、Mn、B、Mo	
	加入标准溶液量（mL）	配成浓度（μg/mL）	加入标准溶液量（mL）	配成浓度（μg/mL）
1	0	0	0	0
2	0.10	1.00	0.10	0.10
3	0.20	2.00	0.20	0.20
4	0.50	5.00	0.50	0.50
5	1.00	10.00	1.00	1.00
6	5.00	50.00	5.00	5.00
7	10.00	100.00	10.00	10.00

注：标准系列的配制可根据仪器灵敏度和试样溶液中待测元素含量高低适当调整。

d. 方法四：EDTA络合滴定法（适用于钙、镁的测定）。

Ca的测定：吸取待测液10.00 mL于150 mL三角瓶中，用水稀释至约50 mL。加入1：5三乙醇胺溶液5 mL，摇匀后放置2~3 min，然后加入2 mol/L氢氧化钠溶液4 mL，摇匀，放置 1～2 min，加入钙红或 K-B 指示剂 0.1 g，用 0.01 mol/L EDTA 标准液滴定至紫红色突变为纯蓝色为终点，记录所耗 EDTA 的体积即为钙消耗的体积。

Ca＋Mg 总量的测定：吸取待测液 10.00 mL 于 150 mL 三角瓶中，用水稀释至约 50 mL，加入 1∶5 三乙醇胺溶液 5 mL，摇匀后放置 2～3 min，然后加入氨缓冲液 5 mL，摇匀后加铬黑 T 或 K-B 指示剂约 0.1 g，用 EDTA 标准溶液滴定，终点同上，记录所耗 EDTA 的体积，该体积为 Ca 和 Mg 总量所耗体积，减去与滴定 Ca 所耗的体积即为 Mg 消耗的体积。

e. 方法五：硫酸钡比浊法（适用于硫的测定）。

吸取待测液 40 mL 于 150 mL 烧杯中，加 10 mL 缓冲盐溶液，加 0.3 gBaCl$_2$·2H$_2$O 晶粒，于电磁搅拌器上搅拌 1 min。取下，静置 1 min 后，在分光光度计上用波长 440 nm、3 cm 比色槽比浊。

工作曲线的配制：分别吸取 50 mg/L 硫标准液 0 mL、2 mL、4 mL、8 mL、12 mL、16 mL、20 mL 于 50 mL 容量瓶，稀释至 30 mL，加 10 mL 缓冲盐溶液和 2 mL 盐酸溶液 [φ（HCl）＝20％]，定容至 50 mL，得到 0～20 mg/L 的标准系列。倒入烧杯中，加 0.3 g BaCl$_2$·2H$_2$O 晶粒，于电磁搅拌器上搅拌 1 min，同上法比浊后绘制工作曲线。

f. 方法六：甲亚胺比色法（适用于硼的测定）。

吸取滤液 5.00～10.00 mL 于 25 mL 容量瓶中，加入乙酸铵缓冲液 10 mL 和 5 mL 甲亚胺显色液混匀，用水稀释至刻度，摇匀。保持在 23 ℃ 左右 2 h 后，用分光光度计在 415 nm 波长处比色，用试剂空白溶液调吸收值到零，测显色液的吸收值。

工作曲线绘制：取 5 mg/L 硼标准溶液 0 mL、0.25 mL、1.0 mL、1.5 mL、2.0 mL、2.5 mL 置于 25 mL 容量瓶中，即相当于 0 mg/L、0.05 mg/L、0.1 mg/L、0.2 mg/L、0.3 mg/L、0.4 mg/L、0.5 mg/L 系列溶液，与样品同样加入显色剂后定容，保持在 23 ℃ 左右 2 h 后，用分光光度计在 415 nm 波长处比色。

g. 方法七：硫氰化钾比色法（适用于钼的测定）。

吸取 10.00～20.00 mL 试液于 125 mL 分液漏斗中，加 10 mL 氯化铁溶液，摇匀，加 1 g 柠檬酸和 2 mL 异戊醇—四氯化碳混合液，摇动 2 min，静置分层后弃去异戊醇—四氯化碳。加入 3 mL 硫氰酸钾溶液，混合均匀，溶液呈现血红色。加 2 mL 二氯化锡溶液（滴加，边加边摇动），混合均匀，这时红色逐渐消失。准确加入 10.0 mL 异戊醇—四氯化碳混合液，振动 2～3 min，静置分层后，用干滤纸将异戊醇—四氯化碳层过滤到比色槽中，在波长 470 nm 处比色测定。

工作曲线绘制：吸取 1 mg/L 钼标准溶液 0 mL、0.1 mL、0.3 mL、0.5 mL、1.0 mL、2.0 mL、4.0 mL、6.0 mL 分别放到分液漏斗中，各加 10 mL 三氯化铁溶液，按上述步骤显色和萃取比色（比色系列溶液 0～0.6 mg/L 钼）绘制工作曲线。

h. 方法八：极谱法（适用于钼的测定）。

吸取 1.00 mL 定容试液于 25 mL 烧杯中，在电砂浴上小心蒸干。冷却后，加入 2.5 mol/L 硫酸溶液 1 mL、0.5 mol/L 苯羟乙酸 1 mL、10 mL 饱和氯酸钠溶液，摇匀，静置 0.5 h 后于示波极谱仪上测定。记录电流倍率和峰电流值。

工作曲线绘制：取 1 mg/L 硼标准溶液 0 mL、0.40 mL、0.80 mL、1.20 mL、

1.60 mL、2.00 mL 置于 100 mL 容量瓶中，即相当于 0 mg/L、0.004 mg/L、0.008 mg/L、0.012 mg/L、0.016 mg/L、0.020 mg/L 系列溶液。分别吸取 1.00 mL 于 25 mL 烧杯中，蒸干后以下操作与样品同样操作，以测得的峰电流值与对应的钼浓度作标准曲线或计算回归直线方程。

⑥ 结果计算。

$$植株硅（Si, g/kg）=\frac{m_1-m_0-m_2}{m}\times1\,000\times0.467\,4 \quad （重量法）$$

$$植株钙（Ca、Mg, g/kg）=\frac{c\times V\times M\times D}{m}\times1\,000 \quad （滴定法）$$

$$植株中微量元素（g/kg）=\frac{\rho\times V_1\times D}{m}\times10^{-3}（比色、比浊、原子吸收、ICP、极谱法）$$

式中：m_1——坩埚与二氧化硅总质量，g；

$\qquad m_0$——空坩埚质量，g；

$\qquad m_2$——空白质量，g；

$\qquad m$——样品质量，g；

$\quad$ 0.467 4——二氧化硅转算硅系数；

$\qquad c$——EDTA 二钠标准溶液浓度，mol/L；

$\qquad V$——滴定待测液中消耗 EDTA 二钠标准溶液的体积，mL；

$\qquad M$——钙、镁原子的摩尔质量，分别为 0.040 08、0.024 31，g/mmol；

$\qquad D$——分取倍数或稀释倍数；

$\qquad V_1$——测定时的定容体积，mL；

$\qquad \rho$——从校准曲线或回归方程求得的质量浓度，mg/L；

平行测定结果以算术平均值表示，保留三位小数。

⑦ 精密度。

平行测定结果允许绝对相差：

含量，g/kg	允许绝对相差，g/kg
>100	≤5
100~50	5~2.5
50~10	2.5~1.0
10~1.0	1.0~0.1
1.0~0.1	0.1~0.01
0.1~0.01	0.01~0.001

⑧ 注释。

A. 镧溶液在此为掩蔽剂，可用锶盐代替。方法为每 50 mL 待测液中加入锶盐溶液 $[\rho(SrCl_2 \cdot 6H_2O)=60.9\,g/L]$5 mL，标准溶液和样品的加入量需一致。

B. 硫酸钡比浊法中，标准系列及各样品在磁力搅拌器上搅拌时间应尽可能一致，误差不超过 5 s。搅拌时一次批量不宜太大，保证搅拌后的样品尽可能在相同的静置时间内比浊并在 30 min 内比浊完毕。

C. 测硼时配制试剂必须用石英蒸馏器重蒸馏过的水或用去离子水。所使用的器皿不应与试剂、试样溶液长时间接触，应尽量储存在塑料器皿中。

D. 高温电炉的炉壁应洁净，使用高型的坩埚并且要加盖，灰化温度不宜超过 500 ℃，灰化时间不应过长。以防样品的污染和挥发损失。

E. 比色法测硼时，必须严格控制显色条件。蒸发的温度、速度和空气流速等必须保持一致，否则再现性不良。所用的蒸发皿要经过严格挑选，以保证其形状、大小和厚度尽可能一致。恒温水浴应尽可能采用水层较深的水浴，并且完全敞开，将蒸发皿直接漂在水面上。水浴的水面应尽可能高，使蒸发皿不致被水浴的四壁挡住而影响空气的流动，以保证蒸发速度一致。

F. 比色法测硼时，显色测定过程中，不宜中途停止，如因故必须暂停工作，应在加入姜黄素试剂以前，不要在加入姜黄素试剂以后，否则结果会不准确；蒸发显色后不应将蒸发皿长时间暴露在空气中，应将蒸发皿从水浴中取出擦干，随即放入干燥器中，待比色时再取出。以免玫瑰花青苷因吸收空气中的水分而发生水解，影响测定结果。

G. 比色法测硼时，酒精溶解后应尽可能迅速比色，因酒精易挥发使溶液的吸收值发生变化。同时应另做空白试验，即在不加试验的情况下，其他条件和操作过程完全相同的测定的空白值从分析结果中扣除。

H. 比色法测硼时，试液中 Fe、Al、Si 等会影响甲亚胺与 B 的显色，用 $BaCO_3$ 中和，使 Fe、Al 等呈氢氧化物沉淀，硅酸与钡形成沉淀而除去。

I. 加甲亚胺试剂时必须尽量准确，因试剂本身颜色较深，影响吸光值。每批样品标准系列必须重新测定。

J. 甲亚胺试剂易为光分解，宜在暗处保存；加显色剂后可将溶液放在恒温箱中（23 ℃），显色，达稳定需 2 h。

K. 比色法测钼时，显色时试剂加入的顺序不宜改变，必须先加入 KCNS，而后加入 $SnCl_2$。否则易形成含氯的配合物，即使再加入 CNS^- 也难于使其转化成硫氰酸钼。同时，加入 $SnCl_2$ 时宜边滴加边摇动，更有利于 Mo^{6+} 还原为 Mo^{5+}，同时，也有利于避免 Fe^{3+} 还原不完全而产生 $Fe(CNS)_3$ 的红色干扰。

L. 比色法测钼时，溶液在蒸干过程中，要防止溅出，浓度越高溅出的危险越大，因此蒸干过程中电砂浴温度不宜太高，并逐步降低直至关闭，利用余热将液体蒸干。

M. 在用原子吸收或等离子发生光谱时，进样毛细管应保持在上层清液中，并注意防止溶液中的残渣堵塞毛细管。必要时可将待测液过滤后上机。

第六章
统计分析

一、数据处理

（一）生物统计学概念

统计学是有关如何收集、整理、分析和解释反映客观现象总体特征的数据，以便给出正确认识的方法论科学。它是利用相对有限的样本数据，对特定的随机现象做出推断的学科。统计学可分数理统计学和应用统计学两个领域，前者更关注统计推断中新方法的发展，常需要较多的数学知识；而后者则是如何将数理统计方法应用到特定的领域，如生物学、医学和农学。生物统计学是应用统计学的一个分支，即将统计方法应用到生物学及农学领域。

（二）数据处理的误差

任何试验研究，误差总是难免的，肥料田间试验研究中所得到的数据也必然存在误差。误差往往会掩盖以致歪曲客观事物的本来面目。生物统计可以帮助我们对试验数据进行科学的处理，去伪存真，从中引出符合客观实际的正确结论。

肥料田间试验是一个复杂的过程，同时受到各种因素的影响，其中不可控制的因素又较多，因此，试验的科学设计和正确实施在其研究中就显得非常重要。运用生物统计，既能使试验设计得当，减少工作量，增大信息量，又能使实施方法正确，减小误差，提高精度，收到事半功倍之效。

生物统计是肥料田间试验研究中不可缺少的有力工具，任何一个问题的研究，自始至终都不应离开统计分析。

（1）总体与样本　　总体就是同质事物的全体。构成总体的每一个成员叫做个体或总体单元。所谓同质，不是绝对的，而是相对的，是随着研究目的而变的。总体的大小，可能是有限的，也可能是无限的，前者称为有限型，后者称为无限型。

我们对事物的研究，在于找出其总体的客观规律性。总体的性质决定于其中个体的性质，要对总体做出合乎实际的估计，最好是对总体中的全部个体都进行观察和测定。但是由于一个总体所包含的个体往往很多，甚至无穷，以致在研究时不能对其一一加以考察；有时测定是破坏性的，就是总体所包含的个体有限，也不允许全部加以考察。因此，我们只能从总体中取出一部分个体进行研究，这部分个体的总和称为样本或抽样总体。几乎所有的研究工作，都是通过样本来了解总体。根据包含个体数目的多少，样本也有大小之分，一般包含个体 30 个以上者为大样本，30 个或 30 个以下者为小样本。

（2）真值与平均值 在一定条件下，事物所具有的真实数值就是真值。由于偶然因素不可避免地存在和影响，实际上真值是无法测得的。例如，测定一个土样的含氮量，由于测定仪器、测定方法、环境条件、测定过程、测定者的技术等因素的影响，测定 10 次就可能得到 10 个不同的结果。显然，土样含氮量的真值只有一个，在 10 个结果中就无法肯定哪一个是真值。偶然因素对事物的影响有正有负，有大有小，根据误差分布规律，偶然因素对事物的影响，大小相等的正负作用的概率相同。因此，如果将土样含氮量测定的次数无限增多，求出其平均值，则偶然因素的正负作用相抵消，在无系统误差的情况下，这个平均值就极接近于真值，一般就把这个平均值当作真值看待。在实际中，我们的测定次数总是有限的，故其平均值只能是近似真值或称最佳值。

（3）误差的概念、种类及产生原因 误差就是观察结果与真值之间的差异。由于偶然因素无法消除，任何试验研究中误差总是难免的。试验结果都具有误差，误差自始至终存在于一切科学试验的过程之中，这就是所谓的误差公理。根据误差的性质和产生原因，可以将其分为系统误差和随机误差两大类。

① 系统误差。这种误差是由某个或某些固定因素引起的。在整个试验过程中，误差的符号和数值是恒定不变的，或者是遵循着一定规律变化的。例如，在田间试验中，土壤肥力朝一个方向或周期性地递增或递减，试验地朝一个方向或周期性地有利或不利于作物生长；又如测量中仪器不良、个人的习惯与偏向等都会引起系统误差。系统误差的出现一般是有规律的，其产生的原因往往是可知的或能掌握的。因而，这种误差可以根据其产生的原因加以校正和消除。系统误差表征着试验结果的准确度，一般地说，在试验中应尽可能设法预见到各种系统误差的具体来源，并极力设法消除其影响。如果存在某种系统误差而我们却不知道，这是危险的。因为对试验结果的统计处理，不一定能发现它和消除它。

② 随机误差。当在同一条件下对同一对象反复进行测定时，在无系统误差存在的情况下，每次测定结果出现的误差时大时小、时正时负，没有确定的规律。这种误差称随机误差，也称偶然误差，它是由偶然因素引起的，具有偶然性，是不能预知的，也是不可避免的，只能减小，不能消除。随机误差和其他随机事件一样，服从一定的概率分布，其发生受概率的大小所支配。也就是说，随机误差就其个体看是偶然的，而就其总体来说，却具有其必然的内在规律。根据研究，随机误差服从正态分布。随着重复次数的增加，随机误差由于正负相抵消，其平均值不断减小，逐步趋于零。因此，多次测定的平均值比单个测定值的随机误差小，这种性质称为抵偿性。

系统误差与随机误差的区分不是绝对的，而是相对的，它们之间并不存在不可逾越的鸿沟，是可以相互转化的。当人们对误差来源及其变化认识不足时，往往把某些系统误差归于随机误差。反之，随着认识的加深，可能把原来认识不到而归为随机误差的某项误差予以澄清而明确为系统误差。

随机误差表征着试验的精确性。通常在试验中所谈的误差均指随机误差。随机误差是在整个过程中形成的，试验的科学设计和正确实施均能降低试验误差，提高试验精确性。对于试验结果中随机误差的处理，主要是依靠概率统计方法。

（4）集中性与变异性的度量　任何事物的存在总是和它周围的环境条件联系在一起的。同一总体中的个体不可能都处在绝对相同的条件之中，由于受偶然因素影响的不同，个体间的变异是必然的。例如，在同一品种的麦田中，不同植株的高度、穗长、粒数、粒重等总是有差异的。同一总体中，个体间具有变异的每种性状或特性，在量的方面可以表现为不同的数值。这种因个体不同而变异的量，在统计上称为变量，而不同个体在某一性状上具体表现的数值称为观察值。例如，小麦株高就是一个变量，某株高 102 cm 就是一个观察值。变量有连续和不连续之分。总体中相邻两个观察值之差可达无穷小者为连续变量，相邻两个观察值之差最小为 1 者为不连续变量，或称非连续变量。

我们对事物的研究，既要说明其总体的集中性，又要说明其总体的变异性。凡能说明不同总体集中性和变异性特征的数值称为总体特征数，也称参数。样本特征数是总体特征数的估计值，称为统计数或统计值。平均值反映了总体的典型水平，说明了总体集中性的特征。描述总体变异性的特征数，常用的有极差、方差、标准差、变异系数等。

① 平均值。平均值有多种，常用的为算术平均值，也称平均数或均数。

设样本平均数为 $\bar{x}$，观察值为 x_1、x_2、$\cdots$、x_n，则

$$\bar{x}=(x_1+x_2+\cdots+x_n)\ /n$$

由于资料性质的不同，或者为了方便起见，在实际中除了算术平均值以外，还有以下几种平均值。

A. 中数：一个总体或样本的所有观察值，依大小顺序排列成一个数列。当观察值的个数为奇数时，居中间位置的观察值称为中数；当观察值的个数为偶数时，则以中间两个观察值的算术平均值为中数。中数不受特大特小极端值的影响。

B. 众数：在一总体或样本中，出现次数最多的那个观察值（不连续变量）或频数最多的一组的中点值（连续变量）称为众数。

C. 几何平均数：如一个总体或样本中有 n 个观察值，所有观察值连乘积的 n 次方根称几何平均数，用 G 代表，则

$$G=\sqrt[n]{x_1 x_2 \cdots x_n}=\lg^{-1}\left(\frac{\lg x_1+\lg x_2+\cdots+\lg x_n}{n}\right)=\lg^{-1}\left(\frac{1}{n}\sum \lg x\right)$$

D. 调和平均数：资料中各个观察值倒数的平均数的倒数称为调和平均数。设调和平均数为 H，观察值为 x_1、x_2、$\cdots$、x_n，则

$$H=\frac{1}{\frac{1}{n}\left(\frac{1}{x_1}+\frac{1}{x_2}+\cdots+\frac{1}{x_n}\right)}=\frac{1}{\frac{1}{n}\sum \frac{1}{x}}=\frac{n}{\sum \frac{1}{x}}$$

② 极差。总体或样本观察值中最大值与最小值之差称为极差，也称全距或变异幅度，用 R 表示，即

$$R=\max\{x_1,\ x_2,\ \cdots,\ x_n\}-\min\{x_1,\ x_2,\ \cdots,\ x_n\}$$

式中 max 和 min 分别表示 x_1、x_2、$\cdots$、x_n 中的最大值和最小值。极差简单直观，便于计算，其缺点是只取两极端值，与其他观察值不发生关系，没有充分利用数据所提供的信息，不能完全说明观察值间的变异情况，所以，反映实际情况的精确度较差。

③ 方差。平均数是总体的代表值，以平均数为标准，每个观察值与平均数之差称离

均差，可以说明不同观察值的变异程度。一个总体包含很多观察值，就有很多离均差，要反映总体变异的一般水平，就应求出离均差的平均值。但是，不论总体的变异情况如何，把所有的离均差加起来总是等于零，无法反映变异大小。为了克服这个问题，曾用过离均差的绝对值，但计算上不甚方便，最好的办法是将离均差平方，不仅消除了负号，而且使离均差增大，更有利于度量变异程度的灵敏性。离均差平方的平均数就称为方差。

④ 标准差。方差的正平方根称为标准差。在计算方差时离均差经过平方，原来的单位（如 kg、cm 等）也随之变为平方，再经过开平方又恢复为原来的度量单位，所以标准差是个有名数，其度量单位与观察值相同。总体的标准差为 δ，样本标准差为 S。

⑤ 变异系数。标准差是度量总体或样本变异性大小的绝对量，受平均数的影响很大，只有在平均数相同的情况下，才能用标准差作指标，比较不同样本变异程度的大小；标准差是一个有名数，度量单位不同，也不能互相比较。因此，要比较不同样本变异的大小，需将标准差化为相对值。标准差占平均数的百分率称为变异系数，用 CV 表示，即

$$CV = \frac{S}{\bar{x}} \times 100\%$$

变异系数是不带单位的纯数，用它可以比较不同样本相对变异的大小，即研究对象数量表现的相对整齐性。

CV 的大小决定于 S 及 $\bar{x}$。S 变大、$\bar{x}$ 变小或两者兼有都可造成 CV 变大；反之，S 变小、$\bar{x}$ 变大或两者兼有都可造成 CV 变小。因此，一般宜同时列出 $\bar{x}$ 及 S。

（5）随机误差的分布　随机误差是由很多不能确切掌握或者完全未知的偶然因素造成的，它不可能像系统误差那样可以根据产生的原因加以校正和消除，只有运用统计学的方法对试验结果进行处理。

随机误差是一个变量，但这种变量和一般变量不同，它具有偶然性，也就是说事前并不能确定它将取什么值，只有在试验结果确定后，它的值才能相应地确定，故称其为随机变量。同一总体中不同个体的性状和特性，在量的方面所表现的差异，是受偶然因素的影响所致，和随机误差一样，也是随机变量。由于随机变量是以概率取值，所以可用概率理论来描述随机误差出现的规律，即误差的概率分布。

① 正态分布。根据概率论中的中心极限定理可知，若某随机变量是由为数众多的相互独立的随机因素的影响叠加而成，而这些随机因素每一个的影响又都表现得很小，则该随机变量的概率分布必是正态的。随机误差是多种因素微小变化综合作用的结果，所以，随机误差通常都遵从正态分布。设总体的观察值为 x_i，平均数为 μ，标准差为 σ，误差 $\delta_i = x_i - \mu$，则其正态分布的概率密度函数 $\varphi(x)$ 为：

$$\varphi(x) = \frac{1}{\sigma\sqrt{2\pi}} e^{-\frac{1}{2}\left(\frac{x-\mu}{\sigma}\right)^2}$$

$$\text{或 } \varphi(\delta) = \frac{1}{\sigma\sqrt{2\pi}} e^{-\frac{1}{2}\left(\frac{\delta}{\sigma}\right)^2}$$

正态分布是连续性随机变量的一种最重要而常见的概率分布，用途很广，在生物统计中占有很重要的地位。

② t 分布。根据正态分布计算样本平均数及其误差在不同区间出现的概率，需要知道 $\sigma_{\bar{x}}$。但在实际中，由于总体 σ 不易获得，因而 $\sigma_{\bar{x}}$ 为未知。通常用 σ 的无偏估计值 S 代替 σ，代替后的 $\sigma_{\bar{x}}$ 用 $S_{\bar{x}}$ 表示，即

$$S_{\bar{x}} = \frac{S}{\sqrt{n}}$$

$$t = \frac{\bar{x} - \mu}{S_{\bar{x}}}$$

t 分布也叫 Student - t 分布，它是由 W. S. Gosset 首先发现，以后又经 R. A. Fisher 加以完善。t 分布的概率密度函数 $f(t, \nu)$ 为

$$f(t, \nu) = \frac{\Gamma\left(\frac{\nu+1}{2}\right)}{\sqrt{\pi \nu}\, \Gamma\left(\frac{\nu}{2}\right)} \left(1 + \frac{t^2}{\nu}\right)^{-\left(\frac{\nu-1}{2}\right)}$$

式中，ν 为自由度；Γ（读作 gamma）为 Γ 函数，其值可利用下式计算：

$$\left.\begin{array}{c} \Gamma(n+1) = n\Gamma(n) = n! \ (n \text{ 为正整数}) \\ \Gamma(0) = \infty \\ \Gamma(1) = 1 \\ \Gamma\left(\frac{1}{2}\right) = \sqrt{\pi} \end{array}\right\}$$

t 分布是单峰曲线，左右对称（对称轴为 $t=0$），曲线形状随自由度的不同而改变。与标准正态分布曲线相比，t 分布曲线的中间部分比标准正态分布曲线要低，但两侧尾部却较高。只有当样本的 n 趋于无穷时，t 分布曲线才与标准正态分布曲线一致。

（三）试验数据缺区估计和异常数据的判别

（1）试验数据缺区数据估计 缺区是指由于人为过失、畜禽破坏、自然灾害等原因，使计产区的 10% 以上面积不能计产的试验处理小区。正确处理缺区数据，对保障试验数据的可靠性和减少试验损失都是非常必要的。

缺区数据估计是不得已而为之，而且缺区不能过多，过多统计分析结果不可靠。对随机区组设计、拉丁方设计等可用公式估算。在重复次数较多的情况下，对缺区可按不等重复试验处理。下面仅介绍完全随机区组设计缺一区的数据估算方法。

① 缺区数据的估算。在完全随机区组设计中，缺失小区产量 x 可由下式估算：

$$x = \frac{m \times A + n \times B - C}{(m-1)(n-1)}$$

式中：m 为处理数；n 为区组数；A 为缺区所在的处理行（或列）中其他小区产量总和；B 为缺区所在的区组列（或行）中其他小区产量总和；C 为除缺区外，其余所有小区产量总和。

② 缺区估计后的方差分析。缺区估计后试验数据的方差分析方法与不缺区试验数据的相同，两者的区别仅在于：

A. 用估计后的数据进行方差分析。

B. 因缺1区，将总自由度即误差自由度也相应减少1个，以提高显著性检验标准。

C. 在多重比较时，对不涉及缺区的处理平均数比较，其标准误差仍为

$$S_{\bar{x}_1 - \bar{x}_2} = \sqrt{\frac{2S_e^2}{n}}$$

当涉及缺区的平均数比较时，则需将上式修正为

$$S_{\bar{x}_1 - \bar{x}_2} = \sqrt{S_e^2 \left[\frac{2}{n} + \frac{m}{n(n-1)(m-1)} \right]}$$

（2）**异常数据的判别与处理** 田间试验成功的主要标志是能够对试验数据用统计分析方法正确地估计出试验误差和处理效应，达到试验的预期目标。为此，必须正确进行试验设计，选择均匀、有代表性的试验材料，在试验实施中认真操作。尽管如此，还是会出现少数不符合常规或一时难以解释的异常数据。正确看待和科学处理异常数据不仅可以纠正试验错误，提高试验效率和质量，而且还会给今后的研究在试验设计、实验和数据处理等方面提供有价值的信息。异常数据可大致分为两类：一类与田间生物试验的复杂性及实施中可能出现的错误或疏漏有关，主要表现为观测值的取样误差不符合误差分布规律，还有一类异常数据与试验方法设计紧密相关，是因样本数过少，或试验条件控制不当而出现违背方差分析几个基本假设条件的异常数据。一般而言，只要样本足够大，试验条件得到有效控制，此类异常是可以避免的。

① 异常数据的判别。试验数据可以通过专业知识和数学方法进行判别。

A. 专业知识：判别根据专业知识可对试验数据合理性进行初步判别。如：不施肥时的产量，施肥可能达到的最高产量，产量随施肥、灌水、种植密度增加的变化趋势等，都可以帮助判别试验数据是否异常。根据专业知识对数据异常性进行评判，必须以真实的数据记录为依据，所以要建立田间档案，真实记录试验条件、试验措施和试验结果，以作为判别的依据。

B. 数学判别：异常数据的数学判别方法有拉依达（Pauta）准则、肖维勒（Chauvenet）准则、狄克逊（Dixon）准则等，其基本原理主要是根据概率论的误差分布规律，设定一个误差置信区间，凡超过此区间的数据就认为它不在误差范围，属于异常数据。具体判别方法在有关的数理统计书籍中很容易找到。现介绍一下较为简便的拉依达判别法。设数据总体是正态分布，并假设抽样数据 x 的误差概率

$$P\left(|x - \mu| \geq 3\sigma \right) \leq 0.001$$

其中 μ 为总体平均数，σ 为误差标准差，对 n 个观测值，其平均数为

$$\bar{x} = \frac{1}{n} \sum_{i=1}^{n} x_i$$

σ 可由样本标准差 S 估计。对小样本，

$$S = \sqrt{\left(\sum_{i=1}^{n} x_i^2 - \frac{\sum_{i=1}^{n} x_i^2}{n} \right) \frac{1}{(n-1)}}$$

设某被判别数值为 x_0，若（$x_0-\bar{x}$）＞3S 则判定其为异常数据。

② 异常数据的处理。在确定异常数据后，可根据不同情况进行适当处理。

A. 对异常数据要高度重视。认真检查试验档案和记录，查找异常的原因。如果进行重复试验，结果仍然异常，且无法用已有的专业理论或知识进行解释，则这种"异常"很可能是试验材料变异较大或试验设计和测定方法不合理导致的。也可能表明，试验者将在理论或技术上有新的发现。但不管是哪种可能都要实事求是，找出原因。简单地舍弃、回避或修改异常数据，或只报告异常结果而不作进一步深究和分析的做法都是不可取的。

B. 剔除个别异常或缺失数据。如果样本容量较大，异常数据只是个别，对于方差分析的假定条件影响不大，可以作为缺失数据剔除，或用数学方法得到的估值代替之。

C. 对缺值进行数学估计。缺值的数学估计方法主要有两种：一种是按照不同方法设计，在方差分析的基础上，用缺区估算公式估计。另一种是在具有初始试验数据记录的情况下，如各不同施肥量小区的不施肥产量等，用协方差分析方法对异常数据进行估算或修正。

D. 作为失败试验处理。不管采用哪种处理方法，如果样本容量较小，异常数据较多，简单地舍弃或用估值取代，有可能对试验结论产生误导。在这种情况下，其试验结果只能作为参考资料或将其作为失败试验处理。

二、统计分析方法与原理

试验研究一般都是抽样研究，如何从样本的结果去推断总体，这就是统计推断问题。统计推断包括参数估计和统计假设检验两个方面。参数估计就是由样本结果对总体参数作出点估计和区间估计。例如，以样本的 $\bar{x}$ 估计 μ，以 S^2 估计 σ^2 等就是点估计；在一定概率保证下估计总体参数所在的区间即区间估计。由样本结果说明总体间的差异、优劣和关系等，判断其可靠程度，这就是统计假设检验的内容。

（一）统计假设检验的基本方法

统计假设检验简称假设检验或统计检验，也称显著性检验。在科学研究中，往往对观察到的事件先提出假设，然后再检验假设与事件的适合性。二者符合则假设成立，事件可按照假设的推理而获得解释；反之，二者不相符则假设被否定，事件不能按照假设的推理解释。例如，某地块麦苗发黄，田间诊断时首先假设为缺氮，如果增施速效氮肥后麦苗转绿，则假设成立，可以推断该地块麦苗发黄是由缺氮引起的。将假设与事件的适合性检验运用到数理统计中，就是统计假设检验。在统计假设检验中，一般作两种假设，一是无效假设，记作 H_0；二是备择假设，记作 H_A。无效假设也称零值假设或解消假设，其含义是假定样本统计值之间的差异和波动是由误差引起的，它们是来自同一总体，无本质差别。备择假设与无效假设相反，是假定样本统计值之间的差异和波动不是由误差引起的，而是存在本质差异或遵循一定规律而变化的。无效假设与备择假设是对立事件，如果无效假设成立，就否定备择假设，称差异不显著；如果无效假设被否定，就接受备择假设，称差异显著。

统计假设检验的基本方法与步骤如下：

（1）根据检验目的提出无效假设 H_0。 由于检验的目的不同，H_0 的形式和内容可以多种多样。例如，检验一个样本是否从平均数为 μ_0 的总体中随机抽出的，则其无效假设为是从该总体随机抽出的，记作 H_0：$\mu = \mu_0$，其备择假设为不是从该总体随机抽出的，记作 H_A：$\mu \neq \mu_0$。又如，检验两个样本是否从具有相同平均数的总体中随机抽出的，则 H_0：$\mu = \mu_0$ 或 $\mu_1 - \mu_2 = 0$，H_A：$\mu \neq \mu_0$ 或 $\mu_1 - \mu_2 \neq 0$。

（2）在 H_0 为正确的假定下，根据检验所用统计量的概率分布，算出绝对值大于实得统计量绝对值的概率　由于检验的目的和样本大小的不同，检验时所用的统计量也不相同。例如，检验两个样本平均数之间的差异时，若为大样本，则检验时所用统计量为正态离差 u；若为小样本，则检验时所用统计量为 t。又如，检验计数资料中实际观察次数与理论次数的差异时，用统计量卡方（χ^2）。当然，有时同一检验目的可用不同的统计量，但是当选定检验所用的统计量后，就应根据所选统计量的概率分布，计算绝对值大于实得统计量绝对值的概率。

（3）确定显著水平 α，划出置信区间与否定区间，判断无效假设 H_0 是否成立　当绝对值大于实得统计量绝对值的概率 $< \alpha$，或者实得统计量落入否定区间，根据小概率原理，则在 α 水平上否定 H_0，接受 H_A，即推断实得差异不是由误差造成的，而是存在本质差异或遵循一定规律变化的。当绝对值大于实得统计量绝对值的概率 $\geq \alpha$，或者实得统计量落入置信区间，则接受 H_0，即推断实得差异是由误差造成的。

（二）t 检验

在统计假设检验中，检验所用的统计量为 t，也就是根据 t 分布计算概率者，称为 t 检验。由于统计假设检验的目的不同，t 检验的内容可有多种，以下仅介绍样本平均数的假设检验。

（1）单个样本平均数的假设检验　检验某一样本平均数 $\bar{x}$ 所属总体平均数 μ 与某一指定的总体平均数 μ_0 之间是否存在差异。由于在正态总体中抽样（不论样本大小），或者在非正态总体中以样本容量 $n > 30$ 抽样，所得样本平均数 $\bar{x}$ 均属正态分布或近于正态分布，所以，当总体方差 σ^2 已知，或者 σ^2 未知但为大样本时，均可用 u 检验来检验 H_0：$\mu = \mu_0$ 能否成立。当 σ^2 未知且为小样本（$n < 30$）时，需用 t 检验。t 检验的方法步骤与 u 检验相同，只是检验所用的统计量不同而已。t 值的计算如下：

$$t = \frac{\bar{x} - \mu}{S_{\bar{x}}}$$

式中：$S_{\bar{x}}$ 为样本平均数的标准差。

$$S_{\bar{x}} = \frac{S}{\sqrt{n}} = \sqrt{\frac{\sum (x - \bar{x})^2}{n(n-1)}} = \sqrt{\frac{\sum x^2 - T^2/n}{n(n-1)}}$$

式中：S 为样本标准差；x 为观察值；n 为样本容量；$T = \sum x$。

（2）两个样本平均数的差异显著性检验　从平均数 μ 和方差 σ^2 的正态总体中，以容量为 n_1 和 n_2 随机抽取两个独立样本，两个样本的平均数分别为 $\bar{x}_1$ 和 $\bar{x}_2$，由 $\bar{x}_1$ 和 $\bar{x}_2$ 可得一个差数 d（即 $\bar{x}_1 - \bar{x}_2 = d$）。如此可抽取无穷多对样本，也就可得无穷多个差数 d，所有差数 d 可构成一个新的总体。显然，差数 d 是一个随机变量，根据研究，它遵循平均数 $\mu_{\bar{x}_1 - \bar{x}_2} = 0$，方差为 $\sigma^2_{\bar{x}_1 - \bar{x}_2}$ 的正态分布。方差 $\sigma^2_{\bar{x}_1 - \bar{x}_2}$ 与 σ^2 有如下关系：

$$\sigma^2_{\bar{x}_1-\bar{x}_2}=\sigma^2_{\bar{x}_1}+\sigma^2_{\bar{x}_2}=\frac{\sigma^2}{n_1}+\frac{\sigma^2}{n_2}$$

进而可有

$$\sigma_{\bar{x}_1-\bar{x}_2}=\sqrt{\frac{\sigma^2}{n_1}+\frac{\sigma^2}{n_2}}=\sigma\sqrt{\frac{1}{n_1}+\frac{1}{n_2}}$$

$$u=\frac{(\bar{x}_1-\bar{x}_2)-0}{\sigma_{\bar{x}_1-\bar{x}_2}}$$

$\sigma_{\bar{x}_1-\bar{x}_2}$ 称样本平均数差数标准差，它是样本平均数差数的抽样误差的度量，故也称样本平均数差数标准误差，或样本均数差数标准误。

在实际中由于总体方差 σ^2 不易获得，通常以样本方差 S^2 作为 σ^2 的估计数。用 S^2 代替 σ^2 后，用 $S_{\bar{x}_1-\bar{x}_2}$ 代替 $\sigma_{\bar{x}_1-\bar{x}_2}$，用 t 代替 u，即

$$S_{\bar{x}_1-\bar{x}_2}=\sqrt{\frac{S_1^2}{n_1}+\frac{S_2^2}{n_2}}$$

$$t=\frac{(\bar{x}_1-\bar{x}_2)-0}{S_{\bar{x}_1-\bar{x}_2}}$$

根据样本平均数差数的分布可知，当总体方差 σ^2 已知，或者 σ^2 未知但 $n>30$ 时，两个样本平均数差数的显著性可用 u 检验。当总体方差 σ^2 未知，且 $n<30$ 时，两个样本平均数差数的显著性用 t 检验。

① 成组数据相比较的检验。所得数据来自两个完全随机设计的处理，处理间（组间）的观察值没有任何关联，彼此独立。$n_1=n_2$ 或 $n_1\neq n_2$ 皆可。

由完全随机设计而获得的两个独立样本，设其容量分别为 n_1 和 n_2，平均数分别为 $\bar{x}_1$ 和 $\bar{x}_2$，当 $n_i<30$（$i=1$，2），两个样本的总体方差未知且不同质时，为了增加误差估计的精确性，宜用两个样本的合并均方 S_{1+2}^2 作为 σ^2 的估计值。实际上 S_{1+2}^2 是两个样本均方 S_1^2 和 S_2^2 的加权平均值，即

$$S_{1+2}^2=\frac{S_1^2(n_1-1)+S_2^2(n_2-1)}{(n_1-1)+(n_2-1)}=\frac{\sum(x_1-\bar{x}_1)^2+\sum(x_2-\bar{x}_2)^2}{n_1+n_2-2}$$

$$则\ S_{\bar{x}_1-\bar{x}_2}=\sqrt{\frac{S_{1+2}^2}{n_1}+\frac{S_{1+2}^2}{n_2}}=\sqrt{S_{1+2}^2\left(\frac{1}{n_1}+\frac{1}{n_2}\right)}$$

当 $n_1=n_2=n$ 时，

$$S_{\bar{x}_1-\bar{x}_2}=\sqrt{\frac{S_{1+2}^2}{n_1}+\frac{S_{1+2}^2}{n_2}}=\sqrt{\frac{S_1^2}{n_1}+\frac{S_2^2}{n_2}}$$

这就是说，当 $n_1=n_2$ 时，用合并均方 S_{1+2}^2 估计 σ^2 与用样本均方 S_1^2 和 S_2^2 分别估计 σ^2 是相同的。因此，在试验设计时，使 $n_1=n_2$ 可提高用 S_1^2 和 S_2^2 分别估计 σ^2 的精确性。

$$t=\frac{(\bar{x}_1-\bar{x}_2)-(\mu_1-\mu_2)}{S_{\bar{x}_1-\bar{x}_2}}$$

在假设 H_0：$\mu_1=\mu_2$ 下，

$$t=\frac{\bar{x}_1-\bar{x}_2}{S_{\bar{x}_1-\bar{x}_2}}$$

式中的 t 服从 $\upsilon=(n_1-1)+(n_2-1)=n_1+n_2-2$ 的 t 分布。据之即可检验 H_0：$\mu_1=\mu_2$。

② 成对数据（配对法设计）相比较的检验。若两个样本的个体相互配对，每对的试验条件及试验材料基本一致，对与对之间允许有差异。这样的设计就是采用了局部控制的原则。例如，在田间试验中，根据地段肥力的差异划分不同的区组，区组内肥力一致，区组间肥力不同，每个区组安排两个样本（两个处理）所组成的一对小区。配对法获得的资料为成对数据，配对法样本的差异显著性检验，是通过对内个体之间的差数进行，其具体方法如下：

设样本 1 的 x_{1j} 和样本 2 的 x_{2j} 为一对，$j=1, 2, \cdots, n$，即有 n 对，每一对的差数以 $d_j = x_{1j} - x_{2j}$，则差数 d_j 的平均数 $\bar{d}$、标准差 S_d 及差数平均数的标准误 $S_{\bar{d}}$ 为

$$\bar{d} = \frac{1}{n} \sum d_j = \bar{x}_1 - \bar{x}_2$$

$$S_d = \sqrt{\frac{\sum (d_j - \bar{d})^2}{n-1}} = \sqrt{\frac{\sum d_j^2 - (\sum d_j)^2/n}{n-1}}$$

$$S_{\bar{d}} = \frac{S_d}{\sqrt{n}} = \sqrt{\frac{\sum d_j^2 - (\sum d_j)^2/n}{n(n-1)}}$$

若 $\bar{d}$ 的分布是一正态总体，则

$$t = \frac{\bar{d} - \mu_{\bar{d}}}{S_{\bar{d}}}$$

遵循自由度 $\upsilon = n-1$ 的 t 分布。式中 $\mu_{\bar{d}}$ 为差数的总体平均数，$\mu_{\bar{d}} = \mu_1 - \mu_2$，在假设 $H_0: \mu_{\bar{d}} = 0$ 下，则上式为

$$t = \frac{\bar{d}}{S_{\bar{d}}}$$

由上式即可作出 $H_0: \mu_{\bar{d}} = 0$ 的假设检验。

与完全随机设计相比，配对法有以下优点：

A. 由于配对法是通过对内个体间的差异进行显著性检验，可以消除配对间试验条件等的差异所带来的干扰，降低误差，因此，在试验条件及试验材料差异较大的情况下，配对法要优于完全随机设计。但是，配对法要丧失 $n-1$ 个自由度，所以，在试验条件及试验材料比较一致的情况下，配对法就不一定优于完全随机设计。

B. 配对法不受两个样本的总体方差 $\sigma_1^2 \neq \sigma_2^2$ 的干扰，检验时不需考虑 σ_1^2 和 σ_2^2 是否相等。

（三）方差分析

对于多个样本的差异显著性检验，方差分析是一种更为合适的统计方法。方差分析的内容十分丰富，是分析资料的一个强有力的工具。特别在多因素试验中，它可以帮助我们发现起主导作用的变异来源，从而抓住主要矛盾或关键问题。方差分析的提出对农业试验的发展起了极大的促进作用，使试验设计从简单的对比设计发展到复因素的析因设计。目前在各种试验研究中，方差分析已被广泛应用。

（1）方差分析的基本原理　任何一个试验的结果，都表现为一系列参差不齐的数据。试验结果的这种变异性，是由多种原因引起的。由于试验种类及试验设计的不同，引起试验结果变异的原因也不相同。例如完全随机设计试验，引起变异的原因有处理及误差；随机区组设计的试验，其变异原因有处理、区组和误差；多年随机区组设计试验的变因有处

理、区组、年份、处理×年份的交互作用及误差等。方差分析就是将一个试验的总变异分解为各变因的相应部分，以误差作为统计假设检验的依据，对其他可控变因进行显著性检验，并判断各变因的重要性。方差分析是以方差度量变异的大小。对总变异进行分解时，首先是将其总平方和与总自由度按变因分解成相应的部分，然后再计算各变因的方差。这是因为平方和与自由度具有分解性及可加性，而总变异的方差是不能直接进行分解的。

单向分组资料的方差分析：单向分组资料是指观察值仅按一个方向分组的资料。设有 k 个独立样本，每个样本皆有 n 个观察值，共有 kn 个观察值。因为该资料仅按样本（处理）分组，故为单向分组资料，其数据模式如表 6-1 所示。

表 6-1　单向分组资料模式

样本（处理）号	观察值 x_i；$(i=1, 2, \cdots, k$；$j=1, 2, \cdots, n)$				合计 (T_i)	平均 $(\bar{x}_i)$
1	x_{11}	x_{12}	$\cdots$	x_{1n}	T_1	$\bar{x}_1$
2	x_{21}	x_{22}	$\cdots$	x_{2n}	T_2	$\bar{x}_2$
$\cdots$	$\cdots$	$\cdots$		$\cdots$	$\cdots$	$\cdots$
k	x_{k1}	x_{k2}	$\cdots$	x_{kn}	T_k	$\bar{x}_k$
合计	$\sum\limits_{i=1}^{k}\sum\limits_{j=1}^{n} x_{ij}$				T	$\bar{x}$

A. 平方和与自由度的分解：在表 6-1 中，全部观察值的总和 $T = \sum\limits_{i=1}^{k}\sum\limits_{j=1}^{n} x_{ij} = \sum\limits_{i=1}^{k} T_i$；全部观察值的平均数 $\bar{x} = T/kn$；每个样本的总和 $T_i = \sum\limits_{j=1}^{n} x_{ij}$；每个样本的平均数 $\bar{x}_i = T_i/n$。对于该资料的总平方和 SS_T 与总自由度 df_T 可作如下分解：

$$SS_T = \sum_{i=1}^{k}\sum_{j=1}^{n}(x_{ij} - \bar{x})^2 = \sum_{i=1}^{k}\sum_{j=1}^{n}(x_{ij} - \bar{x}_i + \bar{x}_i - \bar{x})^2$$

$$= \sum_{i=1}^{k}\sum_{j=1}^{n}\left[(x_{ij} - \bar{x}_i) + (\bar{x}_i - \bar{x})\right]^2$$

$$= \sum_{i=1}^{k}\sum_{j=1}^{n}\left[(x_{ij} - \bar{x}_i)^2 + 2(x_{ij} - \bar{x}_i)(\bar{x}_i - \bar{x}) + (\bar{x}_i - \bar{x})^2\right]$$

$$= \sum_{i=1}^{k}\sum_{j=1}^{n}(x_{ij} - \bar{x}_i)^2 + 2\sum_{i=1}^{k}\sum_{j=1}^{n}(x_{ij} - \bar{x}_i)(\bar{x}_i - \bar{x}) + n\sum_{i=1}^{k}(\bar{x}_i - \bar{x})^2$$

因为

$$\sum_{i=1}^{k}\sum_{j=1}^{n}(x_{ij} - \bar{x}_i)(\bar{x}_i - \bar{x}) = \sum_{i=1}^{k}(\bar{x}_i - \bar{x})\sum_{j=1}^{n}(x_{ij} - \bar{x}_i) = 0$$

所以

$$\sum_{i=1}^{k}\sum_{j=1}^{n}(x_{ij} - \bar{x})^2 = \sum_{i=1}^{k}\sum_{j=1}^{n}(x_{ij} - \bar{x}_i)^2 + n\sum_{i=1}^{k}(\bar{x}_i - \bar{x})^2$$

　　　　总平方和　　　　样本内平方和　　　　样本间平方和
　　　　　　　　　　　（误差平方和）

　　　　　SS_T　　　　　　　SS_e　　　　　　　SS_t

为了计算方便，对以上各平方和常作如下变形：

$$SS_T = \sum_{i=1}^{k} \sum_{j=1}^{n} (x_{ij} - \bar{x})^2 = \sum_{i=1}^{k} \sum_{j=1}^{n} x_{ij}^2 - \frac{\left(\sum_{i=1}^{k} \sum_{j=1}^{n} x_{ij} \right)^2}{kn} = \sum_{i=1}^{k} \sum_{j=1}^{n} x_{ij}^2 - \frac{T^2}{kn}$$

$$SS_t = n \sum_{i=1}^{k} (\bar{x}_i - \bar{x})^2 = n \left[\sum_{i=1}^{k} \bar{x}_i^2 - \frac{\left(\sum_{i=1}^{k} \bar{x}_i \right)^2}{k} \right] = \sum_{i=1}^{k} \frac{(n\bar{x}_i)^2}{n} - \frac{\left(\sum_{i=1}^{k} n\bar{x}_i \right)^2}{kn} = \sum_{i=1}^{k} \frac{T_i^2}{n} - \frac{T^2}{kn}$$

$$SS_e = SS_T - SS_t$$

全部资料共有 kn 个观察值，故其总自由度 $df_T = kn - 1$，可作如下分解：

$$df_T = kn - 1 = kn - k + k - 1 = k(n-1) + (k-1)$$

式中：$k(n-1)$ 为样本（处理）内自由度即误差自由度，记作 df_e。这是因为每个样本有 n 个观察值，其自由度为 $n-1$，k 个样本的自由度为 $k(n-1)$。$k-1$ 为样本（处理）间自由度，记作 df_t。即

$$\begin{array}{ccc} kn-1 & k(n-1) & (k-1) \\ \text{总自由度} = & \text{样本内自由度} + & \text{样本间自由度} \\ df_T & df_e & df_t \end{array}$$

至此，我们将单向分组资料的总平方和与总自由度分解为样本内与样本间两部分，从而可进一步得到样本内均方 MS_e 和样本间均方 MS_t，为

$$\left. \begin{array}{l} MS_e = S_e^2 = \dfrac{\sum\limits_{i=1}^{k} \sum\limits_{j=1}^{n} (x_{ij} - \bar{x}_i)^2}{k(n-1)} \\[4mm] MS_t = S_t^2 = \dfrac{n \sum\limits_{i=1}^{k} (\bar{x}_i - \bar{x})^2}{k-1} \end{array} \right\}$$

B. F 分布与 F 检验：设在一具平均数 μ、方差 σ^2 的正态总体中，随机抽取 $\upsilon_1 = (n_1 - 1)$ 和 $\upsilon_2 = (n_2 - 1)$ 的两个独立样本，分别求得两个样本的均方为 S_1^2 和 S_2^2，则将 S_1^2 和 S_2^2 的比值定义为 F：

$$F = \frac{S_1^2}{S_2^2}$$

由于抽样误差，所以 F 是个随机变量。F 分布的概率密度函数 $f(F)$ 为

$$f(F) = \frac{\Gamma\left(\dfrac{\upsilon_1 + \upsilon_2}{2} \right)}{\Gamma\left(\dfrac{\upsilon_1}{2} \right) \Gamma\left(\dfrac{\upsilon_2}{2} \right)} \upsilon_1^{\frac{\upsilon_1}{2}} \upsilon_2^{\frac{\upsilon_2}{2}} \frac{F^{\frac{\upsilon_1}{2} - 1}}{(\upsilon_1 F + \upsilon_2)^{\frac{\upsilon_1 + \upsilon_2}{2}}}$$

式中：Γ 为 Γ 函数；υ_1 和 υ_2 分别为 F 分子 S_1^2 和分母 S_2^2 的自由度。上式说明，$f(F)$ 具参数 υ_1 和 υ_2，F 分布随自由度 υ_1 和 υ_2 的不同而不同。

方差分析是通过 F 值来检验差异的显著性，所以，也称 F 检验。F 检验的假设有 $H_0: \sigma_1^2 \leqslant \sigma_2^2$，对 $H_A: \sigma_1^2 > \sigma_2^2$ 和 $H_0: \mu_1 = \mu_2 = \cdots = \mu_k$，对 $H_A: \mu_1$、μ_2、$\cdots$、μ_k 不全相等。前者是为了检验两个样本所属总体的方差 σ_1^2 和 σ_2^2 是否有显著差异；后者是为了检验 k 个样本平均数是否相等。若实得 $F > F_{0.05}$ 或 $F_{0.01}$，则称在 $\alpha = 0.05$ 或 $\alpha = 0.01$ 上差异显著，应否定 H_0，接受 H_A；若实得 $F < F_{0.05}$ 或 $F_{0.01}$，则表示差异不显著，应接受 H_0。单向分

组资料的方差分析可归纳成下表 6-2。

表 6-2　单向分组资料方差分析

变因	自由度（df）	平方和（SS）	均方（MS）	F
样本（处理）间	$k-1$	$n\sum_{i=1}^{k}(x_i-\bar{x})^2$	$S_1^2=n\sum_{i=1}^{k}(\bar{x}_i-\bar{x})^2/(k-1)$	S_1^2/S_2^2
样本（处理）内	$k(n-1)$	$\sum_{i=1}^{k}\sum_{j=1}^{n}(x_{ij}-\bar{x}_i)^2$	$S_2^2=\sum_{i=1}^{k}\sum_{j=1}^{n}(x_{ij}-\bar{x}_i)^2/k(n-1)$	
总变异	$kn-1$	$\sum_{i=1}^{k}\sum_{j=1}^{n}(x_{ij}-x)^2$		

　　例1：为了比较相同氮肥施用量下不同品种小麦的根系发育状况，在网室中进行了盆栽试验，氮肥选用尿素，施 N 量为 0.15 g/kg，小麦品种为小偃 22、陕农 229、石麦 15 和皖麦 89236，重复 4 次，所有盆钵在同一网室中随机放置，小麦生长至拔节期收获。小麦根干重结果列于表 6-3。试检验各处理根干重平均数的差异显著性。

表 6-3　不同小麦品种根系发育比较的试验结果

处理	小麦根干重（x_{ij}，g/盆）				合计（T_i）	平均（$\bar{x}_i$）
小偃 22	1.95	2.06	1.91	2.08	8.0	2.0
陕农 229	2.14	2.16	2.27	2.23	8.8	2.2
石麦 15	2.48	2.41	2.53	2.38	9.8	2.45
皖麦 89236	1.93	1.98	2.01	1.88	7.8	1.95
					$T=34.4$	$\bar{x}_i=2.15$

$$总平方和\ SS_T=(1.95^2+2.06^2+\cdots+1.88^2)-\frac{34.4^2}{4\times4}=0.675$$

$$总自由度\ df_T=4\times4-1=15$$

$$处理间平方和\ SS_t=\frac{8^2+8.8^2+9.8^2+7.8^2}{4}-\frac{34.4^2}{16}=0.62$$

$$处理间自由度\ df_t=4-1=3$$

$$处理内（误差）平方和\ SS_e=0.675-0.62=0.055$$

$$处理内（误差）自由度\ df_e=4(4-1)=12$$

进行方差分析：

变因	df	SS	MS	F	$F_{0.05}$	$F_{0.01}$
处理间	3	0.620	0.206 7	44.93**	3.49	5.95
处理内（误差）	12	0.055	0.004 6			
总变异	15	0.675				

　　假设 H_0：$\mu_1=\mu_2=\mu_3=\mu_4$，对 H_A：μ_1、μ_2、μ_3、μ_4 不全相等。实得 $F>F_{0.01}$，故否定 H_0，接受 H_A，推断该试验的处理平均数间是有极显著差异的。一般的，当实得 $F>F_{0.05}$ 时称差异显著，在 F 值右上角标以*；当实得 $F>F_{0.01}$ 时称差异极显著，在 F 值右上角标以**。

C. 多重比较：在 F 检验达显著水平后，常常需要进一步对各个平均数作相互比较，即多重比较。多重比较的方法很多，我们仅介绍其中的最小显著差数法、Duncan 氏新复极差法和 Tukey 氏固定极差法。

a. 最小显著差数法（也称 LSD 法）：该法是在一定概率（$1-\alpha$）保证下，确定一个达到显著的最小差数尺度 LSD_α，用以检验平均数间差数的显著性。凡 $|\bar{x}_i-\bar{x}_j|>LSD_\alpha$，即为在 α 水平上显著；反之，则为在 α 水平上不显著。因为

$$t=\frac{\bar{x}_i-\bar{x}_j}{S_{\bar{x}_i-\bar{x}_j}} \quad (i,\ j=1,\ 2,\ \cdots,\ k;\ i\neq j)$$

当 $|t|>t_\alpha$ 时，$(x_i-\bar{x}_i)$ 即为在 α 水平上显著，所以

$$LSD_\alpha=t_\alpha S_{\bar{x}_i-\bar{x}_j}$$

在方差分析中，

$$S_{\bar{x}_i-\bar{x}_j}=\sqrt{\frac{2S_e^2}{n}}$$

式中的 S_e^2 为方差分析中的误差均方值，n 为样本容量。式中的 t_α 为 S_e^2 所具自由度下显著水平为 α 的临界 t 值。

LSD 法比较简单，在多重比较中沿用最久。但 LSD 法本质上仍是 t 检验，适于两个相互独立的平均数间的比较，应用于多重比较，犯 α 错误的概率会随着样本数 k 的增加而增大。为了改进 LSD 法的这一缺点，费休提出了保护最小显著差数法，简称 PLSD 法。PLSD 法是在 LSD 法的基础上，增加了"处理项变异的 F 检验为显著"这一前提条件。即在处理间的 F 检验为显著的前提下用 PLSD 法进行多重比较，若处理间的 F 不显著，则接受 $H_0:\mu_i=\mu(i=1,\ 2,\ \cdots,\ k)$，即推断各处理的平均数间均无显著差异，不再进行多重比较。这是对减少 PLSD 法的 α 错误的一种"保护"。PLSD 法的检验步骤完全同于 LSD 法。

b. Duncan 氏新复极差法（也称 SSR 法）：该法由邓肯（D. B. Duncan）于 1955 年提出，它依平均数秩次距的不同而采用不同的显著临界值。这些显著临界值称最小显著极差，记作 LSR。例如，有 5 个 $\bar{x}$ 要相互比较，则将 5 个 $\bar{x}$ 按大小次序排列，$(\bar{x}_1-\bar{x}_5)$ 是包含 5 个平均数的极差，检验其显著性所用的临界值为 P（两极差所包含的平均数个数）=5 时的 LSR_α，检验 $(\bar{x}_1-\bar{x}_4)$ 和 $(\bar{x}_2-\bar{x}_5)$ 的显著性，其临界值为 $P=4$ 时的 LSR_α；检验其他极差所用的显著临界值，依此类推。因此，如有 k 个平均数要相互比较，需求得 $k-1$ 个 LSR_α；以作为各秩次距平均数的极差是否显著的标准。凡两极差大于相应的 LSR_α，则两极差在 α 水平上显著。在 $P=2$ 时，$LSR_\alpha=LSD_\alpha$；当 $P\geqslant 3$ 时，$LSR_\alpha>LSD_\alpha$，P 越大，LSR_α 超过 LSD_α 越多。

LSR_α 定义为

$$LRS_\alpha=S_{\bar{x}}\times SSR_\alpha$$

式中的 SSR_α 为误差均方 S_e^2 所具有自由度下，显著水平为 α。$S_{\bar{x}}$ 为平均数的标准差，在方差分析中为

$$S_{\bar{x}}=\sqrt{\frac{S_e^2}{n}}$$

式中：n 为样本容量。

（2）随机区组设计方差分析　做一项试验，除试验因素外，总希望其他条件尽量一致，这样处理间才有良好的可比性。但在实际中其他条件往往是不均一的，例如，田间试验的土壤肥力不可能是完全均匀一致的。随机区组设计就是针对这种情况，为了提高试验条件的一致性，首先将整个试验空间（有时也有时间或试验材料）分成若干个各自相对均匀一致的区组，它可以是保温箱的某一层、田间试验地的某一段等。区组内的变异要求尽可能小，区组间容许有较大差异。然后，每一个区组安排试验的一个重复。一个区组安排一个重复称完全区组，几个区组安排一个重复称不完全区组。一个重复内各试验处理在区组中的排列是完全随机的，这样才能正确地估计误差。随机区组设计体现了重复、随机化和局部控制 3 个原则。本文仅介绍单因素随机区组试验的方差分析。

单因素随机区组试验引起总变异的原因有处理间、区组间和误差 3 个部分。如果将处理看作 A 因素，区组看作 B 因素，则单因素随机区组试验的数学模型和方差分析完全同于两向分组资料。

例 2：某县农技中心通过田间试验研究了氮肥用量对小麦籽粒产量的影响。播前 P_2O_5 和 K_2O 用量均为 150 kg/hm²，共设 7 个氮肥用量水平，N 用量依次为：0 kg/hm²、65 kg/hm²、130 kg/hm²、195 kg/hm²、260 kg/hm²、325 kg/hm²、390 kg/hm²。重复 4 次，采用完全随机区组设计，小区面积 33 m²，试验结果见表 6 - 4。

该试验为单因素随机区组试验。首先求出各处理、各区组的合计 T_{ai}、T_{bj} 及平均数 $\bar{x}_{ai}$、$\bar{x}_{bj}$，并求出整个试验的总数 T 及总平均数 $\bar{x}$。然后求得各变因的平方和与自由度为：

表 6 - 4　氮肥用量对小麦籽粒产量的影响

处理 （N，kg/hm²）	小麦籽粒产量（kg/hm²）				总和 （T_{ai}）	平均 （$\bar{x}_{ai}$）
	Ⅰ	Ⅱ	Ⅲ	Ⅳ		
0	4 463	4 132	4 793	4 952	18 340	4 585
65	4 986	5 423	5 538	5 805	21 752	5 438
130	5 698	5 910	6 586	6 214	24 408	6 102
195	7 103	6 898	7 089	7 694	28 784	7 196
260	6 979	7 386	7 298	7 440	29 103	7 276
325	6 080	6 625	7 223	6 996	26 924	6 731
390	4 978	5 701	5 368	5 801	21 848	5 462
总和（T_{bj}）	40 287	42 075	43 895	44 902	$T=171\ 159$	
平均（$\bar{x}_{bj}$）	5 755	6 011	6 271	6 415		$\bar{x}=6\ 113$

$$C=\frac{T^2}{kn}=\frac{171\ 159^2}{7\times 4}=1\ 046\ 264\ 403$$

$$SS_T=\sum_{i=1}^{k}\sum_{j=1}^{n}x_{ij}^2-C=(4\ 463^2+4\ 986^2+\cdots+5\ 801^2)-C=27\ 325\ 724.11$$

$$df_T=kn-1=7\times 4-1=27$$

处理间　$SS=\dfrac{1}{n}\sum_{i=1}^{k}T_{ai}^2-C=\dfrac{1}{4}\ (18\ 340^2+21\ 752^2+\cdots+21\ 848^2)-C$

$$=24\ 484\ 525.36$$

处理间 $\qquad df=k-1=7-1=6$

区组间 $SS=\dfrac{1}{k}\sum\limits_{j=1}^{n}T_{bj}^2-C=\dfrac{1}{7}$ （$40\ 287^2+42\ 075^2+\cdots+44\ 902^2$） $-C$

$$=1\ 779\ 686.11$$

区组间 $\qquad df=n-1=4-1=3$

误差 $\quad SS_e=27\ 325\ 724.11-24\ 484\ 525.36-1\ 779\ 686.11=1\ 061\ 512.64$

误差 $\qquad df_e=$ （$k-1$）（$n-1$） $=$ （$7-1$）（$4-1$） $=18$

将以上计算结果列于下表进行方差分析。

变因	df	SS	MS	F	$F_{0.05}$	$F_{0.01}$
处理间	6	24 484 525.36	4 080 754.23	69.20**	2.66	4.01
区组间	3	1 779 686.11	593 228.70	10.06**	3.16	5.09
误差	18	1 061 512.64	58 972.92			
总变异	27	27 325 724.11				

F 检验结果表明，区组间的差异达极显著水平，说明区组间的土壤肥力是有显著差异的。但在本试验中区组是作为局部控制的手段，是为了控制和减小试验的系统误差，而不是研究的目的，所以，在区组间 F 值达显著或极显著的情况下，可以不进行多重比较。处理间的 F 检验为极显著，说明不同氮肥用量的效果是有极显著差异的。为了选择最佳的氮肥用量，用 PLSD 法进行多重比较。

已知 $S_e^2=58\ 972.92$，得

$$S_{\bar{x}_i-\bar{x}_j}=\sqrt{\dfrac{2S_e^2}{n}}=\sqrt{\dfrac{2\times58\ 972.92}{4}}=171.72\ \text{（kg/hm}^2\text{）}$$

当 $df_e=18$ 时，$t_{0.05}=2.10$，$t_{0.01}=2.88$，所以

$$PLSD_{0.05}=t_{0.05}S_{\bar{x}_i-\bar{x}_j}=2.10\times171.72=360.61\ \text{（kg/hm}^2\text{）}$$

$$PLSD_{0.01}=t_{0.01}S_{\bar{x}_i-\bar{x}_j}=2.88\times171.72=494.55\ \text{（kg/hm}^2\text{）}$$

用以上尺度检验表 6-4 各 $\bar{x}_{ai}$ 之间的差异显著性（表 6-5）。

表 6-5 不同氮肥用量小麦产量的差异显著性（PLSD 检验）

处理	$\bar{x}_{ai}$	差数					
（N，kg/hm²）	（kg/hm²）	$\bar{x}_{ai}-4\ 585$	$\bar{x}_{ai}-5\ 438$	$\bar{x}_{ai}-5\ 462$	$\bar{x}_{ai}-6\ 102$	$\bar{x}_{ai}-6\ 731$	$\bar{x}_{ai}-7\ 196$
260	7 276	2 691**	1 838**	1 814**	1 174**	545**	80
195	7 196	2 611**	1 758**	1 734**	1 094**	465 *	
325	6 731	2 146**	1 293**	1 269**	629**		
130	6 102	1 517**	664**	640**			
390	5 462	877**	24				
65	5 438	853**					
0	4 585						

从表 6-5 的比较可以看出：在所有处理中以施氮 260 kg/hm² 处理的产量最高，所有施氮处理与不施氮的对照相比，产量间差异均达极显著水平；此外，除施氮 260 kg/hm² 与 195 kg/hm² 两处理间，以及施氮 390 kg/hm² 与 65 kg/hm² 两处理之间产量差异不显著，施氮 195 kg/hm² 与 325 kg/hm² 两处理之间产量差异仅达到显著水平外，其余任意两个施氮处理间的产量差异均达极显著水平。

（四）回归分析

自然界或生产实践中，变量之间往往互相影响，共同作用，彼此间存在一定的数量关系。对这种关系的明确，在生产实践和科学试验中有着十分重要的意义。例如不同供水量与玉米单株产量的关系，玉米株高与单株产量的关系，小麦产量与氮肥用量、磷肥用量、钾肥用量之间的数量关系等，这些关系的明确对提高玉米、小麦等作物产量有着重要的意义。变量间的数量关系研究方法，这就是回归分析。

（1）回归分析的概念　变量之间的关系：在研究自然现象或生产过程时，常常会遇到各种不同的变量，它们因时间、地点、条件等变化，而取不同的数值。例如，作物产量、雨量、气温、土壤养分等，在不同的时间、不同的场合下其数量都有变化。相互联系的事物必然具有内在的规律在发生作用，每一事物的运动都和其周围相互联系的其他事物相互影响、相互作用，因而变量的数值表现也必然反映着这种互相联系和互相影响的关系。人们通过长期实践发现变量之间的关系有以下两种类型。

① 函数关系。在同一个现象或过程中的两个变量，它们相互联系并遵循一定规律在变化。当其中一个变量（自变量）在其变化范围内取定某一数值时，另一个变量（因变量）按照一定法则总有确定的数值和它对应。这种关系称函数关系，亦称确定性关系。例如，圆的面积 A 与它的半径 r 之间的关系为 $A=\pi \cdot r^2$，当半径 r 在区间 $(0, \infty)$ 内任意取定一个数值时，就可根据上式确定圆面积 A 的相应数值。函数关系常见于物理、化学等学科中，而在生物学中极为少见。

② 相关关系。在同一自然现象或技术过程中的两个变量，它们相互联系并遵循一定规律变化。当其中的自变量在其变化范围内取定某一数值时，因变量虽然没有一个确定的数值与之对应，却有一个因变量的特定条件概率分布与之对应。也就是在一次抽样中，因变量出现的数值具有偶然性；在多次抽样中，因变量出现的数值便具有一定的规律性，即服从一定的概率分布，这种关系称为相关关系。例如，施肥量与作物产量的关系，在一定限度内随着施肥量增加作物产量也相应提高，但却不能根据施肥量计算出一个完全确定的作物产量，而只能估计出一个作物产量的范围。在生物学研究中，相关关系是普遍存在的。由于相关关系的规律是概率性的，所以，相关关系资料必须用适当的统计方法处理后，才能使其规律呈现出来。

函数关系和相关关系是可以相互转化的。由于误差不可避免地存在，函数关系在实际工作中往往通过相关关系表现出来。当对事物的关系了解得非常深刻的时候，相关关系又可转化为函数关系。在科学史上很多反映自然规律的公式就是这样逐步形成的。

（2）线性回归

① 一元线性回归。

A. 直线回归的数学模型：直线回归就是一元线性回归，它处理的是一个自变量与因变量之间的线性关系。直线回归的数学模型为

$$\mu_{y,x} = \beta_0 + \beta x$$

在抽样研究中由于误差的存在，因变量 y 的观察值 y_α 与其条件平均数 $\mu_{y,x}$ 总有一定差异，即 $\mu_{y,x} = y_\alpha + \varepsilon_\alpha$，因此，直线回归的数学模型通常可以写成：

$$y_\alpha = \beta_0 + \beta x_\alpha + \varepsilon_\alpha \quad (\alpha = 1, 2, \cdots, n)$$

式中：n 为观察值 y_α 的个数，ε_α 为试验误差，它们相互独立，且服从同一正态分布 $N(0, \sigma^2)$；自变量 x 可以是随机变量，也可以是一般变量，我们仅讨论它是一般变量的情况，即它是可以精确测量和能控制的变量；因变量 y 一定是随机变量，并且服从正态分布 $N(\beta_\alpha + \beta x_\alpha, \sigma^2)$。当由样本估计时，相应的回归方程为

$$\hat{y} = b_0 + bx$$

式中 b_0、b 称回归系数。

B. 回归系数 b_0、b 的确定：确定回归系数 b_0、b 的方法有多种，其中以最小二乘法比较精确而且应用普遍，因此，以下仅介绍用最小二乘法确定回归系数。

对于试验的每一个 x_α 可以确定一个回归值 $\hat{y} = b_0 + bx_\alpha$。要使回归方程能更好地反映 x 和 y 的数量关系，应使观察值 y_α 与回归值 $\hat{y}_\alpha$ 的偏差尽可能小。最小二乘法就是在观察值 y_α 与回归值 $\hat{y}_\alpha$ 的偏差平方和 $\sum\limits_{\alpha=1}^{n}(y_\alpha - \hat{y}_\alpha)^2$ 为最小的前提下来确定 b_0 和 b，即

$$Q(b_0, b) = \sum_{\alpha=1}^{n}(y_\alpha - \hat{y}_\alpha)^2 = \sum_{\alpha=1}^{n}(y_\alpha - b_0 - bx_\alpha)^2 = 最小 \ 时求 \ b_0 \ 和 \ b。$$

由于 $Q(b_0, b)$ 是 b_0 和 b 的二次函数，又是非负的，所以它的最小值总是存在的，因此 b_0 和 b 就是下列方程组的解：

$$\begin{cases} \dfrac{\partial Q}{\partial b_0} = -2\sum_{\alpha}(y_\alpha - b_0 - bx_\alpha) = 0 \\ \dfrac{\partial Q}{\partial b} = -2\sum_{\alpha}(y_\alpha - b_0 - bx_\alpha)x_\alpha = 0 \end{cases}$$

式中 $\sum\limits_{\alpha}$ 为 $\sum\limits_{\alpha=1}^{n}$ 的缩写。

C. 直线回归方程的显著性检验：直线回归方程配置好以后，并不能说明它就符合因变量 y 与自变量 x 之间的客观规律，更不能说明用它来根据 x 的取值预报 y 值的效果。因此，需要对 y 与 x 之间线性关系的密切程度进行统计检验，也就是对所配置的回归方程进行显著性检验。以下仅介绍用方差分析对回归方程的显著性检验。回归方程的方差分析，也是将总变异按变因分解，计算出各变因的平方和与自由度以后进行 F 检验。

a. 总平方和的分解：在回归方程的方差分析中，因变量的观察值 y_1、y_2、$\cdots$、y_n 之间的波动就形成了总变异，因此，总平方和为 y 的平方和，即 $\sum\limits_{\alpha}(y_\alpha - \bar{y})^2$ 可作如下分解：

$$SS_T = l_{yy} = \sum_{\alpha} (y_{\alpha} - \overline{y})^2 = \sum \left[(y_{\alpha} - \hat{y}_{\alpha}) + (\hat{y}_{\alpha} - \overline{y}) \right]^2$$

$$= \sum_{\alpha} (y_{\alpha} - \hat{y}_{\alpha})^2 + \sum_{\alpha} (\hat{y}_{\alpha} - \overline{y})^2 + 2 \sum_{\alpha} (y_{\alpha} - \hat{y}_{\alpha})(\hat{y}_{\alpha} - \overline{y})$$

因为

$$\sum_{\alpha} (y_{\alpha} - \hat{y}_{\alpha})(\hat{y}_{\alpha} - \overline{y}) = \sum_{\alpha} (y_{\alpha} - \hat{y}_{\alpha})(b_0 + bx_{\alpha} - \overline{y})$$

$$= (b_0 - \overline{y}) \sum_{\alpha} (y_{\alpha} - \hat{y}_{\alpha}) + b \sum_{\alpha} (y_{\alpha} - \hat{y}_{\alpha}) x_{\alpha} = 0$$

所以

$$\underset{l_{yy}}{\sum_{\alpha} (y_{\alpha} - \overline{y})^2} = \underset{u}{\sum_{\alpha} (\hat{y}_{\alpha} - \overline{y})^2} + \underset{Q}{\sum_{\alpha} (\overline{y}_{\alpha} - \hat{y}_{\alpha})^2}$$

式中 $\sum_{\alpha} (\hat{y}_{\alpha} - \overline{y})^2$ 称为回归平方和，记作 u，它是由自变量 x 的变化而引起的，它的大小反映了 x 对 y 制约的程度，即 y 与 x 之间线性相关关系的密切程度。$\sum_{\alpha} (y_{\alpha} - \hat{y}_{\alpha})^2$ 称剩余平方和，它是由试验误差及其他未加控制的因素引起的，它就是用最小二乘法确定回归系数时的 Q 值。

为了计算方便，在计算回归平方和 u 及剩余平方和 Q 时，通常作如下变形：

$$u = \sum_{\alpha} (\hat{y}_{\alpha} - \overline{y})^2 = \sum_{\alpha} (b_0 + bx_{\alpha} - b_0 - b\overline{x})^2$$

$$= b^2 \sum_{\alpha} (x_{\alpha} - \overline{x})^2 = b \sum_{\alpha} (x_{\alpha} - \overline{x})(y_{\alpha} - \overline{y}) = b \cdot l_{xy}$$

$$Q = \sum_{\alpha} (y_{\alpha} - \overline{y})^2 - \sum_{\alpha} (\hat{y}_{\alpha} - \overline{y})^2 = l_{yy} - u$$

b. 自由度的确定：在回归方程的方差分析中，总平方和为 y 的平方和，故总自由度应为 y 的自由度，即 $df_T = n-1$，n 为观察值 y_{α} 的个数。设 k 为包括 b_0 在内回归系数的个数，总自由度 df_T 可作如下分解：

$$df_T = n-1 = n-1+k-1-k+1 = (k-1) + (n-k)$$

式中 $k-1$ 为回归自由度，记作 df_u，$(n-k)$ 为剩余自由度，记作 df_Q，故

$$df_T = df_u + df_Q$$

在直线回归方程中，$k=2$。故 $df_u = 2-1 = 1$，则 $df_Q = n-2$。

c. F 检验：直线回归方程的显著性检验，就是检验 y 与 x 之间是否有线性相关关系，实质上就是要检验回归系数 β 是否为零。因此，无效假设为 $H_0: \beta = 0$，即 y 与 x 无线性相关关系。对应假设为 $H_A: \beta \neq 0$ 即 y 与 x 有线性相关关系；检验所用统计量 F 为

$$F = \frac{S_u^2}{S_Q^2} = \frac{u}{Q/(n-2)}$$

② 多元线性回归。在直线回归中仅讨论了两个变量之间的线性关系和可以直线化的曲线关系。但是在科学研究和生产实践中，和因变量 y 有关系的变量不只是一个，而是多个，并且它们之间的关系也不一定是线性的。例如，作物产量的高低，与播期、密度、施肥、土壤肥力以及雨量、光照、气温、病虫害等多种因素有关。研究变量 y 与多个变量之间的数量关系称为多元回归，以下仅介绍多元回归中简单而基本的多元线性回归，因为许多多元非线性回归都可以化为多元线性回归来处理。

A. 多元线性回归的数学模型：设变量 y 与另外 p 个变量 x_1、x_2、x_3、$\cdots$、x_p 的内在关系是线性的，如果做了 n 次试验，其结果如表 6-6 所示。

表 6-6　各处理的试验结果

试验号	x_1	x_2	$\cdots$	x_p	y
1	x_{11}	x_{12}	$\cdots$	x_{1p}	y_1
2	x_{21}	x_{22}	$\cdots$	x_{2p}	y_2
$\vdots$	$\vdots$	$\vdots$		$\vdots$	$\vdots$
n	x_{n1}	x_{n2}	$\cdots$	x_{np}	y_n

对表中的数据可以假定具有如下模型：

$$\begin{cases} y_1=\beta_0+\beta_1 x_{11}+\beta_2 x_{12}+\cdots+\beta_p x_{1p}+\varepsilon_1 \\ y_2=\beta_0+\beta_1 x_{21}+\beta_2 x_{22}+\cdots+\beta_p x_{2p}+\varepsilon_2 \\ \vdots \\ y_n=\beta_0+\beta_1 x_{n1}+\beta_2 x_{n2}+\cdots+\beta_p x_{np}+\varepsilon_n \end{cases}$$

即

$$y_\alpha=\beta_0+\beta_1 x_{\alpha 1}+\beta_2 x_{\alpha 2}+\cdots+\beta_p x_{\alpha p}+\varepsilon_\alpha \quad (\alpha=1,2,3,\cdots,n)$$

式中：β_0，β_1，β_2，$\cdots$，β_p 为待估参数；ε_1，ε_2，$\cdots$，ε_n 为 n 个独立且服从同一正态分布 $N(0,\sigma^2)$ 的随机变量。

上式称为多元线性回归的数学模型。用上表的试验结果进行估计时，可得相应的多元线性回归方程为：

$$\hat{y}=b_0+b_1 x_1+b_2 x_2+\cdots+b_j x_j+\cdots+b_p x_p$$

式中：b_0 为常数项；b_j 以为 y 对 x_j 的偏回归系数，表示当其他 x 固定不变时，x_j 变化一个单位而使 y 平均变化的数值。

如果令

$$Y=\begin{bmatrix} y_1 \\ y_2 \\ \vdots \\ y_n \end{bmatrix} \quad X=\begin{bmatrix} 1 & x_{11} & x_{12} & \cdots & x_{1p} \\ 1 & x_{21} & x_{22} & \cdots & x_{2p} \\ \vdots & \vdots & \vdots & \vdots & \vdots \\ 1 & x_{n1} & x_{n2} & \cdots & x_{np} \end{bmatrix}$$

$$\beta=\begin{bmatrix} \beta_0 \\ \beta_1 \\ \vdots \\ \beta_p \end{bmatrix} \quad \varepsilon=\begin{bmatrix} \varepsilon_1 \\ \varepsilon_2 \\ \vdots \\ \varepsilon_n \end{bmatrix}$$

则可以写成矩阵形式：

$$Y=X\beta+\varepsilon$$

B. 回归方程的显著性检验：在配置回归方程时，我们只是假定 y 与 x_1，x_2，$\cdots$，x_p 之间是线性关系，因此，在回归方程建立后，还需对其进行显著性检验，以检验原来的假定是否正确。多元回归方程的显著性检验也是采用方差分析的方法，其方法原理与直线回归相同，也是将 y 的总平方和分解为回归与剩余两个部分，所不同的是在计算公式上由于自变量数目增多而有所变化而已。

a. 总平方和与总自由度的分解：

$$SS_T = l_{yy} = \sum_\alpha (y_\alpha - \overline{y})^2 = \sum_\alpha (\hat{y}_\alpha - \overline{y})^2 + \sum_\alpha (y_\alpha - \hat{y}_\alpha)^2$$

式中：$\sum_\alpha (\hat{y}_\alpha - \overline{y})^2$ 为回归平方和 u；$\sum_\alpha (y_\alpha - \hat{y}_\alpha)^2$ 为剩余平方和 Q。在 F 检验时，u 和 Q 往往不是按上述定义式求得，而是利用求回归系数过程中的一些结果，以简化计算。

$$Q = \sum_\alpha (y_\alpha - \hat{y}_\alpha)^2 = \sum_\alpha (y_\alpha - \hat{y}_\alpha) y_\alpha - \sum_\alpha (y_\alpha - \hat{y}_\alpha) \hat{y}_\alpha$$

由式可得：

$$\sum_\alpha (y_\alpha - \hat{y}_\alpha) \hat{y}_\alpha = 0$$

所以

$$Q = \sum_\alpha (y_\alpha - \hat{y}_\alpha) y_\alpha = \sum_\alpha y_\alpha^2 - \sum_\alpha y_\alpha (b_0 + \sum_{j=1}^p x_{\alpha j} b_j)$$

$$= \sum_\alpha y_\alpha^2 - b_0 \sum_\alpha y_\alpha - \sum_{j=1}^p b_j \sum_\alpha x_{\alpha j} y_\alpha$$

$$= \sum_\alpha y_\alpha^2 - b_0 B_0 - \sum_{j=1}^p b_j B_j$$

$$u = l_{yy} - Q$$

自由度可按下式确定：

$$\begin{cases} df_T = n-1 = df_u + df_Q \\ df_u = p \\ df_Q = n-1-p \end{cases}$$

b. F 检验：在多元线性回归方程的方差分析中，假设 H_0：$\beta_1 = \beta_2 = \cdots = \beta_p = 0$；对 H_A：β_1，β_2，$\cdots$，β_p 不全为 0。检验所用的统计量 F 和直线回归完全相同，即

$$F = \frac{S_u^2}{S_Q^2}$$

C. 回归系数的显著性检验：在多元回归中，回归方程经过检验是显著的，并不意味着每个自变量 x_1，x_2，$\cdots$，x_p 对因变量 y 的影响都是重要的，也就是每个偏回归系数不一定都是显著的。因此，在回归方程检验为显著以后，需进一步对每个偏回归系数作显著性检验。对偏回归系数进行显著性检验所作的假设是 H_0：$\beta_j = 0$，对 H_A：$\beta_j \neq 0$，所用的方法是 F 检验或 t 检验。

a. F 检验：在多元线性回归中，回归平方和 u 是所有自变量 x 对因变量 y 影响的总和。如果去掉一个自变量 x_j，u 只会减少，不会增加，减少的数值越大，说明 x_j 在回归中的作用越大，也就是 x_j 越重要。去掉后 x_j 回归平方和 u 减少的数值称 y 对 x_j 的偏回归平方和，记作 P_j。计算 P_j 的公式为

$$P_j = \frac{b_j^2}{C_{jj}}$$

式中：C_{jj} 为相关矩阵 $\boldsymbol{C}=\boldsymbol{A}^{-1}$ 中主对角线上第 j 个元素；b_j 为 y 对 x_j 的偏回归系数。

显然，P_j 就是因加入 x_j 而增加的回归平方和，具有一个自由度。因此，由

$$F_j=\frac{P_j}{S_Q^2}=\frac{P_j}{Q/df_Q}$$

可以检验 b_j 的显著性。

b. t 检验：偏回归系数 b_j 的方差为

$$S_{bj}^2=D\ (b_j)=C_{jj}\sigma^2$$

故

$$S_{bj}=\sigma\ \sqrt{C_{jj}}$$

用 S_Q 作 σ 的估计值，则

$$S_{bj}=S_Q\ \sqrt{C_{jj}}=\sqrt{C_{jj}Q/df_Q}$$

由于 $(b_j-\beta_j)\ /S_{bj}$ 符合 $\upsilon=df_Q$ 的 t 分布，所以可由

$$t_j=\frac{b_j}{S_{bj}}$$

检验 b 的显著性。

D. 根据多元线性回归方程对 y 进行区间估计：

在多元线性回归中，根据回归方程，对个体 y 进行区间估计时所用到的估计标准误差 S_y 为

$$S_y=\sqrt{S_Q^2\Big[1+\frac{1}{n}+\sum_{i=1}^{p}C_{ii}(x_{0i}-\bar{x}_i)^2+2\sum_{i<1}C_{ij}(x_{0i}-\bar{x}_i)(x_{0j}-\bar{x}_j)\Big]}$$

式中：S_Q^2 为回归方程进行方差分析时的剩余均方，C_{ii}、C_{ij} 为相关矩阵 $\boldsymbol{C}=\boldsymbol{A}^{-1}$ 中的元素 x_{0i}、x_{0j} 为用于估计个体 y 时的自变量指定值，$\bar{x}_i$、$\bar{x}_j$ 为 x_i 和 x_j 的平均数 n 为观察值 y 的个数。

当自变量的取值为 x_{01}，x_{02}，$\cdots$，x_{0p} 时，其回归值 $\hat{y}_0$ 为

$$\hat{y}_0=b_0+b_1x_{01}+b_2x_{02}+\cdots+b_px_{0p}$$

则个体 y_0 的置信区间为

$$\hat{y}_0-t_aS_y\leqslant y_0\leqslant\hat{y}_0+t_aS_y$$

（3）**非线性回归**　可直线化的曲线回归：在一元回归中，有时因变量与自变量之间并非直线关系，而是曲线关系，这种情况在生物实验中较为常见。例如生物生长量与时间的关系，作物产量与密度的关系，作物产量和水分的关系等，都呈曲线关系，在一元曲线回归中，有些可以化为直线回归来处理，有些则不能。以下介绍曲线回归中可直线化的回归方程的配置。

A. 一元曲线回归能否直线化的判断：许多一元曲线回归都可以通过变量变化成直线回归而获得解决。这就是说对自变量或因变量，或者同时两者进行适当的变量变换，便可把曲线方程化成直线回归方程，这样就可以利用配置直线回归方程的办法来配置方程和对方程进行显著性检测，如对数函数回归，其回归方程为

$$\hat{y}=b_0+b\lg x$$

如果令 $x'=\lg x$，则上式可化为直线回归方程：

$$\hat{y}=b_0+bx'$$

又如指数函数回归，它的回归方程为

$$\hat{y}=b_0 \mathrm{e}^{bx}$$

如果对上式两边取自然对数，则上式变成

$$\ln\hat{y}=\ln b_0+bx$$

令 $y'=\ln\hat{y}$，$b'_0=\ln b_0$，则上式可化成直线回归方程：

$$y'=b'_0+bx$$

以上所述可见，要判断一元曲线回归是否能直线化，就是要看曲线回归方程能否通过变量变换化成直线方程，凡能化为直线方程，均为可直线化的回归方程。

B. 可直线化的曲线回归方程的配置与检验：根据曲线回归方程直线化的方法，其回归方程的配置与检验分以下步骤。

a. 确定曲线回归方程的函数类型：根据实验数据做散点图，将散点图与各种函数图形对照，并结合专业知识确定其曲线回归的函数类型，同时判断其是否为可直线化的，如为可直线化者可继续进行以下步骤。

b. 进行变量变换：根据所选函数类型直线化变量变换的要求，将实验的原始数据作相应的变换。

c. 配置回归方程并进行检验：用变量变换后的数据，配置直线回归方程，并进行显著性检验，其方法同前。

d. 将直线回归方程复原为曲线回归方程：如果所配制的回归直线方程经过检验是显著的，则可根据直线化时所作变量变换的方法进行逆变换，将其复原为曲线回归方程。

C. 最优方程的选择：所谓最优方程，就是对某个双变量资料，在尽可能的函数式内选取与实测值拟合得到最好的一种函数式。一般情况下，一个散点图常有几种相接近的曲线函数可拟合，哪一种拟合得最好需要进行比较，比较方法有的以直线方程的相关系数 r 的大小作为判断标准，认为绝对值最大者曲线函数拟合得最好，但根据最小二乘原理，以回归方程剩余平方和 Q，即 $\sum(y-\hat{y})^2$ 作为判别标准最为恰当。Q 最小者，即认为该曲线函数拟合得最好。一些情况下，$|r|$ 越大，Q 越小；另一些情况下，由于直线化方法不同，$|r|$ 越大，Q 不一定最小。因此，以回归方程剩余平方和 Q 的大小作为判别标准为好。

例3：在环境调查污染物自净的过程中，测得酚浓度 y 和时间 x 的对应数据如表6-7所示，试选择最优方程。

表 6-7　污染物自净过程中酚的浓度 y 和时间 x 的对应数据

x (min)	2.17	4.50	13.33	24.50	29.67	35.00	49.67	65.50	81.33
y (mg/L)	0.040	0.039	0.038	0.024	0.021	0.023	0.017	0.017	0.013

a. 做散点图进行判断：根据表中数据，以 x 为横坐标 y 为纵坐标，在坐标纸上作出散点图（图6-1），可初步判断，该散点图形状近似于三种曲线，即指数函数 $y=a\mathrm{e}^{bx}$，幂函数 $y=dx^b$，双曲线 $y=a+b/x$，同时也近似于线性回归，则在这四种函数中进行选择。

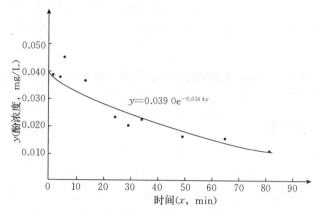

图 6-1 污染物自净过程中酚的浓度和时间的关系

b. 配置回归方程：在配置回归方程之前，先将上述三种曲线方程直线化，直线化方法同前述，只是幂函数等式两边取自然对数，将方程直线化后再将相应的数据作直线化变换，其结果见表 6-8。

表 6-8 上例表 6-6 资料数据直线化变换

编号	x (min)	y (mg/L)	指数函数 y'	幂函数 y'	幂函数 x'	双曲线 x'
1	2.17	0.040	−3.218 9	−3.218 9	0.774 7	0.460 8
2	4.50	0.039	−3.244 2	−3.244 2	1.504 1	0.222 2
3	13.33	0.038	−3.270 2	−3.270 2	2.590 0	0.075 0
4	24.50	0.024	−3.729 7	−3.729 7	3.198 7	0.040 8
5	29.67	0.021	−3.863 2	−3.863 2	3.390 1	0.033 7
6	35.00	0.023	−3.772 3	−3.772 3	3.555 3	0.028 6
7	49.67	0.017	−4.074 5	−4.074 5	3.905 4	0.020 1
8	65.50	0.017	−4.074 5	−4.074 5	4.182 1	0.015 3
9	81.33	0.013	−4.342 8	−4.342 8	4.398 5	0.012 3
Σ	305.67	0.232	−33.590 3	−33.590 3	27.498 9	0.908 8

根据表 6-8 的数据，配置曲线回归方程的直线化回归方程，即

指数函数直线化方程 $\qquad y' = -3.243\,2 - 0.014\,4x$

幂函数直线化方程 $\qquad y' = -2.795\,2 - 0.308\,6x'$

双曲线直线化方程 $\qquad y = 0.020\,4 + 0.053\,5x'$

线性回归方程 $\qquad y = 0.037\,8 - 0.000\,353x$

将直线化回归方程复原为曲线回归方程，即

指数函数回归方程 $\qquad \hat{y} = 0.039\,0e^{-0.0144x}$

幂函数回归方程 $\qquad \hat{y} = 0.061\,1x^{-0.308\,6}$

双曲线回归方程 $\qquad \hat{y}=0.020\,4+0.053\,5/x$

c. 计算剩余平方和，选择最优方程将实测值和根据回归方程计算的估计值列于下表 6 - 9。

表 6-9 表 6-6 资料实测值和各回归方程计算出的估计值

项目	编号								
	1	2	3	4	5	6	7	8	9
y	0.040	0.039	0.038	0.024	0.021	0.023	0.017	0.017	0.013
指数回归 $\hat{y}$	0.038	0.037	0.032	0.027	0.025	0.024	0.019	0.015	0.012
幂函数回归 $\hat{y}$	0.048	0.038	0.027	0.023	0.021	0.020	0.018	0.017	0.016
双曲线回归 $\hat{y}$	0.045	0.032	0.024	0.023	0.022	0.022	0.021	0.021	0.021
直线回归 $\hat{y}$	0.037	0.036	0.033	0.029	0.027	0.025	0.020	0.015	0.009

利用表 6-9 的数据计算回归方程的剩余平方和，剩余平方和只能用实测值和回归估计值之差来计算，即

$$Q = \sum (y-\hat{y})^2$$

不能用 $Q=l_{y'y'}-bl_{xy'}$ 来计算，则

指数回归方程剩余平方和 $\qquad Q= \sum (y-\hat{y})^2=0.000\,079$

幂函数回归方程剩余平方和 $\qquad Q= \sum (y-\hat{y})^2=0.000\,206$

双曲线回归方程剩余平方和 $\qquad Q= \sum (y-\hat{y})^2=0.000\,369$

直线回归方程剩余平方和 $\qquad Q= \sum (y-\hat{y})^2=0.000\,137$

比较上述各类回归方程的剩余平方和，显然指数回归方程的剩余平方和最小，所以选择该回归方程来表达酚的浓度和时间的关系最好，即 $\hat{y}=0.0390\mathrm{e}^{-0.014\,4x}$ 较好地拟合了酚的浓度 y 与时间 x 的关系。

从上述计算过程中，可以看出最优方程所选择的计算过程相当的繁琐，上例仅是根据初步判断确定的四种方程进行选择，若在所有可直接化的非线性方程中进行选择计算更为复杂，为了方便应用，目前编辑出了程序可在计算机上进行选择。

三、数据分析

（一）"3414"田间试验

"3414"试验方案设计属于二次回归设计，试验结果需进行二次肥料效应方程的拟合、回归分析及方差分析。统计分析基础知识请参考有关的数理统计和生物统计方面的教材，本文只介绍"3414"试验设计所需要的回归分析及方程的拟合在统计软件中如何实现以及对分析结果的正确解释。

（1）"3414"方案设计的特点 "3414"方案既吸收了回归最优设计的处理少、效率高

的优点，又符合肥料试验和施肥决策的专业要求。"3414"设计，即氮、磷、钾3因素4水平14个处理的肥料试验设计方案。设氮、磷、钾肥施肥量分别与处理方案的 x_1、x_2、x_3 对应，则"3414"设计的处理方案和结构矩阵见表6-10。该方案的主要特点是，它不仅可以用于建立三元二次肥料效应方程，而且还可以建立二元二次或一元二次肥料效应方程，因而增加了试验信息量。即使某一个或几个处理遭受破坏，仍可以获得一些用于施肥决策的有价值试验结果。例如，通过处理4~10、12，可以建立以 N_2 水平（x_1 的2水平）为基础的磷、钾二元二次肥料效应方程；通过处理2、3、6、8、9、10、11、13，可以建立以 P_2 水平（x_2 的2水平）为基础的氮、磷二元二次肥料效应方程；通过处理2~7、11、14，可以建立以 K_2 水平（x_3 的2水平）为基础的氮、钾二元二次肥料效应方程。该方案的另一优点是处理取整数，便于实施，且具有直观可比性，便于示范。

表6-10 "3414"设计的处理方案和结构矩阵

处理号	x_0	x_1	x_2	x_3	x_1^2	x_2^2	x_3^2	$x_1 x_2$	$x_1 x_3$	$x_2 x_3$
1	1	0	0	0	0	0	0	0	0	0
2	1	0	2	2	0	4	4	0	0	4
3	1	1	2	2	1	4	4	2	2	4
4	1	2	0	2	4	0	4	0	4	0
5	1	2	1	2	4	1	4	2	4	2
6	1	2	2	2	4	4	4	4	4	4
7	1	2	3	2	4	9	4	6	4	6
8	1	2	2	0	4	4	0	4	0	0
9	1	2	2	1	4	4	1	4	2	2
10	1	2	2	3	4	4	9	4	2	6
11	1	3	2	2	9	4	4	6	6	4
12	1	2	1	1	4	1	1	2	2	1
13	1	1	2	1	1	4	1	2	1	2
14	1	1	1	2	1	1	4	1	2	2

（2）"3414"试验完全实施的结果统计与分析 如果"3414"方案完全实施并没有发生某些处理数据缺损的现象，则可采用三元二次肥料效应模型进行拟合，得出最佳施肥配方。所采用的方程为

$$y = b_0 + b_1 x_1 + b_2 x_1^2 + b_3 x_2 + b_4 x_2^2 + b_5 x_3 + b_6 x_3^2 + b_7 x_1 x_2 + b_8 x_1 x_3 + b_9 x_2 x_3$$

方差分析表明施肥有增产效果时，采用模型进行拟合；方差分析表明施肥不增产时，推荐施肥量为0。下面以"3414"冬小麦肥料试验数据为例，利用 Excel 进行三元二次肥料效应拟合。

第一步，在 Excel 表格中输入表 6-11 "3414" 冬小麦肥料实施方案及田间试验的产量结果。

表 6-11 产量结果

编号	N (x_1)	P (x_2)	K (x_3)	每 667 m² 产量（kg）
1	0	0	0	300
2	0	8	10	351
3	8	8	10	399
4	16	0	10	421
5	16	4	10	432
6	16	8	10	441
7	16	12	10	419
8	16	8	0	405
9	16	8	5	410
10	16	8	15	420
11	24	8	10	412
12	8	4	10	412
13	8	8	5	432
14	16	4	5	425

第二步，计算 x_1^2、x_2^2、x_3^2、$x_1 x_2$、$x_1 x_3$、$x_2 x_3$（表 6-12）。

表 6-12 计算结果

编号	N (x_1)	P (x_2)	K (x_3)	x_1^2	x_2^2	x_3^2	$x_1 x_2$	$x_1 x_3$	$x_2 x_3$	每 667 m² 产量（kg）
1	0	0	0	0	0	0	0	0	0	300
2	0	8	10	0	64	100	0	0	80	351
3	8	8	10	64	64	100	64	80	80	399
4	16	0	10	256	0	100	0	160	0	421
5	16	4	10	256	16	100	64	160	40	432
6	16	8	10	256	64	100	128	160	80	441
7	16	12	10	256	144	100	192	160	120	419
8	16	8	0	256	64	0	128	0	0	405
9	16	8	5	256	64	25	128	80	40	410
10	16	8	15	256	64	225	128	240	120	420
11	24	8	10	576	64	100	192	240	80	412
12	8	4	10	64	16	100	32	80	40	412
13	8	8	5	64	64	25	64	40	40	432
14	16	4	5	256	16	25	64	80	20	425

第三步，打开工具下拉菜单→数据分析→回归，确定。

第四步，在"y 值输入区域"输入产量，"x 值输入区域"输入 x_1、x_2、x_3、x_1^2、x_2^2、x_3^2、x_1x_2、x_1x_2、x_2x_3，将表头也选中，在标志框处打"√"，并选择任意位置为输出区域，确定（图 6-2）。

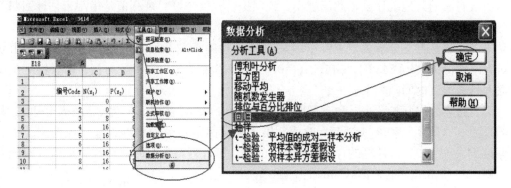

图 6-2　数据分析界面一

即可得到包含三张表的输出结果（图 6-3）。

SUMMARY OUTPUT

回归统计	
Multiple	0.980116
R Square	0.960628
Adjusted	0.87204
标准误差	13.28303
观测值	14

方差分析

	df	SS	MS	F	gnificance F
回归分析	9	17219.46	1913.273	10.84384	0.017485
残差	4	705.7551	176.4388		
总计	13	17925.21			

	Coefficien	标准误差	t Stat	P-value	Lower 95%	Upper 95%	下限 95.0%	上限 95.0%
Intercept	301.7688	13.21973	22.82715	2.18E-05	265.065	338.4727	265.065	338.4727
N(x1)	8.096014	3.338397	2.42512	0.072361	-1.17286	17.36489	-1.17286	17.36489
P(x2)	15.39657	6.676795	2.305983	0.082395	-3.14118	33.93433	-3.14118	33.93433
K(x3)	3.544531	5.341436	0.663591	0.543244	-11.2857	18.37473	-11.2857	18.37473
x12	-0.32668	0.0833	-3.92172	0.017223	-0.55796	-0.0954	-0.55796	-0.0954
x22	-0.46581	0.333201	-1.398	0.234656	-1.39093	0.459301	-1.39093	0.459301
x32	-0.36176	0.213249	-1.69641	0.165048	-0.95383	0.230316	-0.95383	0.230316
x1x2	-0.30181	0.377616	-0.79925	0.468918	-1.35024	0.746623	-1.35024	0.746623
x1x3	0.474463	0.302093	1.570584	0.19137	-0.36428	1.313208	-0.36428	1.313208
x2x3	-0.56017	0.604186	-0.92714	0.406331	-2.23766	1.117324	-2.23766	1.117324

图 6-3　数据分析界面二

第一张表是回归统计表，包括以下几部分内容：Multiple R（复相关系数 R）：R^2 的平方根，又称为相关系数，它用来衡量变量 x 和 y 之间相关程度的大小。本例中：R 为 0.980 116，表示二者之间的关系是高度正相关。

R Square（复测定系数 R^2）：用来说明用自变量解释因变量变差的程度，以测量同因变量 y 的拟合效果。复测定系数为 0.960 628，表明用自变量可解释因变量变差的 96.062 8%。

Adjusted R Square（调整复测定系数 R^2）：仅用于多元回归才有意义，它用于衡量加入独立变量后模型的拟合程度。当有新的独立变量加入后，即使这一变量同因变量之间不相关，未经修正的 R^2 也要增大，修正的 R^2 仅用于比较含有同一个因变量的各种模型。标准误差，又称为标准回归误差或叫估计标准误差，它用来衡量拟合程度的大小，也用于计算与回归有关的其他统计量，此值越小，说明拟合程度越好。观测值是指用于估计回归方程的数据的观测值个数。

第二张表是方差分析表。主要作用是通过 F 检验来判断回归模型的回归效果。由表中可看出本例 $F=10.843\,84$ 大于 $F_{0.05}=0.017\,485$。说明冬小麦产量与氮、磷、钾肥施用量之间具有显著的回归关系。

第三张表是回归参数表。包含回归参数有：Intercept：截距 b_0、b_1、b_2…b_9。第二列：回归系数 β_0（截距）和 β_1（斜率）的值。第三列：回归系数的标准误差。第四列：根据原假设 H_0：$\beta_0=\beta_1=0$ 计算的样本统计量 t 的值。第五列：各个回归系数的 p 值（双侧）。第六列：β_0 和 $\beta_1 95\%$ 的置信区间的上下限。

由此可得本例三元二次方程为

$$\hat{y}=301.768\,8+8.096\,014x_1+15.396\,57x_2+3.544\,531x_3-0.326\,68x_1^2-0.465\,81x_2^2-0.361\,76x_3^2-0.301\,81x_1x_2+0.474\,463x_1x_3-0.560\,17x_2x_3$$

（3）"3414"的部分实施方案的结果统计与分析　"3414"方案部分实施方案目的可为单因素效应方程的拟合、二因素效应方程的拟合及常规处理。如氮、磷适量水平下钾肥的效应方程的拟合；K适量水平为基础进行氮、磷二元效应方程拟合；"3414"方案选取处理1无肥区（CK）、处理6氮磷钾区（$N_2P_2K_2$）、处理2缺氮区（P_2K_2）、处理4缺磷区（N_2K_2）、处理8缺钾区（N_2P_2）部分实施，可获得土壤养分丰缺指标、土壤养分供应量、作物养分吸收量等参数。下面就这三种情况的试验结果的统计分别做一下说明。

在"3414"试验设计中，一般将第二水平作为可能的最佳用量。我们认为研究单因素的肥料效应时不应该受到其他因素因不足或过量而造成的影响（对于 N、P、K 而言，轻微的过量一般不会造成大的影响），因此，将其他2个因素定在2水平上应该是合理的。采用一元肥料效应模型进行拟合时，选用处理2、3、6、11可求得在 P_2K_2 水平为基础的氮肥效应方程；选用处理4、5、6、7可求得在 N_2K_2 水平为基础的磷肥效应方程；选用处理6、8、9、10可求得在 N_2P_2 水平为基础的钾肥效应方程，仅应设置三次重复。采用的单因素肥料效应模型采用一元二次效应模型为

$$y=a+bx+cx^2$$

式中 y 为籽粒产量（kg/hm²），x 为肥料用量（kg/hm²），a 为截距，b 为一次回归系数，c 为二次回归系数。

进行氮、磷二元效应方程拟合时，可选用处理2～7、11、12，可求得在以 K_2 水平为基础的氮、磷二元二次肥效应方程。二元二次效应模型的方程为

$$y=a+bx_1+cx_2+dx_1x_2+ex_1^2+fx_2^2$$

下面仍以上个小麦肥料效应试验为例说明在 Excel 中实现一元二次和二元二次效应方程的拟合。

① 一元二次肥料效应的拟合。选用处理　2、3、6、11求在当地最佳施磷、钾肥量

下的氮肥效应方程。

第一步，输入处理 2、3、6、11，并计算 x_1^2（表 6 - 13）。

表 6 - 13　处理 2、3、6、11 计算 x_1^2

编号	N（x_1）	N²（x_1^2）	每 667 m² 产量（kg）
2	0	0	351
3	8	64	399
6	16	256	441
11	24	576	412

第二步，打开 Excel 工具下拉菜单→数据分析→回归，确定。

第三步，在"y 值输入区域"输入产量，"x 值输入区域"输入 x_1、x_1^2，选中表头，在标志框处打"√"，并选择任意位置为输出区域，确定。得如下结果（表 6 - 14）。

表 6 - 14　回归分析

	系数	t 值	P 值
截距	347. 75	24. 547 48	0. 025 92
N（x_1）	10. 031 25	3. 527 473	0. 175 861
N²（x_1^2）	−0. 300 78	−2. 648 88	0. 229 805

由此可写出一元二次方程式：

$$\hat{y} = 347.75 + 10.031\,25x_1 - 0.300\,78x_1^2$$

对回归方程进行显著性检验，$P = 0.223\,613 > 0.05$，用该回归方程描述在当地最佳施磷、钾肥量下的氮肥效应不恰当（表 6 - 15）。

表 6 - 15　方差分析

	df	SS	MS	F	P 值
回归分析	2	4 013. 5	2 006. 75	9. 499 408	0. 223 613
残差	1	211. 25	211. 25		
总计	3	4 224. 75			

拟合一元二次方程可按下面步骤制作。

第一步，在 Excel 表格中输入处理 2、3、6、11 及产量（图 6 - 4）。

N（x_1）	每 667 m² 产量（kg）
0	351
8	399
16	441
24	412

图 6 - 4　Excel 表格输入界面

第二步，打开图表向导→选中 XY 散点图输入→下一步→数据区域，输入上述两列数据→完成（图6-5）。

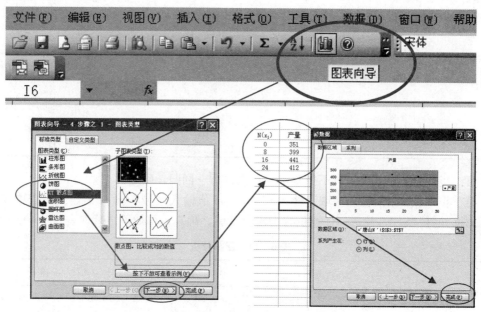

图6-5 数据分析界面一

第三步，鼠标对准散点图点，右击鼠标→添加趋势线→在类型中选择多项式，选项中选中显示公式、显示R平方值→确定（图6-6）。

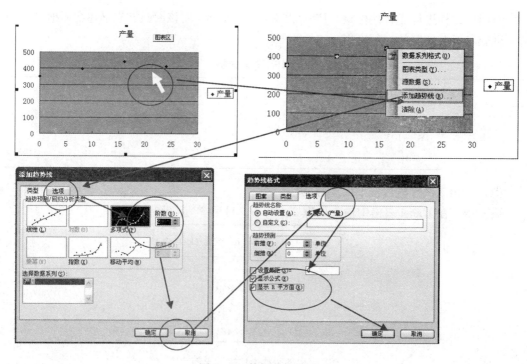

图6-6 数据分析界面二

即得到一元二次肥料效应方程及拟合图（图 6 - 7）。

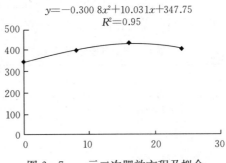

$$y = -0.300\,8x^2 + 10.031x + 347.75$$
$$R^2 = 0.95$$

图 6 - 7　一元二次肥效方程及拟合

② 二元二次效应方程的拟合。第一步，输入处理 2～7、10、11 和 12，并计算 x_1^2、x_2^2 和 $x_1 x_2$（表 6 - 16）。

表 6 - 16　计算结果

编号	N (x_1)	P (x_2)	x_1^2	x_2^2	$x_1 x_2$	每 667 m² 产量（kg）
2	0	8	0	64	0	351
3	8	8	64	64	64	399
4	16	0	256	0	0	421
5	16	4	256	16	64	432
6	16	8	256	64	128	441
7	16	12	256	144	192	419
10	16	8	256	64	128	420
11	24	8	576	64	192	412
12	8	4	64	16	32	412

第二步，打开 Excel 工具下拉菜单→数据分析→回归，确定。

第三步，在"y 值输入区域"输入产量，"x 值输入区域"输入 x_1、x_2、x_1^2、x_2^2、$x_1 x_2$，若将表头也选中，需在标志框处打"√"，并选择任意位置为输出区域，确定。得如下结果（表 6 - 17）。

表 6 - 17　回归分析

	系数	标准误差	t 值	P 概率值
截距	360.375	49.140 92	7.333 502	0.005 238
N (x_1)	8.305 966	3.685 179	2.253 884	0.109 544
P (x_2)	0.725 568	7.370 358	0.098 444	0.927 789
N² (x_1^2)	−0.278 94	0.069 068	−4.038 67	0.027 311
P² (x_2^2)	−0.274 86	0.276 271	−0.994 89	0.393 122
NP ($x_1 x_2$)	0.141 406	0.381 696	0.370 468	0.735 645

由此可写出二元二次方程式：

$$\hat{y} = 360.375 + 8.305\,966x_1 + 0.725\,568x_2 - 0.278\,94x_1^2 - 0.274\,86x_2^2 + 0.141\,406x_1x_2$$

对其进行显著性检验，$P < 0.05$，说明该回归方程真实存在（表 6-18）。

表 6-18 方差分析

	df	SS	MS	F	P
回归分析	5	5 021.455	1 004.291	9.929 25	0.043 842
残差	3	303.434 1	101.144 7		
总计	8	5 324.889			

"3414"的部分实施方案选取处理 1、2、4、6、8 五个处理，称为常规 5 处理，如表 6-19 所示。

表 6-19 常规与处理

表格 1	"3414"方案处理编号	处理	N	P	K
无肥区	1	$N_0P_0K_0$	0	0	0
无氮区	2	$N_0P_2K_2$	0	2	2
无磷区	4	$N_2P_0K_2$	2	0	2
氮磷钾区	6	$N_2P_2K_2$	2	2	2
无钾区	8	$N_2P_2K_0$	2	2	0

通过该试验，可以取得土壤养分供应量、作物吸收养分量等参数，同时进行土壤有效养分测定，建立土壤养分丰缺指标体系，用于推荐施肥。下面以钾素为例说明如何建立土壤有效养分测定值和土壤供肥能力及作物产量之间的关系。如处理 6（氮磷钾区）和处理 8（缺钾区），收获后计算产量，用缺钾区产量占全肥区产量百分数即相对产量的高低来表达土壤有效钾养分的丰缺情况。按照相对产量在 50% 以下的土壤养分测定值定为极低；相对产量 50%～75% 为低；75%～95% 为中；大于 95% 为高，从而确定出适用于某一区域、某种作物的土壤有效钾养分丰缺指标及对应的施用肥料数量。对该区域其他田块，通过土壤钾养分测定，就可以了解土壤养分的丰缺状况，提出相应的钾推荐施肥量。

（4）实例分析 现以另外一个冬小麦高产肥料效应试验为例，说明"3414"设计的应用及结果分析。

设 Z_1、Z_2、Z_3 分别与 x_1、x_2、x_3 对应，表示氮、磷、钾施肥量，y 表示产量。则实施方案和产量结果见表 6-20。据表 6-20 的试验结果，用计算机进行回归分析，可直接建立氮、磷、钾肥料效应方程。

$$\hat{y} = 301.769 + 8.096z_1 - 0.327z_1^2 + 15.397z_2 - 0.466x_2^2 + 3.454z_3 - 0.362z_3^2 - 0.302x_1x_2 + 0.475z_1z_3 - 0.56z_2z_3$$

表 6-20　"3414" 的肥料试验方案和每 667 m² 产量结果

处理号	Z_1 (N, kg)	Z_2 (P_2O_5, kg)	Z_3 (K_2O, kg)	产量（kg）
1	0	0	0	300
2	0	8	10	351
3	8	8	10	399
4	16	0	10	421
5	16	4	10	432
6	16	8	10	441
7	16	12	10	419
8	16	8	0	405
9	16	8	5	410
10	16	8	15	420
11	24	8	10	412
12	8	4	10	412
13	8	8	5	432
14	16	4	5	425

这是一个多点试验，对每个试验点来说是无重复的，据此，进行方差分析，结果见表 6-21，从中可以看到，冬小麦产量与氮、磷、钾肥施用量之间具有显著的回归关系。所以上式成立。

表 6-21　回归方程的方差分析

变异来源	平方和	自由度	均方	F	$F_{0.05}$	$F_{0.01}$
回归	17 219.46	9	1 913.27	10.844*	6.00	14.70
剩余	705.76	4	176.44			
总变异	17 925.22	13				

（二）"2+X" 试验数据分析

（1）"2+X" 试验的基本内容

① "2"。指以常规施肥和优化施肥 2 个处理为基础的对比施肥试验研究，其中常规施肥是当地大多数农户在生产中习惯采用的施肥技术，优化施肥则为当地近期获得相应作物高产高效或优质试产施肥技术。

② "X"。指针对不同地区、不同种类作物可能存在一些对生产和养分高效有较大影

响的未知因子而不断进行修正优化施肥处理的动态研究试验。未知因子包括不同种类植物养分吸收规律、施肥量、施肥时期、养分配比、中微量元素等。为了进一步阐明各个因子的作用特点，可有针对性地进一步安排试验，目的是为确定施肥方法及数量、验证土壤和植物养分测试指标等提供依据，"X"的研究成果也将为进一步修正和完善优化施肥技术提供参考，最终形成新的优化施肥技术，有利于在田间大面积应用和示范推广。

（2）"2＋X"试验的数据分析实例　根据测土配方施肥技术规范（2011 年修订版），以氮肥总量控制试验（X_1）为例，进行"2＋X"试验的数据分析。氮肥总量控制试验主要目的是为了不断优化植株氮肥适宜用量。

本文以番茄为例（数据使用：都热依木，2017），进行数据分析。试验设不施氮（$N_0P_2K_2$）、70％氮肥优化（$N_1P_2K_2$）、氮肥优化（$N_2P_2K_2$）、130％氮肥优化（$N_3P_2K_2$）4 个处理，3 次重复，随机排列，番茄氮肥施用方案如表 6-22。

表 6-22　番茄氮肥施用方案

处理	667 m² 纯养分用量（kg）			667 m² 化肥用量（kg）			小区化肥用量（kg）						
	氮	磷	钾	尿素	重过磷酸钙	硫酸钾	尿素				重过磷酸钙	硫酸钾
							第一次	第二次	第三次	合计		
不施氮肥（$N_0P_2K_2$）	0	16	10	0	36.4	25	0	0	0	0	1.57	1.08
70％氮肥优化（$N_1P_2K_2$）	9.8	16	10	21.3	36.4	25	0.368	0.368	0.184	0.919	1.57	1.08
氮肥优化（$N_2P_2K_2$）	14.0	16	10	30.4	36.4	25	0.525	0.525	0.263	1.313	1.57	1.08
130％氮肥优化（$N_3P_2K_2$）	18.2	16	10	39.5	36.4	25	0.683	0.683	0.341	1.707	1.57	1.08

不同处理小区番茄产量如表 6-23。可见，不施氮肥处理番茄平均产量最低，氮肥优化处理番茄平均产量最高，氮肥施用量在 N2 处理的基础上增加或减少番茄产量都下降。

表 6-23　不同处理小区番茄每 667 m² 产量（kg）

处理 \ 内容	处理	重复 1	重复 2	重复 3	平均
1	不施氮肥（$N_0P_2K_2$）	4 979.3	4 747.8	4 863.5	4 863.5
2	70％氮肥优化（$N_1P_2K_2$）	6 253.1	6 554.2	6 160.5	6 322.6
3	氮肥优化（$N_2P_2K_2$）	7 086.9	6 646.8	6 392.1	6 709.4
4	130％氮肥优化（$N_3P_2K_2$）	6 206.8	6 276.3	5 998.4	6 160.5

用 Excel 对本番茄产量试验结果进行方差分析，步骤如下：

第一步：在 Excel 表中，输入上述产量结果。

若 Excel 工具中没有"方差分析"，则需要进行加载宏。方法：Excel 菜单中"工具"→"加载宏"→选择：分析工具库和分析工具库—VBA 函数项（图 6-8）。

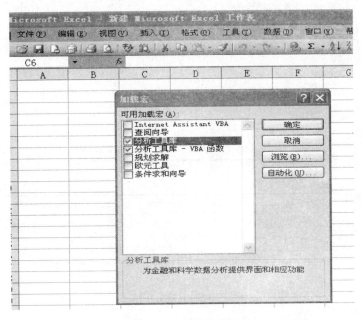

图 6-8 Excel 中数据分析界面

即可在菜单栏的工具→"数据分析"→"方差分析：无重复双因素分析"（图 6-9）。

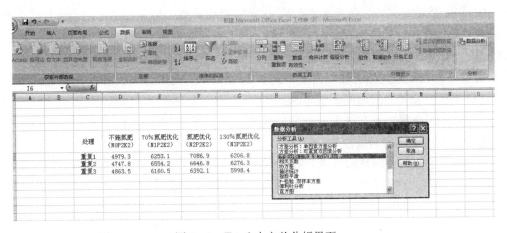

图 6-9 Excel 中方差分析界面

第二步：设置相关参数。在弹出的对话框中，设置"输入区域"为"＄C＄5：＄G＄8"（本例），选择"标志"（此为 Excel2007 版本，若为 Excel2003 版本，则设置输入区域后，点击"分组方式"的"列"单选按钮，选择"标志位于第一行"），设置"α"为"0.05"，在"输出选项"下单击"新工作表组"（也可点击其他），确定即可。设置 $\alpha=0.05$，表示数据有 95％的可信度。

第三步：显示方差分析结果（图 6-10）。

	A	B	C	D	E	F	G
1	方差分析：无重复双因素分析						
2							
3	SUMMARY	观测数	求和	平均	方差		
4	重复1	4	24526.1	6131.525	753603.5		
5	重复2	4	24225.1	6056.275	785722.3		
6	重复3	4	23414.5	5853.625	461811.6		
7	不施氮肥（N0P2K2）	3	14590.6	4863.533	13398.06		
8	70%氮肥优化（N1P2K2）	3	18967.8	6322.6	42372.61		
9	氮肥优化（N2P2K2）	3	20125.8	6708.6	123551.2		
10	130%氮肥优化（N3P2K2）	3	18481.5	6160.5	20914.87		
11							
12							
13	方差分析						
14	差异源	SS	df	MS	F	P-value	F crit
15	行	165277.3	2	82638.66	2.108164	0.202567	5.143253
16	列	5768216	3	1922739	49.05026	0.00013	4.757063
17	误差	235196.1	6	39199.36			
18							
19	总计	6168690	11				
20							

图 6 - 10　方差分析结果

方差分析的结果有两部分，第一个部分是 SUMMARY，即对各个水平下的样本数据的描述统计，包括样本观测数、求和、样本平均数、样本方差。第二部分是方差分析，其中"差异源"即方差来源，SS 代表平方和，df 代表自由度，MS 指均方，F 是检验统计量，P-value 是观测到的显著性水平，Fcrit 是检验临界值，可通过 P-value 的大小来判断组件的差异显著性，通常情况下，当 P 值 $\leqslant 0.01$ 时，则表示有极显著的差异；当 P 值在 0.01 和 0.05 之间时，表示有显著差异；当该值 $\geqslant 0.05$ 时，表示没有显著差异。另外，通过 F 值也可以判断差异显著性，当 $F \geqslant F$crit 时，表示有显著差异。在上面的案例中，P-value $= 4.26\text{E}-05 < 0.01$，且 $F = 38.409\ 31 > F$crit $= 4.066\ 181$，都说明在 $\alpha = 0.05$ 的情况下，4 个不同处理之间有显著差异，但无法具体判断处理间具体差异，因此用 Excel 进行方差分析具有一定的局限性。

将该数据进一步用 DPS 软件进行随机区组方差分析（图 6 - 11）。从方差分析结果可知（表 6 - 24），不同处理间 F 值 $= 49.05$，显著水平为 $0.000\ 1$，说明不同氮肥处理对番茄产量形成有极显著影响；区组间 F 值 $= 2.108$，显著水平为 $0.202\ 6$，说明各试验区组间无显著差异。采用 Duncan 多重比较法作多重比较（表 6 - 25），可以看出不同处理间存在差异。

	A	B	C	D	E
1			重复1	重复2	重复3
2		不施氮肥（N0P2K2）	4979.3	4747.8	4863.5
3		70%氮肥优化（N1P2K2）	6253.1	6554.2	6160.5
4		氮肥优化（N2P2K2）	7086.9	6646.8	6392.1
5		130%氮肥优化（N3P2K2）	6206.8	6276.3	5998.4

图 6 - 11　DPS 软件界面数据输入

从显著性结果来看（表6-26），5％显著水平显示，各施氮处理与不施氮处理有显著差异，氮肥优化处理与70％氮肥优化处理之间差异不显著，氮肥优化处理与130％氮肥优化处理之间差异显著，而70％氮肥优化处理与130％氮肥优化处理差异不显著；从1％比较水平可知，各施氮处理与不施氮处理达极显著差异，而各施氮处理之间无极显著差异。通过产量比较、方差分析可知，番茄施用氮肥可极显著提高产量，以每667 m² 施纯氮14 kg最佳。

表6-24 方差分析

变异来源	平方和	自由度	均方	F 值	显著水平
区组间	165 277.201 5	2	82 638.600 8	2.108	0.202 6
处理间	5 768 216.987 4	3	1 922 738.995 8	49.050	0.000 1
误差	235 196.198 8	6	39 199.366 5		
总变异	6 168 690.387 8	11			

表6-25 Duncan多重比较（下三角为均值差，上三角为显著水平）

处理	均值	氮肥优化 ($N_2P_2K_2$)	70％氮肥优化 ($N_1P_2K_2$)	130％氮肥优化 ($N_3P_2K_2$)	不施氮肥 ($N_0P_2K_2$)
氮肥优化（$N_2P_2K_2$）	6 708.599 93		0.054 2	0.017 1	0.000 0
70％氮肥优化（$N_1P_2K_2$）	6 322.600 10	385.999 8		0.354 7	0.000 1
130％氮肥优化（$N_3P_2K_2$）	6 160.499 84	548.100 1	162.100 3		0.000 2
不施氮肥（$N_0P_2K_2$）	4 863.533 20	1 845.066 7	1 459.066 9	1 296.966 6	

表6-26 显著性结果

处理	均值	5％显著水平	1％极显著水平
氮肥优化（$N_2P_2K_2$）	6 708.599 93	a	A
70％氮肥优化（$N_1P_2K_2$）	6 322.600 10	ab	A
130％氮肥优化（$N_3P_2K_2$）	6 160.499 84	b	A
不施氮肥（$N_0P_2K_2$）	4 863.533 20	c	B

（三）肥料利用率试验

肥料利用率，即肥料养分回收率，是指导施肥和评价施肥效果的重要指标之一，施用化肥是最快、最有效、最重要的增产措施。目前，我国肥料利用率普遍不高。

肥料利用率田间试验的目的是通过多点田间氮肥、磷肥和钾肥的对比试验，摸清我国常规施肥条件下主要农作物氮肥、磷肥和钾肥的利用现状和测土配方施肥提高氮肥、磷肥和钾肥利用率的效果，进一步推进测土配方施肥工作。

（1）试验设计 常规施肥、测土配方施肥情况下主要农作物氮肥、磷肥和钾肥的利用率验证试验、田间试验设计，取决于试验目的。测土配方施肥技术规范推荐试验采用对比试验，大区无重复设计。具体办法是选择 1 个代表当地土壤肥力水平的农户地块，先分成常规施肥和配方施肥 2 个大区（每个大区不少于 667 m²）。在 2 个大区中，除相应设置常规施肥和配方施肥小区外还要划定 20～30 m² 小区设置无氮、无磷和无钾小区（小区间要有明显的边界分隔），除施肥外，各小区其他田间管理措施相同。各处理布置如图 6 - 12（小区随机排列）、表 6 - 27 所示。

表 6 - 27　试验方案处理（推荐处理）

试验编号	处理
1	常规施肥
2	常规施肥无氮
3	常规施肥无磷
4	常规施肥无钾
5	配方施肥
6	配方施肥无氮
7	配方施肥无磷
8	配方施肥无钾

农户地块

常规施肥大区　　　　　　测土配方施肥大区

图 6 - 12　各处理布置

（2）试验统计分析

① 常规施肥下氮肥利用率的计算。

A. 100 kg 经济产量 N 养分吸收量：首先分别计算各个试验地点的常规施肥和常规无氮区的每形成 100 kg 经济产量养分吸收量，计算公式如下。

100 kg 经济产量 N 养分吸收量＝（籽粒产量×籽粒 N 养分含量＋茎叶产量×茎叶 N 养分含量）/籽粒产量×100。

本文以贾丽丽（2017）的数据为例，进行肥料利用率分析。

本试验施肥量见表 6 - 28。

根据表 6 - 27 施肥量数据计算，则常规施肥区的 100 kg 经济产量 N 养分吸收量＝（638.5×0.94％＋719.5×0.97％）/638.5×100＝2.03 kg。

常规无氮区的 100 kg 经济产量 N 养分吸收量＝（617.6×0.56％＋675.8×0.61％）/

$617.6 \times 100 = 1.23$ kg。

表 6-28　示例试验施肥量及产量

| 处理 | 试验每 667 m² 施肥量（kg） | | | 籽粒 | | | | 茎叶 | | | | 100 kg 经济产量 N、P、K 养分吸收量（kg） | | |
| | | | | 每 667 m² 平均产量 | 平均 N、P、K 养分含量（%） | | | 每 667 m² 平均产量 | 平均 N、P、K 养分含量（%） | | | | | |
	N	P₂O₅	K₂O	kg	N	P₂O₅	K₂O	kg	N	P₂O₅	K₂O	N	P₂O₅	K₂O
1	14	5	6	638.5	0.94	0.29	0.63	719.5	0.97	0.21	0.92	2.03	0.53	1.67
2	0	5	5	617.6	0.56	0.13	0.52	675.8	0.61	0.15	0.8	1.23	0.29	1.40
3	14	0	5	636.5	0.64	0.11	0.44	698.1	0.72	0.16	0.9	1.43	0.29	1.43
4	14	5	0	649.2	0.72	0.13	0.58	713.6	0.65	0.15	0.62	1.43	0.29	1.26
5	14	5	6	734.6	1.06	0.39	0.69	809.1	0.97	0.24	0.91	2.13	0.65	1.69
6	0	5	5	697.4	0.59	0.15	0.62	769.3	0.7	0.17	0.74	1.36	0.41	1.44
7	14	0	5	701.1	0.86	0.22	0.5	768.4	0.85	0.17	0.62	1.79	0.41	1.18
8	14	5	0	689.4	0.84	0.19	0.38	754.5	0.73	0.17	0.67	1.64	0.38	1.11

B. 常规施肥下氮肥利用率：其计算公式如下。

常规施肥区作物吸氮总量＝常规施肥区产量×施氮下形成 100 kg 经济产量养分吸收量/100。

无氮区作物吸氮总量＝无氮区产量×无氮下形成 100 kg 经济产量养分吸收量/100。

氮肥利用率＝（常规施肥区作物吸氮总量－无氮区作物吸氮总量）/所施肥料中氮素的总量×100%。

则根据上述公式，常规施肥区作物吸氮总量＝638.5×2.03/100＝12.98 kg。

无氮区作物吸氮总量＝617.6×1.23/100＝7.58 kg。

则计算氮肥利用率＝（12.98－7.58）/14＝38.57%。

② 测土配方施肥下氮肥利用率计算。

A. 100 kg 经济产量养分吸收量：首先分别计算各个试验地点的测土配方施肥和无氮区的每形成 100 kg 经济产量养分吸收量，计算公式如下。

100 kg 经济产量养分吸收量＝（籽粒产量×籽粒养分含量＋茎叶产量×茎叶养分含量）/籽粒产量×100。

在本例中，测土配方施肥区的 100 kg 经济产量养分吸收量＝（734.6×1.06%＋809.1×0.97%）/734.6×100＝2.13 kg。

测土配方施肥无氮区的 100 kg 经济产量养分吸收量＝（697.4×0.59%＋769.3×0.7%）/697.4×100＝1.36 kg。

B. 测土配方施肥下氮肥利用率：测土配方施肥区作物吸氮总量＝测土配方施肥区产量×施氮下形成 100 kg 经济产量养分吸收量/100＝734.6×2.13/100＝15.64 kg。

无氮区作物吸氮总量＝无氮区产量×无氮下形成 100 kg 经济产量养分吸收量/100＝697.4×1.36/100＝9.50 kg。

氮肥利用率＝（测土配方施肥区作物吸氮总量－无氮区作物吸氮总量）/所施肥料中氮

素的总量×100%=(15.64-9.50)/14×100%=43.8%。

　　C. 测土配方施肥提高肥料利用率的效果：利用上面结果，用测土配方施肥的利用率减去常规施肥的利用率即可计算出测土配方施肥提高肥料利用率的效果。本例中，测土配方施肥提高氮肥利用率为43.8%-38.57%=5.23%。

　　根据以上方法，则可以分别计算出 100 kg 经济产量 P_2O_5 养分吸收量和计算出 100 kg 经济产量 K_2O 养分吸收量；测算出常规施肥情况下氮肥、磷肥、钾肥利用率，测土配方施肥情况下氮肥、磷肥、钾肥利用率以及测土配方施肥提高肥料利用率的效果。

第七章
肥料田间试验报告编制

一、撰写试验报告的目的与意义

　　肥料田间试验报告是肥料试验效果的客观展现，以真实、科学化表述肥料在特定作物上的影响效果为目的。一般试验报告的撰写应采用科技论文的格式，主要包括试验题目、试验来源、试验目的和内容、试验时间和地点、试验材料和设计、试验条件和管理措施、试验期间气候和灌排水情况、试验数据统计与分析、试验效果评价、试验主持人签字及承担单位盖章等几部分组成，其中，试验效果评价应涉及以下内容：不同处理对肥料利用率的影响效果评价，不同处理对作物产量及增产率的影响效果评价，不同处理的经济效益（纯收益、产投比、节肥和省工情况）评价，必要时，应进行作物生物学性状、品质、抗逆性、保护和改善生态环境影响等效果评价。

　　撰写好肥料试验报告是开展完整肥料田间试验的一个关键环节，撰写不好试验报告，将不能科学表述肥料真实肥效情况，或者有可能对肥料肥效做出错误反应，进而给肥料登记管理部门带来错误判断，给施用农户造成经济损失，所以说，能科学详实地撰写一份肥效试验报告具有非常重要的意义。

二、试验报告的构成要素

1. 试验报告题目

　　试验报告的题目应简单明了，一般由五要素构成，包含试验地点、时间、供试作物、供试肥料（肥料名称）、试验类型。例如：山东省东昌府区 2013 年"×××"脲酶抑制剂在玉米上的田间试验报告。

2. 试验来源与目的

　　试验报告首先应阐述试验的来源，以及开展肥料试验的目的，交待试验设置的背景，为试验开展提供依据。通常肥料试验任务的主要来源有：根据项目安排、全国农业技术推广服务中心、科研院所、肥料企业委托等。试验设置的目的主要是在验证肥料产品效果、摸索肥料施用量和施用方法、探索技术适宜性等方面，具体要根据试验方案设计调整。例如：根据全国农业技术推广服务中心《关于开展"×××"田间试验的通知》（农技土肥水便函〔××〕×号）及《肥料效应鉴定田间试验技术规程》要求，为评价新型脲酶抑制剂"××"对提高尿素氮肥利用率的作用，测试不同用量的"××"与尿素混配后对玉米的增产效果，××土肥站受××省土肥站委托安排本试验，以便为大面积推广应用提供科学依据。

3. 试验材料与方法

试验材料与方法应详细具体，实事求是。具体来说包括：试验时间和地点、土壤理化性质、供试肥料、作物品种、试验设计和田间管理等方面。

试验时间应包括试验的起始时间，具体精确到日。例：××××年××月××日至××××年××月××日。试验地点应具体到试验的具体地块，例：××省××县××镇××村××农户地块，有条件最好能用 GPS 定位。

供试试验地情况要介绍供试土地的基础地力情况和前茬种植作物情况等；试验前在试验地进行多点随机取样化验；主要检测项目包括土壤 pH、有机质、全氮、碱解氮、有效磷和速效钾等。有特别需要的肥料试验，需要检测相应理化性状，土壤盐渍化修复治理试验中，需要对比试验前后土壤盐分含量等指标。

供试肥料的记载应具体详细，主要包括：肥料名称、养分配比、生产公司等基本信息。例如：腐殖酸复合肥，氮-磷-钾（28 - 6 - 8）为××公司生产并提供；氮肥：选用含 N 46.4% 的普通尿素，××公司；磷肥：选用含 P_2O_5 46% 的磷酸二铵，××公司；钾肥：选用含 K_2O 60% 的氯化钾，××公司。

供试作物信息主要包括品种名称、平均年产量、栽培方式等。例如：供试作物：玉米，中单 909，平均年产量 500 kg 左右，露地栽培。

肥料试验设计要根据不同肥料特点、试验目的及供试作物等具体说明。试验方案中应具体说明试验所设处理及重复个数，小区排列方式及小区面积。用肥情况及施肥方法要详细具体。例如：试验设 X 个处理（详细列出不同处理的设置）；X 次重复。小区采用随机排列，每个小区占地面积 x m^2。为避免串灌串排相互影响，小区间设隔离行，各小区单灌单排。

田间管理主要包括整地、施肥（含基肥和追肥）、播种时间、播种量、病虫害防治、灌溉、收获、计产、采样等内容。播种时间及收获时间应具体到××××年××月××日；播种量可具体到种植密度；病虫害包括相关的防治措施、喷施药品及用量等；灌溉包括灌溉的时间、灌溉量等；计产时间、方法、采样时间、有无自然灾害及应急处理方式等应详细记录。例：2013 年 6 月 14 日，整地播种，6 月 15 日施肥，6 月 26 日喷施啶虫脒防治烟飞虱，7 月 6 日间苗、定苗，种植密度每 667 m^2 4 372 株。8 月 12 日使用 1% 杀螟灵颗粒剂防治玉米螟一次，10 月 2 日进行收获测产。

4. 试验结果与分析

试验结果与分析部分应以试验所得数据为基础，用图表及简要文字展示肥料的应用效果评价，应基于综合其农学效率、经济效益和其他效益等方面的试验结果，主要包括不同施肥处理对试验地土壤理化性状、作物生物学性状、产量和品质、肥料利用率、经济效益、抗逆性效果等方面的影响，必要时增加生态环境安全效果等其他效益评价。对生物学性状的描述应包括供试作物的长势、叶色、叶片、果实等，例如穗粒数、千粒重、单果重等。作物产量和品质部分应详述测产的方法，重点展示对不同产品品质影响的测评指标。抗逆性效果主要包括对干旱、低温、盐碱、病虫、土壤和水体污染等抵抗力的作用效果等。施肥经济效益评价应包含施肥纯收益、施肥产投比、节肥和省工情况等。试验结果统计学检验应根据试验设计选择执行 t 检验、F 检验、新复极差检验、LSR 检验、SSR 检验、LSD 检验或 PLSD 检验，或根据需要增加其他统计方法进行数据分析处理。

5. 试验讨论

"讨论"部分的内容可与"试验结果与分析"部分合并，将此节标题改为"结果与讨论"；也可根据肥料试验设计情况选择是否设置试验讨论，简单肥效试验可以不展开讨论部分。如果试验需要详细讨论，需对获得的研究结果进行分析、比较、解释、评价、综合判断，从而得出具有独创性或创新性结论，为最终结论提供理论依据。讨论写作要点有：①设法提出结果中证明了的原理、相互关系，并归纳性地加以解释，但注意是对结果进行论述而不是重述；②指出论文研究的结果和解释与以往发表的文献相一致或不一致的地方；③论述自己研究工作的理论含义，以及实际应用的各种可能性；④指出可能出现的情况，明确提出尚未解决的问题和今后探索的方向。

6. 试验结论

试验结论应以正文中的试验研究中得到的现象、数据和阐述分析作为依据，简明、扼要地概括出本试验得出的基本信息和规律，而不应是正文中各段小结的简单重复，要求条理清晰、简洁准确。

7. 试验报告落款

主要包括试验执行单位（公章）、主持人、试验报告完成时间等。例如，试验主持单位：××省土壤肥料总站；试验执行单位：××市土壤肥料工作站；试验负责人：××高级农艺师；时间：××××年××月××日。

三、试验报告规范要求与范例

1. 试验报告规范要求

标题应控制在 20 字内，能恰当简明地反映文章的特定内容，必要时可加副标题，一般选用三号黑体。

除各级标题和图表外，正文一律用五号字，中文采用宋体，西文采用 Times New Roman 字体，单倍行距，通栏排列。层次标题用阿拉伯数字连续编号，编号到二级为止。各级层次标题为建议名称，可根据自己的试验报告内容做适当的修改。同一层次的标题应尽可能"排比"，即词或词组类型相近，意义相关，语气一致。结果部分的标题，应反映此节的结果，而非过程、方法。结果部分利用图、表及文字进行合乎逻辑的分析，呈现研究的主要结果而无需诠释其含义，主要用叙述，较少议论。图、表要精选，应具有自明性且随文出现（先叙述文字，后给出图表）。全文表格按在文中出现的次序编号。表格的内容切忌与图及文字表述重复。表格采用三线表，数据纵栏列出，如表7-1。

表 7-1 表题……

栏头	栏目（单位置括号内）	栏目	栏目	栏目
＊＊＊	＊	＊＊	＊	＊＊
＊＊＊	＊	＊＊	＊	＊＊
＊＊＊	＊	＊＊	＊	＊＊

注：表中文字、标注字用小五号字体。

全文图片按在文中出现的次序编号（图题"图 1……"于图下居中，小五号字体），以不超过 10 幅为宜。横坐标、纵坐标均应有标题，图中文字选用小五号字体。图要清晰，大小适中（单栏图的大小＜8 cm，通栏图的大小为 12～16 cm），线条均匀，一律黑白图表示。

（1）讨论 可根据肥料试验设计情况选择有无，简单肥效试验可以不展开讨论部分；如果需要详细讨论，需对获得的研究结果进行分析、比较、解释、评价、综合判断，从而得出具有独创性或创新性结论，为最终结论提供理论依据，字数可控制在 500～2 000字。

（2）结论 应以正文中的试验研究中得到的现象、数据和阐述分析作为依据，简明、扼要地概括出本研究揭示出的基本信息和规律，而不应是正文中各段小结的简单重复。结论要求条理清晰、简洁准确。一般用一段文字表述，字数控制在 300～500 字，不要用小标题分开，不分段。

（3）试验报告落款 包括试验执行单位（公章）、主持人、试验报告完成时间等几项内容，宋体五号字体。

（4）其他注意事项

①试验报告要求主题明确、数据可靠、逻辑严密、文字精炼，并要遵守我国著作权法，注意保守机密。②对于仅为同行所熟悉的缩略语或尚无标准或规定的名词术语，在正文中首次出现时均要注释全称。表示同一概念或概念组合的名词术语，全文中应前后一致。③正文（含图、表）中的物理量和计量单位必须符合国家标准和国际标准。计量单位以国家法定计量单位为准，分母单位以负指数幂表示。计量单位中间不加修饰词。文中数据保留 3～4 位有效数字即可；表中的数字按个位、小数点对齐；数字与单位间空 1/4 格；文中取值范围号用"～"表示。④公式及文中的外文字母、数码和数学符号需分清大小写、正斜体、上下标。

2. 试验报告范例

××省××县××年含腐殖酸复合肥料田间试验报告

1 试验来源与目的

根据《关于开展××年含腐殖酸复合肥料试验示范工作的通知》及《肥料效应鉴定田间试验技术规程》要求，为验证含腐殖酸复合肥料的在玉米上的增产效果，××县土壤肥料工作站受省土壤肥料总站委托安排了腐殖酸复合肥料试验，为含腐殖酸类新型肥料在玉米上的推广和应用提供科学依据。

2　试验材料与方法

2.1　试验时间

××年××月至××年××月。

2.2　试验地点

××县××镇××村××田块，安排腐殖酸复合肥在玉米上的试验，试验点土壤基本情况见表1。

表1　试验土壤基本理化性状

年度	土类	质地	有机质 (g/kg)	碱解氮 (mg/kg)	有效磷 (mg/kg)	速效钾 (mg/kg)	pH
××	××	××	××	××	××	××	××

2.3　供试肥料

该试验所用肥料腐殖酸复合肥，氮-磷-钾（28-6-8）为××公司生产并提供；普通复合肥，氮-磷-钾（0-6-8）；普通复合肥，氮-磷-钾（28-6-8）为当地常规市售。

2.4　供试作物

玉米，品种为××。

2.5　试验处理及施肥方式

试验设5个处理，每个处理3次重复。小区间呈随机区组排列，每个小区40 m²。具体处理设计如下：

处理1：不施氮肥，普通复合肥0-6-8，每667 m²施肥量50 kg，磷、钾肥总用肥量的70%（即35 kg）做基肥，30%（即15 kg）大喇叭口期追施。

处理2：常规施肥，普通复合肥28-6-8，每667 m²施肥量50 kg，总用肥量的70%（即35 kg）做基肥，30%（即15 kg）大喇叭口期追施。

处理3：腐殖酸复合肥，含腐殖酸复合肥料28-6-8，每667 m²施肥量50 kg，总用肥量的70%（即35 kg）做基肥，30%（即15 kg）大喇叭口期追施。

处理4：85%腐殖酸肥，含腐殖酸复合肥料28-6-8减量15%，每667 m²施肥量42.5 kg，总用肥量的70%（即30 kg）做基肥，30%（即12.5 kg）大喇叭口期追施。

处理5：含腐殖酸复合肥一次基施，含腐殖酸复合肥料28-6-8，每667 m²施肥量50 kg，一次性做基肥施入。

各小区施肥实物量见表2。

试验至少设3个处理，空白对照、常规施肥、供试肥料或供试肥料配合常规施肥。必要时可根据方案要求及试验需要设置为不同施肥量、不同施肥方式、施肥套餐及其他，如减量10%（或更高量）与常规施肥养分量的供试肥料、推荐的最佳肥料施用量、推荐的供试肥料与常规肥料最佳配合施用量。

表2 试验各处理小区施肥实物量

处理	小区（40 m²）实际施肥量（kg）					
	普通复合肥 0-6-8		普通复合肥 28-6-8		腐殖酸复合肥料 28-6-8	
	基肥	追肥	基肥	追肥	基肥	追肥
处理1：不施氮肥	2.1	0.9				
处理2：常规施肥			2.1	0.9		
处理3：腐殖酸					2.1	0.9
处理4：85%腐殖酸肥					1.8	0.75
处理5：腐殖酸肥一次基施					3.0	

所有处理用种肥同播机播种，试验处理1、2、3、4分基肥与追肥，均人工开沟条施，施肥深度7～10 cm。

2.6 田间管理

××年××月××日播种，每小区10行，株距30 cm，行距66.7 cm，每667 m²3 300株。××月××日、××月××日各浇水一次（约××m³），××月××日试验示范追肥，××月××日田间考察，记录株高、茎粗等生物学性状。××月××日收获，按方案要求各小区单独计产，取植株样品进行全氮含量检测，检测方法采用凯式定氮法。病虫害及其他农事操作根据作物状况适时进行。各处理除施肥外，其他田间管理措施一致。

3 试验结果及分析

试验效果评价应涉及以下内容：不同处理对肥料利用率影响效果评价、不同处理对作物产量及增产量的影响效果评价、不同处理的经济效益（纯收益、产投比和节肥省工情况）评价。必要时应进行作物生物学性状、品质或抗逆性影响评价、保护和改善生态环境影响效果评价及其他效果评价分析。

3.1 不同处理对玉米生物学性状的影响

施用含腐殖酸复合肥对玉米的穗高、穗粒数和千粒重等生物学性状均有一定影响。由表3可见，处理3、处理4和处理5玉米的株高、穗高和均比常规施肥有所增加。与处理2常规施肥相比，处理3玉米的穗高、穗粒数和千粒重分别增加了7.61%、8.78%和1.54%。腐殖酸肥料减量15%后，处理4玉米穗高增加，比处理2增加9.57%，比处理3增加1.82%。腐殖酸肥料一次施入后，处理5比处理2玉米的穗高、穗粒数和千粒重分别增加了12.02%、3.41%和1.85%；比处理3穗高增加4.10%。由此，与常规施肥相比，施用腐殖酸复合肥可增加玉米的穗高、穗粒数和千粒重，腐殖酸复合肥减量后或一次性施入后玉米穗粒数和千粒重的增加效果减弱，但玉米的穗高有所增加。

表 3　试验各处理玉米生物学性状

处理	每 667 m² 株数（株）	株高（cm）	穗高（cm）	茎粗（cm）	穗粒数（粒）	千粒重（g）
处理 1	3 316	265	91.8	7.2	516	308
处理 2	3 316	268	81.5	7.3	558	324
处理 3	3 316	268	87.7	7.3	607	329
处理 4	3 316	268	89.3	7.2	561	321
处理 5	3 316	268	91.3	7.3	577	330

3.2　不同处理对玉米产量的影响

由表 4 可知，与空白相比，施肥明显增加了玉米产量，处理 2 和处理 3 分别比处理 1 籽粒产量增加 14.12% 和 26.11%。与常规施肥相比，施用腐殖酸肥处理 3 和处理 5 的籽粒每 667 m² 产量分别增加 10.51% 和 5.00%，增产效果显著。与处理 3 相比，85% 腐殖酸肥料的处理 4 和腐殖酸肥一次性基施的处理 5 籽粒产量有一定程度的降低，分别降低 9.97% 和 5.06%。由此，施用腐殖酸复合肥可以增加玉米产量，但减量 15% 和腐殖酸复合肥一次性基施增产效果相对较弱。

表 4　试验各处理对玉米产量的影响

处理	小区（40 m²）籽粒产量（kg）				每 667 m² 籽粒产量（kg）	增产率（%）
	I	II	III	平均		
处理 1	32.05	31.36	31.71	31.04 dC	517	—
处理 2	35.82	35.36	34.96	35.38cB	590	—
处理 3	37.80	39.10	40.40	39.10aA	652	10.51
处理 4	33.56	35.21	36.86	35.21cB	587	−0.48
处理 5	37.72	38.13	35.60	37.15bAB	619	5.00

3.3　不同处理对肥料利用率的影响

试验各处理的氮肥利用率见表 5。处理 3 氮肥利用率最高为 23.16%，比处理 2 氮肥利用率高了 10%，比处理 5 提高 4.88%。处理 4 由于产量降低，其氮肥利用率比处理 3 降低 8.22%，但比常规施肥处理 2 提高 1.74%。因此，与常规施肥相比，施用含腐殖酸复合肥提高了氮肥利用率，且腐殖酸分次施用优于一次性基施。含腐殖酸复合肥减量 15% 后氮肥利用率高于常规施肥处理。

表 5　不同处理的氮肥利用率

处理	籽粒		秸秆		每 667 m² 氮吸收量（kg）	氮肥利用率（%）
	每 667 m² 产量（kg）	N 含量（%）	每 667 m² 产量（kg）	N 含量（%）		
处理 1	517.3	1.189	522.2	0.871	10.699	—
处理 2	589.6	1.202	600.8	0.908	12.542	13.16
处理 3	651.7	1.212	664.8	0.909	13.942	23.16
处理 4	586.8	1.199	600.0	0.906	12.472	14.90
处理 5	619.1	1.196	632.2	0.926	13.259	18.28

3.4 不同处理对经济效益的影响

不同处理的经济效益分析见表 6。与常规施肥处理 2 相比，施用含腐殖酸复合肥处理 3 的每 667 m² 增加产值 132 元，每 667 m² 增加纯收益最高为 127 元。处理 4 由于产量相对低于处理 2，在施肥和用工成本均相对较低的情况下纯收益仍然最低。处理 5 用工成本降低 30 元，但纯收益仍不如处理 2。产投比从高到低依次为处理 1＞处理 5＞处理 4＞处理 3＞处理 2。因此，施用含腐殖酸复合肥的处理 3 每 667 m² 纯收益和产投比最高。

表 6 试验各处理经济效益分析

处理	每 667 m²产量（kg）	每 667 m²产值（元）	每 667 m² 投入（元）			与处理 2 比每 667 m² 增产值（元）	与处理 2 比每 667 m² 增纯收益（元）	产投比
			肥料	用工	合计			
处理 1	517	1 086	73	30	103	－	－	10.5
处理 2	590	1 237	140	30	170	－	－	7.2
处理 3	652	1 369	145	30	175	132	127	7.8
处理 4	587	1 232	123	30	153	－5	12	8.0
处理 5	619	1 300	145	0	145	63	88	8.9

注：按腐殖酸复合肥（28-6-8）2.9元/kg、普通复合肥（0-6-8）1.46元/kg；普通复合肥（28-6-8）2.8元/kg；玉米价格按 2.1元/kg 计，产投比＝每 667 m² 产值/每 667 m² 投入。

4 试验结论

与常规施肥相比，施用腐殖酸复合肥可增加玉米的穗高、穗粒数和千粒重，腐殖酸复合肥减量后或一次性施入后玉米穗粒数和千粒重的增加效果减弱，但玉米的穗高有所增加。

4.1 与常规施肥相比，施用腐殖酸复合肥玉米产量增加 10.51％，增产效果显著。腐殖酸减量 15％后玉米产量比足量施肥降低 9.97％，腐殖酸复合肥一次性基施的玉米产量比分次施用降低 5.06％，但比常规施肥增加 5.00％。施用腐殖酸复合肥氮肥利用率最高为 23.16％，与常规施肥相比提高了 10％，腐殖酸肥一次性施用提高 4.88％。腐殖酸复合肥减量 15％后氮肥利用率高于常规施肥处理 1.74％。

4.2 与常规施肥处理 2 相比，施用腐殖酸复合肥处理 3 的每 667 m² 增加产值 132 元，每 667 m² 增加纯收益最高为 127 元，腐殖酸肥减量 15％和腐殖酸肥一次性基施每 667 m² 增加产值分别为 12 元和 88 元，增产增效效果显著。

试验执行单位：××县土壤肥料工作站

试验执行人：××

试验主持单位：××省土壤肥料总站

试验主持人：××

报告编制时间：××年××月××日

××省××县××年土壤调理剂田间试验报告

1　试验来源与目的

根据《关于开展××年土壤调理剂田间试验工作的通知》要求，为验证土壤调理剂在水稻上的增产效果，××县土壤肥料工作站受省土壤肥料总站委托安排了土壤调理剂田间试验，为其在水稻上的推广和应用提供科学依据。

2　试验材料与方法

2.1　试验时间

××年××月至××年××月。

2.2　试验地点

××市××镇××村。试验点土壤基本情况见表1。

表1　试验土壤基本理化性状

年度	土类	质地	有机质 (g/kg)	碱解氮 (mg/kg)	有效磷 (mg/kg)	速效钾 (mg/kg)	pH
××	××	××	××	××	××	××	××

2.3　供试产品

××公司生产的土壤调理剂（粉剂）。

2.4　供试作物

早稻，品种为××。

2.5　试验处理

试验设3个处理，3次重复，共9个小区，随机区组排列，小区面积30 m^2，试验田四周设置2.5 m宽保护行。各处理设计如下：

处理1：常规施肥＋供试土壤调理剂每667 m^2 300 kg基施；

处理2：常规施肥＋供试土壤调理剂每667 m^2 600 kg基施；

处理3：空白（CK），常规施肥。

2.6　田间管理

供试早稻于××月××日播种，××月××日整田，××月××日布置三区组9个5 m×6 m的试验小区，××月××日结合整地每667 m^2 施45%（15－15－15）复合肥30 kg作基肥。××月××日移栽，移栽密度为每667 m^2 17 830兜，××月××日每667 m^2 施用尿素10 kg作追肥。供试晚稻于××月××日收获，收获时分小区单收、单晒、单独称重计算各小区产量。各处理区的灌溉、施肥、中耕除草和防治病虫等栽培管理措施完全相同。

3　试验结果与分析

3.1　不同处理对土壤pH的影响

试验结果表明：处理1与处理3对照（CK）比较，土壤pH平均上升0.49；处理2

与处理 3（CK）比较，土壤 pH 平均上升 0.78（表 2）。经 F 检验，处理间差异未达显著水平。

表 2 不同处理对土壤 pH 的影响

处理	重复小区 pH			合计	平均	与处理 3 差值
	Ⅰ	Ⅱ	Ⅲ			
处理 1	5.48	5.49	6.49	17.5	5.82	0.49
处理 2	6.24	6.16	5.95	18.4	6.12	0.78
处理 3	5.48	5.14	5.38	16.0	5.33	—

3.2 不同处理对土壤有效镉的影响

试验结果表明：处理 1 与处理 3（CK）比较，土壤有效镉含量平均下降 0.01 mg/kg，下降 1.63%；处理 2 与处理 3（CK）比较，土壤有效镉含量平均下降 0.013 mg/kg，下降 2.17%（表 3）。经 F 检验，处理间差异未达显著水平。

表 3 不同处理对土壤有效镉含量的影响

处理	重复小区土壤有效镉（mg/kg）			合计（mg/kg）	平均（mg/kg）	与处理 3 比较	
	Ⅰ	Ⅱ	Ⅲ			（mg/kg）	（%）
处理 1	0.560	0.650	0.600	1.810	0.603	−0.010	−1.63
处理 2	0.610	0.590	0.600	1.800	0.600	−0.013	−2.17
处理 3	0.610	0.590	0.640	1.840	0.613	—	—

3.3 不同处理对土壤阳离子交换量的影响

试验结果表明：处理 1 与处理 3（CK）比较，土壤阳离子交换量平均下降 0.25 cmol/kg，下降 2.13%；处理 2 与处理 3（CK）比较，土壤阳离子交换量平均下降 0.42 cmol/kg，下降 3.55%（表 4）。经 F 检验，处理间差异未达显著水平。

表 4 不同处理对土壤阳离子交换量的影响

处理	重复小区土壤阳离子交换量（cmol/kg）			合计（cmol/kg）	平均（cmol/kg）	与处理 3 比较	
	Ⅰ	Ⅱ	Ⅲ			（cmol/kg）	（%）
处理 1	11.00	12.00	11.50	34.50	11.50	−0.25	−2.13
处理 2	11.00	11.50	11.50	34.00	11.33	−0.42	−3.55
处理 3	12.00	11.50	11.75	35.25	11.75	—	—

3.4 不同处理对土壤硅铝率的影响

试验结果表明：处理 1 与处理 3（CK）比较，土壤硅铝率平均上升 0.06，上升 0.79%；处理 2 与处理 3（CK）比较，土壤硅铝率平均上升 0.03，上升 0.44%（表 5、表 6）。经 F 检验，处理间差异未达显著水平。

表 5　不同处理土壤硅、铝及硅铝率检测结果统计

处理	土壤全硅 SiO$_2$（%）			土壤全铝 Al$_2$O$_3$（%）			土壤硅铝率（%）		
	I	II	III	I	II	III	I	II	III
处理 1	63.97	64.06	63.99	14.38	14.7	13.48	7.56	7.41	8.07
处理 2	63.1	63.07	63.59	14.06	14.07	14.02	7.63	7.62	7.71
处理 3	62.82	62.94	64.05	13.95	14.3	14.1	7.66	7.48	7.72

表 6　不同处理对土壤硅铝率的影响

处理	重复小区土壤硅铝率			合计	平均	与处理 3 比较	
	I	II	III			升降	升降（%）
处理 1	7.56	7.41	8.07	23.04	7.68	0.06	0.79
处理 2	7.63	7.62	7.71	22.96	7.65	0.03	0.44
处理 3	7.66	7.48	7.72	22.86	7.62	–	–

3.5　不同处理对早稻经济性状的影响

试验结果表明，处理 1 与处理 3（CK）比较，平均株高增加 3.58 cm，每 667 m^2 有效穗增加 0.18 万，实粒数增加 0.37 粒/穗，结实率增加 2.30%，千粒重增加 0.1 g；处理 2 与处理 3 对照（CK）比较，平均株高增加 7.5 cm，每 667 m^2 有效穗增加 0.29 万，实粒数增加 1.29 粒/穗，结实率增加 2.43%，千粒重增加 0.15 g（表 7）。

表 7　不同处理对早稻经济性状的影响

处理	株高（cm）	每 667 m^2 有效穗（万）	实粒数（粒/穗）	结实率（%）	千粒重（g）	每 667 m^2 理论产量（kg）
处理 1	87.25	18.37	100.14	80.30	25.43	467.85
处理 2	91.17	18.48	101.06	80.43	25.48	475.87
处理 3	83.67	18.19	99.77	78.00	25.33	459.71

3.6　不同处理对早稻产量的影响

试验结果表明，处理 1 稻谷每 667 m^2 平均产量为 470.2 kg，与处理 3（CK）比较，平均增产 40.1 kg，增产率为 9.3%；处理 2 稻谷每 667 m^2 平均产量为 484.5 kg，与处理 3（CK）比较，平均增产 54.5 kg，增产率为 12.7%（表 8）。经 F 检验，处理间差异达极显著水平。多重比较表明，处理 2 与处理 3 之间产量差异达到极显著水平，处理 1 与处理 3 之间产量差异达到显著水平，处理 1 与处理 2 之间产量差异不显著。

表 8　不同处理对早稻产量的影响

处理	重复小区产量（kg）			小区合计（kg）	小区平均（kg）	折合每 667 m^2（kg）	与处理 3 比较	
	I	II	III				每 667 m^2 增产（kg）	增产（%）
处理 1	21.5	20.8	21.2	63.5	21.2	470.2	40.1	9.3
处理 2	22.6	21.4	21.4	65.4	21.8	484.5	54.5	12.7
处理 3	19.7	19.8	18.6	58.1	19.4	430.1	–	–

3.7 不同处理对早稻经济效益的影响

试验结果表明，处理 1 稻谷每 667 m² 平均产量为 470.2 kg，与处理 3（CK）比较，平均增产 40.1 kg，稻谷按当地当时市场价格 2.7 元/kg 计算，每 667 m² 增加产值 108.3 元，除去 300 kg 土壤调理剂成本 540 元，减少纯收入 431.7 元；处理 2 与处理 3 对照（CK）比较，每 667 m² 平均增产 54.5 kg，稻谷按当地当时市场价格 2.7 元/kg 计算，增加产值 147.2 元，除去 600 kg 土壤调理剂成本 1 080 元，减少纯收入 932.8 元（表 9）。

表 9　不同处理对早稻经济效益的影响

处理	每 667 m²平均单产（kg）	单价（元/kg）	每 667 m²产值（元）	增加肥料与人工成本（元）	与处理三比较增加产值（元）	与处理 3 比较增加纯收入（元）
处理 1	470.2	2.7	1 269.5	540	108.3	−431.7
处理 2	484.5	2.7	1 308.2	1 080	147.2	−932.8
处理 3	430.1	2.7	1 161.2	—	—	—

3.8 不同处理对早稻稻米镉含量的影响

试验结果表明，处理 1 与处理 3（CK）比较，早稻稻米镉含量平均降低 0.673 mg/kg，下降 48.6%；处理 2 与处理 3（CK）比较，早稻稻米镉含量平均降低 0.75 mg/kg，下降 54.1%（表 10）。经 F 检验，处理间差异达显著水平，最小显著极差法（LSR-SSR）多重比较表明，处理 1、处理 2 与处理 3 稻米镉含量差异均达到显著水平，处理 1 与处理 2 之间稻米镉含量差异未达到显著水平。

表 10　不同处理对早稻稻米镉含量的影响

处理	重复小区稻米有效镉（mg/kg）			合计（mg/kg）	平均（mg/kg）	与处理 3 比较	
	Ⅰ	Ⅱ	Ⅲ			（mg/kg）	（%）
处理 1	0.580	0.790	0.770	2.140	0.713	−0.673	−48.558
处理 2	0.700	0.720	0.490	1.910	0.637	−0.750	−54.087
处理 3	1.540	1.060	1.560	4.160	1.387	—	—

4 试验结论

4.1 在酸性水稻土施用××公司生产的土壤调理剂（粉剂）可提高土壤 pH。试验结果表明，在酸性水稻土上每 667 m² 施该土壤调理剂 300～600 kg 的处理与空白对照比较，能够提高土壤 pH 0.49～0.78。

4.2 在镉污染酸性水稻土施用××公司生产的土壤调理剂（粉剂）对土壤有效镉含量、硅铝率和阳离子交换量产生一定影响。试验结果表明，在酸性水稻土每 667 m² 施该土壤调理剂 300～600 kg 的处理与空白对照比较，未达到显著水平。

4.3 在酸性水稻土施用××公司生产的土壤调理剂（粉剂）对早稻经济性状有一定改善效果。

4.4 酸性水稻土施用××公司生产的土壤调理剂（粉剂）增产效果显著。

4.5 酸性水稻土施用××公司生产的土壤调理剂（粉剂）经济效益为负。试验结果表明，酸性水稻土早稻每 667 m² 施该土壤调理剂 300 kg、600 kg 的处理与空白对照比较，增加产值分别为 108.3 元、147.2 元，但由于成本较高，纯收入分别减少 431.7 元、932.8 元，经济效益为负。

4.6 在镉污染酸性水稻土施用××公司生产的土壤调理剂（粉剂）能明显降低稻米镉含量，降镉效果达显著水平。

综上所述××公司生产的土壤调理剂（粉剂），在镉污染酸性水稻土早晚稻连续两季施用，能显著提高土壤 pH、降低早稻稻米的镉含量，并有显著的增产效果。该土壤调理剂每 667 m² 施用量建议为 300 kg，同时开展每 667 m² 施 300 kg 以下的调酸降镉效果试验。

试验执行单位：××县土壤肥料工作站

试验执行人：××

试验主持单位：××省土壤肥料总站

试验主持人：××

报告编制时间：××年××月××日

××省××县××年含氨基酸水溶肥料田间试验报告

1　试验来源与目的

根据《关于开展××年氨基酸水溶肥田间试验工作的通知》要求，为验证氨基酸水溶肥在蔬菜上的增产效果，××县土壤肥料工作站受省土壤肥料总站委托安排了氨基酸水溶肥田间试验，为其在蔬菜上的推广和应用提供科学依据。

2　试验材料与方法

2.1　试验时间

××年××月至××年××月。

2.2　试验地点

××县××镇××村。试验地面积 667 m²，中等肥力水平。试验点土壤基本情况见表 1。

表 1　试验土壤基本理化性状

年度	土类	质地	有机质 （g/kg）	碱解氮 （mg/kg）	有效磷 （mg/kg）	速效钾 （mg/kg）	pH
××	××	××	××	××	××	××	××

2.3 供试肥料

××公司生产的含氨基酸水溶肥料肥（微量元素型，水剂）。

2.4 供试作物

小白菜，品种为××。

2.5 试验处理

试验设 3 个处理，3 次重复，共 9 个小区，随机区组排列，小区面积 33.3 m²，试验地四周设置 2.5 m 宽保护行。

处理 1：常规施肥；

处理 2：常规施肥＋在小白菜团棵期用供试肥料 500 mL 兑水 30 kg 喷施，每 10 d 后再喷一次，共喷 3 次；

处理 3：常规施肥＋与处理 2 同时喷施等量清水。

2.6 田间管理

试验在当地常规施肥基础上进行，每 667 m² 常规施肥为 45%××复合肥（15-15-15）50 kg、尿素 7.5 kg。复合肥作基肥，尿素作追肥。尿素分三次进行追肥，第一次在小白菜团棵期兑水追施尿素 1.5 kg，第二次与第三次追肥分别相隔 10 d 后进行。

供试小白菜于××月××日春末夏初直播，气温较高，每 667 m² 用种量稍大为 450 g，每小区用种量 22.5 g，后用遮阳网覆盖，以防大雨土壤板结，齐苗后揭去遮阳网。××月××日、××月××日、××月××日、××月××日分别用 40 mL 高效氯氟氰菊酯乳油防治菜粉蝶、小菜蛾、菜青虫等害虫四次。各处理的浇水、中耕除草、施肥、病虫害防治等管理措施都于同一天内同步完成。采收时按小区单独采收、称重计算各小区产量。测产时从每小区随机抽取 3 个不同地点重复测得 1 m² 内小白菜经济性状与理论产量进行分析。除施肥处理不同外，其他田间管理措施均保持一致。

3 结果与分析

3.1 不同处理对小白菜经济性状的影响

试验结果表明，小白菜用供试肥料喷施 3 次的处理 2 与不喷施的常规施肥处理 1 和喷施等量清水处理 3 相比，株高增加 1.0～1.3 cm，开展幅度增加 0.3～0.4 cm，单株重增加 2.3～2.7 g，每 667 m² 生物学产量增加 142.5～162.7 kg，净菜率增加 0.3%～0.6%（表 2）。说明在常规施肥的基础上，喷施××公司生产的含氨基酸水溶肥料能提高小白菜的株高、开展度和净菜率。

表 2 不同处理对小白菜经济性状的影响

处理	密度（株/m²）	株高（cm）	开展度（cm）	单株重量（kg）	每 667 m² 理论生物产量（kg）	每 667 m² 理论净菜重（kg）	净菜率（%）
处理 1	84	16.4	15.7	0.018 3	1 176.8	1 023.8	87.1
处理 2	84	17.7	16.1	0.021 0	1 339.5	1 174.8	87.7
处理 3	84	16.7	15.8	0.018 7	1 197.0	1 046.2	87.4

3.2　不同处理对小白菜产量的影响

试验结果表明，小白菜用供试肥料喷施 3 次的处理 2 每 667 m² 产量为 1 158.6 kg，与对照区处理 1 比较，每 667 m² 增加 175.3 kg，增产率为 17.8%；与对照区处理 3 比较，每 667 m² 增加 166.6 kg，增产率为 16.8%（表 3）。经方差分析 F 值检验，处理间差异达到显著水平（表 4）。

表 3　不同处理对小白菜产量的影响

| 处理 | 小区（33.3 m²）产量（kg） | | | | 每 667 m² 产量（kg） | 处理 2 比对照处理 1 与处理 3 | |
	Ⅰ	Ⅱ	Ⅲ	平均		每 667 m² 增产量（kg）	增产率（%）
处理 1	50.7	49.5	47.3	49.17	983.3	175.3	17.8
处理 2	60.4	58.8	54.6	57.93	1 158.6		
处理 3	47.6	51.4	49.8	49.6	992.0	166.6	16.8

表 4　试验各处理产量方差分析

变异来源	自由度	平方和	方差	F 值	$F_{0.05}$	$F_{0.01}$
区组间	2	12.67	6.33	1.37	6.94	18.0
处理间	2	146.49	73.24	15.83	6.94	18.0
误差	4	18.51	4.63			
总变异	8	177.66				

3.3　不同处理对小白菜产值及经济效益的影响

试验结果表明，小白菜用供试肥料喷施 3 次的处理 3 每 667 m² 产值最高为 4 055.1 元，与对照区处理 1 比较，每 667 m² 增产值 613.6 元，每 667 m² 增加肥料及人工成本 165.0 元，每 667 m² 增加收入 448.6 元，投产比为 1∶3.72（表 5）。说明在常规施肥的基础上，喷施××公司生产的含氨基酸水溶肥料能提高小白菜的经济效益。

表 5　各处理产值及经济效益分析

| 处理 | 每 667 m² 产量（kg） | 每 667 m² 产值（元） | 处理 2 比对照处理 1 | | | |
			每 667 m² 增加成本（元）	每 667 m² 增产（元）	每 667 m² 增加收入（元）	投产比
处理 1	983.3	3 441.5	165.0	613.6	448.6	1∶3.72
处理 2	1 158.6	4 055.1	—	—	—	—
处理 3	992.0	3 472.0	—	—	—	—

注：供试肥料成本 50 000 元/t，每 500 mL 约为 25 元。2018 年 6 月小白菜综合价为 3.5 元/kg。"每 667 m² 增加成本"指因增施肥料而增加的肥料及用工成本，人工每喷施一次约为 30 元。

4　试验结论

4.1　喷施×××公司生产的含氨基酸水溶肥料有利于改善小白菜经济性状。试验结果表明，春末夏初直播小白菜，在常规施肥的基础上，从团棵期开始用×××公司生产的含氨基酸水溶肥料 500 mL 兑水 30 kg 第一次喷施，后每隔 10 d 再喷一次，共喷 3 次，能提高小白菜的株高、展开度和净菜率。

4.2 喷施××公司生产的含氨基酸水溶肥料小白菜增产效果显著。试验结果表明，小白菜喷施××公司生产的含氨基酸水溶肥料的处理每 667 m² 产量较常规施肥和同时喷施等量清水的处理分别增产 175.3 kg、166.6 kg，增产率分别提高 17.8%、16.8%。方差分析表明，增产效果达极显著水平。

4.3 喷施××公司生产的含氨基酸水溶肥料小白菜经济效益明显。试验结果表明，小白菜喷施××公司生产的含氨基酸水溶肥料的处理与习惯对照相比每 667 m² 纯收入增加 448.6 元，投入产出比为 1∶3.72。

综上所述，××公司生产的含氨基酸水溶肥料，在××县小白菜上施用具有明显的增产效果和较好经济效益，可在继续试验的基础上逐步大面积推广应用。

试验执行单位：××县土壤肥料工作站

试验执行人：××

试验主持单位：××省土壤肥料总站

试验主持人：××

报告编制时间：××年××月××日

参 考 文 献

白由路，杨俐苹，2006. 我国农业中的测土配方施肥 [J]. 土壤肥料，2：3-7.

白由路，杨俐苹，金继运，2007. 测土配方施肥原理与实践 [M]. 北京：中国农业出版社.

鲍士旦，2000. 土壤农化分析 [M]. 北京：中国农业出版社.

陈光，高成功，张晓雷，等，2013. 大棚西瓜水肥一体化灌溉施肥技术研究 [J]. 山东农业科学，45
（8）：103-105.

陈新平，张福锁，2006. 通过"3414"试验建立测土配方施肥技术指标体系 [J]. 中国农技推广，22
（4）：36-39.

迟永辉，2010. 测土配方施肥的田间土样采集方法. 吉林农业，250（12）：159.

都热依木，2017. 番茄2+X肥料试验 [J]. 上海蔬菜，1：52.

杜荣骞，2014. 生物统计学 [M]. 北京：高等教育出版社.

杜森，高祥照，等，2006. 土壤分析技术规范 [M]. 北京：中国农业出版社.

樊小林，廖宗文，1998. 控释肥料与平衡施肥和提高肥料利用率 [J]. 植物营养与肥料学报，4
（3）：219.

傅高明，李纯忠，1989. 土壤肥料的长期定位试验 [J]. 世界农业（12）：22-25.

高祥照，马常宝，杜森，2005. 测土配方施肥技术 [M]. 北京：中国农业出版社.

黄丹丹，李冬初，张陆彪，等，2014. 湖南祁阳红壤实验站与英国洛桑实验站比较分析 [J]. 世界农业
（4）：146-151.

黄绍敏，宝德俊，皇甫湘荣，等，2006. 长期定位施肥小麦的肥料利用率研究 [J]. 麦类作物学报，26
（2）：121-126.

贾丽丽，2017. 测土配方施肥肥料利用率试验报告 [J]. 农民致富之友，2：125.

姜瑞波，张晓霞，吴胜军，2003. 生物有机肥及其应用前景 [J]. 磷肥与复肥，18（04）：59.

金吉芬，郑伟，刘涛，2010. 贵州南亚热带地区火龙果抗寒性调查 [J]. 中国热带科学（2）：33.

孔繁玲，董振华，1991. 田间试验 [M]. 北京：农业出版社.

李传哲，许仙菊，马洪波，等，2017. 水肥一体化技术提高水肥利用效率研究进展 [J]. 江苏农业学报，
33（2）.

李春喜，姜丽娜，邵云，等，2013. 生物统计学学习指导 [M]. 北京：科学出版社.

李瑞海，黄启为，徐阳春，等，2009. 不同配方叶面肥对辣椒生长的影响 [J]. 南京农业大学学报，32
（2）：76-81.

李燕婷，李秀英，肖艳，等，2009. 叶面肥的营养机理及应用研究进展 [J]. 中国农业科学，42（1）：
162-172.

刘安芳，伍莲，2013. 生物统计学 [M]. 重庆：西南师范大学出版社.

刘长庆，李天玉，王德科，等，2006. 生物有机肥在黄瓜上的应用效果研究 [J]. 西北农业学报，15
（01）：185-187.

刘凤枝，李玉浸，刘素云，等，2012. 农田土壤环境质量监测技术规范：NY/T 395—2012 [S]. 北京：
中国农业出版社.

刘凤枝，马锦秋，等，2012. 土壤监测分析实验手册 [M]. 北京：化学工业出版社.

刘继培，李桐，谭晓东，等，2014. 施用壳聚糖水溶肥对西瓜生长及产量的影响 [J]. 中国土壤与肥料 (6)：81-85.

卢海燕，陆海燕，薛小勤，2016. 小麦主推配方校正与示范试验研究 [J]. 现代农业科技 (15)：19-20.

卢艳丽，白由路，王磊，等，2011. 华北小麦—玉米轮作区缓控释肥应用效果分析 [J]. 植物营养与肥料学报，17 (1)：209-215.

陆春芳，吴俊磊，钱文东，等，2013. 水稻主推配方校正试验简报 [J]. 上海农业科技 (1)：99.

毛达如，1994. 植物营养研究方法 [M]. 北京：北京农业大学出版社.

明道绪，2013. 田间试验与统计分析（第三版）[M]. 北京：科学出版社.

倪宏正，尤春，倪玮，2013. 设施蔬菜水肥一体化技术应用 [J]. 中国园艺文摘 (4)：140-141.

区靖祥，邱建德，2002. 多元数据的统计分析方法附计算机软件应用 [M]. 北京：中国农业科学技术出版社.

邵孝侯，刘旭，周永波，等，2011. 生物有机肥改良连作土壤及烤烟生长发育的效应 [J]. 中国土壤与肥料，2011 (2)：65-67.

申建波，毛达如，2011. 植物营养研究方法 [M]. 北京：中国农业大学出版社.

孙平，2014. 田间试验与统计方法 [M]. 北京：化学工业出版社.

孙新娥，申明，王中华，等，2011. 两种叶面肥对日光温室芸豆叶片光合作用和果实品质的影响 [J]. 南京农业大学学报，34 (3)：37-42.

谭和芳，谢金学，汪吉东，等，2008. 氮磷钾不同配比对小麦产量及肥料利用率的影响 [J]. 江苏农业学报，24 (3)：279-283.

田秀英，2002. 国内外的长期肥料试验研究 [J]. 重庆高教研究 (1)：14-17.

汪家铭，2011. 水溶肥发展现状及市场前景 [J]. 上海化工，36 (12)：27-31.

汪强，李双凌，韩燕来，等，2007. 缓/控释肥对小麦增产与提高氮肥利用率的效果研究 [J]. 土壤通报，38 (1)：693-696.

王保梅，2013. 提高肥料利用率途径探析 [J]. 河南农业 (22)：51-52.

吴占福，王艳丽，2016. 生物统计与试验设计 [M]. 北京：化学工业出版社.

伍宏业，林葆，1999. 论提高我国化肥利用率 [J]. 磷肥与复肥 (1)：6-12.

武继承，杨永辉，潘晓莹，2015. 小麦—玉米周年水肥一体化增产效应 [J]. 中国水土保持科学，13 (3)：124-129.

辛景树，马常宝，任意，2012. 耕地地力与科学施肥 [M]. 北京：中国农业出版社.

辛景树，田有国，任意，等，2006. 土壤检测第1部分：土壤样品的采集、处理和贮存：NY/T 121.1—2006 [S]. 北京：中国农业出版社.

闫湘，金继运，何萍，等，2008. 提高肥料利用率技术研究进展 [J]. 中国农业科学，41 (2)：450-459.

杨靖一，1995. 洛桑试验站150周年—经典试验研究进展 [J]. 土壤学进展 (1)：9-12.

叶亚娟，2014. 小麦测土配方施肥配方校正与示范对比试验报告 [J]. 农业与技术 (9)：89-89.

张福锁，江荣风，陈新平，等，2011. 测土配方施肥技术 [M]. 北京：中国农业大学出版社.

张福锁，王激清，张卫峰，等，2008. 中国主要粮食作物肥料利用率现状与提高途径 [J]. 土壤学报，45 (5)：915-924.

张效朴，李伟波，詹其厚，2000. 吉林黑土上肥料施用量对玉米产量及肥料利用率的影响 [J]. 玉米科学，8 (2)：70-74.

张学坤，张春雷，廖星，等，2008. 2008年长江流域油菜低温冻害调查分析 [J]. 中国油料作物学报，30 (1)：122-126.

张玉凤，郜玉环，董亮，等，2014. 含寡糖水溶肥对菠菜生长、品质和生理生化指标的影响 [J]. 中国土壤与肥料（3）：72-77.

赵秉强，林治安，刘增兵，2008. 中国肥料产业未来发展道路——提高肥料利用率减少肥料用量 [J].
磷肥与复肥，23（6）：1-4.

赵方杰，2012. 洛桑试验站的长期定位试验：简介及体会 [J]. 南京农业大学学报，35（5）：147-153.

赵霞，刘京宝，王振华，等，2008. 缓控释肥对夏玉米生长及产量的影响 [J]. 中国农学通报，24（6）：
247-249.

赵永斌，张茜，王娟娟，等，2014. 含腐殖酸水溶肥在番茄上的肥效研究 [J]. 陕西农业科学，60（11）：
30-32.

郑海春，2006. "3414" 肥料肥效田间试验的实践 [M]. 呼和浩特：内蒙古人民出版社.

周丽群，李宇虹，高杰云，等，2014. 果类蔬菜专用水溶肥的应用效果分析 [J]. 北方园艺（1）：
161-164.

周晓彬，2010. 油菜棉田直播密度及棉秆留田效应研究 [D]. 武汉：华中农业大学.

Field A P，Hole G，2003. How to design and report experiments [M]. London：Sage Publications Ltd.

Poulton P R，1996. The Rothamsted long - term experiments：are they still relevant？[J]. Canadian Journal of
Plant Science，76（4）：559-571.

相 关 标 准

肥料效应鉴定田间试验技术规程

1 范围

本标准规定了肥料效应鉴定田间试验的方案设计、田间操作、数据分析、肥效评价和报告撰写。

本标准选用于肥料效应鉴定的田间试验。

2 规范性引用文件

下列文件中的条款通过本标准的引用而成为本标准的条款。凡是注日期的引用文件。其随后所有的修改单（不包括勘误的内容）或修订版均不适用于本标准。然而，鼓励根据本标准达成协议的各方研究是否可使用这些文件的最新版本。凡是不注日期的引用文件，其最新版本适用本于标准。

GB/T 6274—1997 肥料和土壤调理剂 术语

3 术语和定义

下列术语和定义适用于本标准。

3.1

复混肥料 compound fertilizer

见 GB/T 6274—1997 中 2.1.17。

3.2

微量元素（微量养分）trace elernent；micronutrient

见 GB/T 6274—1997 中 2.1.25.3。

3.3

中量元素 secondary element

对钙、镁、硫元素的通称。

3.4

微生物肥料 microbial manure

由有益微生物制成的，并起主要作用，能发送作物营养条件的活体微生物制品。

3.5

常规施肥 regular fertilizing

亦称习惯施肥，指当地前三年的平均施肥量（主要指氮、磷、钾肥）、施肥品种和施肥方法。

3.6

空白对照 control

无肥处理。用于确定肥料效应的绝对值，评价土壤自然生产力和计算肥料利用率等。

4 基本规定

4.1 试验设计

4.1.1 试验方案

4.1.1.1 试验处理：根据试验目的和施肥方法设计试验处理（见表1）。

表 1 试验处理设计

施肥方法	处 理 数	试 验 处 理
土施	复混肥料 不少于3个	处理1：供试肥料 处理2：常规施肥 处理3：空白对照（不施任何肥料）
	中量元素和微量元素肥料 不少于2个	处理1：供试肥料＋常规施肥 处理2：常规施肥
拌种	不少于2个	处理1：供试肥料＋常规施肥 处理2：等量细土＋常规施肥
喷施	不少于2个	处理1：供试肥料＋常规施肥 处理2：等量清水＋常规施肥

微生物肥料在表1的基础上，在每种施肥方法中，增加一个处理，即基质对照（基质是指活性微生物肥料试验样品，采用放射灭菌或医用高压高温灭菌达到一定要求的样品）；其他肥料，根据其功能特性，另行设计。

4.1.1.2 试验重复：试验得重复次数不少于4次。

4.1.2 试验方法

两个处理的田间试验采取配对设计，多于两个处理的田间试验采取完全随机区组设计。小区面积 $20 \, m^2 \sim 50 \, m^2$。密植作物小些，中耕作物大些。小区宽度，密植作物不小于3 m，中耕作物不小于4 m。果树类选择土壤肥力差异小的地块和树龄相同、株形和产量相对一致的单株成年果树进行试验，每个处理不少于6株。试验应选择具有代表性的土壤，试验点不少于3个。

4.2 田间操作

4.2.1 试验作物与试验年限

4.2.1.1 试验作物：选择供试肥料适宜的作物品种。

4.2.1.2 试验年限：一般作物试验两季，果树类不少于三年。

4.2.2 试验地选择和试验准备

4.2.2.1 试验地选择

试验地应选择地块平坦、整齐、肥力中等、均匀，具有代表性的地块。坡地应选择坡度平缓，肥力差异较小的田块；试验地应避开道路、堆肥场所等特殊地块。

4.2.2.1 试验准备

整地、设置保护行、试验地区划；小区单灌单排，避免串灌串排；分析供试地土壤养分善，包括有机质、全氮、有效磷、速效钾、pH 等，其他项目根据试验要求检测；分析供试肥料养分（或作用物质），或由企业提交近期法定检测部门的化验报告。

4.2.3 施肥措施

根据试验方案和供试肥料要求进行田间操作。

4.2.4 田间管理与观察记载

4.2.4.1 田间管理：除施肥措施外，其他各项管理措施应一致，且符合生产要求，并由专人在同一天内完成。

4.2.4.2 田间记录观察内容包括（详见附录 A）：

试验布置；

——试验地基本情况：

——田间操作：

——生物学性状；

——试验结果。

4.2.5 收获与计产

收获和计产应正确反映试验结果：

——每个小区单打、单收、单计产或取代表性样方测产；

——先收保护行植株；

棉花、番茄、黄瓜、西瓜等分次收获的作物，应分次收获、计产，最后累加。

室内考种样本应按要求采取，并系好标签，记录小区号、处理名称、取样日期、采样人等。

4.3 试验数据分析及肥效评价

4.3.1 试验数据分析

试验结果的统计分析（详见附录 B）：

——两个处理的配对设计，应按配对设计进行 t 检验；

——多于两个处理的完全随机区组设计，采用方差分析，用 PLSD 法进行多重比较。

4.3.2 肥效评价

肥效评价（除微生物肥料外）主要比较处理 1 和处理 2 两个处理的差异；微生物肥料主要比较微生物肥料和基质对照两个处理的差异。

4.3.2.1 以提高产量为主要功效的肥料产品

符合下述指标的为有效肥料产品：

——田间试验增产 5％以上的试验点不少于总试验点数的三分之二；

——单因子田间试验统计检验，差异达到显著水平的试验点不少于总试验点数的三分之二。

4.3.2.2 以改善品质或改善环境为主要功效的肥料产品

可根据具体情况，选择性地参照本标准 4.3.2.1 的指标执行。

4.4 试验报告撰写

4.4.1 试验来源和目的。

4.4.2 试验时间和地点。

4.4.3 材料与方法：

——供试土壤；

——供试肥料；

——供试作物；

——试验方案和方法。

4.4.4 试验结果与分析：

——不同处理对作物生物学性状的影响：

——不同处理对作物产量及产值的影响；

——不同处理的投入产出比；

——试验数据统计分析结果。

4.4.5 试验结论。

4.4.6 试验执行单位、主持人。

附 录 A

（规范性附录）

肥料效应鉴定田间试验观察记录表

试验布置

试验地点　　省　　地　　县　　乡　　村　　地块

试验时间　　年　月　日　　年　月　日

试验方案设计

试验处理：

重复次数：

试验方法设计

小区面积：长（m）×宽（m）＝　　　　　m²

小区排列：（采用图示）

试验地基本情况

试验地地形：

土壤类型：　　　　　　　　　　　土壤质地：

肥力等级：　　　　　　　　　　　代表面积：　　　（hm²）

前茬作物名称：　　　　　　　　　前茬作物施肥量：有机肥　　氮（N）　磷
　　　　　　　　　　　　　　　　（P₂O₅）　钾（K₂O）　其他

前茬作物产量：

土壤分析结果：

试验地土壤分析结果

分 析 项 目	分 析 结 果
有机质 g/kg	
全氮 g/kg	
有效磷 mg/kg	
速效钾 mg/kg	
pH	

田间操作

供试作物

播种期和播种量

施肥时间和数量

灌溉时间和数量

其他农事活动及灾害

生物学性状

试验结果

产量

小区产量结果

试验处理	小区面积 m²	小区产量 kg				
		重复1	重复2	重复3	重复4	平均值
处理1						
处理2						
处理3						
处理4						

公顷产量结果

试验处理	产量 kg/hm²					增产率 %
	重复1	重复2	重复3	重复4	平均值	
处理1						
处理2						
处理3						
处理4						

品质

环境

附 录 B

（规范性附录）

试验结果的分析标例

B.1 配对设计（见表B.1）

表B.1 配对设计试验结果统计

单位：kg/hm²

重复	处理1 X_1	处理2 X_2	d_i X_1-X_2	d_i-d	$(d_i-d)^2$
1	176.5	129.5	47	6.25	39.06
2	153.5	115.5	38	−2.75	7.56
3	155.0	120.0	35	−5.75	33.06
4	187.5	144.5	43	2.25	5.06
x、d	168.1	127.4	40.75		
Σ	675.5	509.5			84.75

单次标准差 $S_d=\sqrt{\dfrac{\sum (d_i-d)^2}{n-1}}=\sqrt{\dfrac{84.75}{3}}=5.31$

均数标准差 $S_d=\dfrac{S_D}{\sqrt{n}}=5.31/2=2.66$

$$t=\dfrac{|\overline{X}_1-\overline{X}_2|}{S_D}=40.75/2.66=15.3$$

自由度 $n-1=4-1-3$，查表得 $t_{0.05}=3.18$，$t_{0.01}=5.84$。因 $t=15.3>t_{0.01}=5.84$，处理1和处理2差异水平达极显著，说明肥料有极显著效果。

B.2 随机区设计（见表B.2）

表B.2 随机区组设计试验结果统计

单位：kg/hm²

重复	区组				平均	合计
	1	2	3	4		
处理1	33	34	32	29	32.0	128
处理2	31	28	26	30	28.8	115
处理3	26	29	30	25	27.5	110
处理4	20	22	17	20	19.8	79
平均	27.5	28.2	26.2	26		
合计	110	113	105	104		

$T=432$ $\overline{x}=27$

总平方和 $SS_T=(33^2+34^2+\cdots+20^2)-\dfrac{432^2}{4\times4}=382$

总自由度 $df_T=4\times4-1=15$

处理间平方和 $SS_A=(128^2+115^2+110^2+^2)\div4-\dfrac{432^2}{4\times4}=323.5$

处理间自由度 $df_A=4-1=3$

区组间的平方和 $SS_B=(110^2+113^2+105^2+104^2)\div4-\dfrac{432^2}{4\times4}=13.5$

区组间的自由度 $df_A=4-1=3$

误差平方和 $SS_t=382-323.5-13.5=45$

处理内（误差）自由度 $df_e=15-3-3=9$

将上述结果列表进行方差分析（见表B.3）

表B.3 随机区组设计试验结果统计

变因	平方和	自由度	均方	F值	$F_{0.05}$	$F_{0.01}$
区组间	13.5	3	4.5	0.9	3.85	6.99
处理间	323.5	3	107.8	21.56**	3.86	6.099
误差	45	9	5.0			
总变异	382	15				

当 F 值 $\geqslant F_{0.01}$ 时，说明处理间差异极显著，在 F 值上方标以**；当 $F_{0.01}>F$ 值 $\geqslant F_{0.05}$ 时说明差异显著，在 F 值上方标以*；当 F 值 $<F_{0.05}$ 时，说明差异不显著。

采用 PLSD 法进行多重比较，并用字母法表示差异显著性。

$df_e=9$ 时，$T_{0.05}=2.26$，$t_{0.01}=3.25$

$$PLSD_{0.05}=t_{0.05}\times\sqrt{\frac{2S_e^2}{n}}=t_{0.05}\times\sqrt{\frac{2\times5.0}{4}}=2.26\times1.58=3.57$$

$$PLSD_{0.01}=t_{0.01}\times\sqrt{\frac{2S_e^2}{n}}=t_{0.01}\times\sqrt{\frac{2\times5.0}{4}}=3.25\times1.58=5.14$$

各处理平均数依大小次序排列，在最大的平均数上标字母 a（$\alpha=0.05$）或 A（$a=0.01$）；将该平均数与以下平均数逐个比较，差异不显著标上字母 a 或 A，直至差异显著的平均数标以 b 或 B。再以该标有 b 或 B 的平均数为标准，与其上方比它大的平均数逐个相比，差异不显著者一律标以字母 b 或 B；再以标有 b 或 B 的最大平均数为标准，与其下方未标记的平均数相比，如此进行比较，直至最小的平均数标记字母为止（见表 B.4）。

表 B.4 多重比较

处理	平均产量	差异显著性	
		$\alpha=0.05$	$\alpha=0.01$
处理 1	32.0	a	A
处理 2	28.8	ab	A
处理 3	27.5	b	A
处理 4	19.8	c	B

微生物肥料田间试验技术规程及肥效评价指南

1 范围

本标准规定了微生物肥料田间试验的方案设计、试验实施、数据分析、效果评价和试验报告撰写。

本标准适用于中华人民共和国境内生产、销售和使用的微生物肥料田间试验效果的综合评价。

2 规范性引用文件

下列文件中的条款通过本标准的引用而成为本标准的条款。凡是注日期的引用文件，其随后所有的修改单（不包括勘误的内容）或修订版均不适用于本标准，然而，鼓励根据本标准达成协议的各方研究是否可使用这些文件的最新版本。凡是不注日期的引用文件，其最新版本适用于本标准。

GB/T 5009.157—2003　食品中有机酸的测定

GB/T 8305—2002　茶　水浸出物测定

GB/T 8312—2002　茶　咖啡碱测定

GB/T 8313—2002　茶　茶多酚测定

GB/T 8314—2002　茶　游离氨基酸总量测定

GB/T 14487—93　茶叶感官评审术语

NY/T 497—2002　肥料效应鉴定田间试验技术规程

NY/T 1113—2006　微生物肥料术语

NY/T 1114—2006　微生物肥料实验用培养基技术条件

3 术语和定义

NY/T 1113—2006、NY/T 497—2002 确立的以及下列术语和定义适用于本标准。为了方便，下面重复列出了 NY/T 1113—2006、NY/T 497—2002 中的一些术语。

3.1

微生物肥料　microbial fertilizer

含有特定微生物活体的制品，应用于农业生产，通过其中所含微生物的生命活动，增加植物养分的供应量或促进植物生长，提高产量，改善农产品品质及农业生态环境。微生物肥料包含微生物菌剂（接种剂）、复合微生物肥料和生物有机肥。

3.2

微生物菌剂　微生物接种剂　microbial inoculant

一种或一种以上的目的微生物经工业化生产增殖后直接使用，或经浓缩或经载体吸附而制成的活菌制品。

3.3

复合微生物肥料　compound microbial fertilizer

目的微生物经工业化生产增殖后与营养物质复合而成的活菌制品。

3.4

生物有机肥　microbial organic fertilizer

目的微生物经工业化生产增殖后与主要以动植物残体（如畜禽粪便、农作物秸秆等）为来源并经无害化处理的有机物料复合而成的活菌制品。

3.5

常规施肥　regular fertilizing

亦称习惯施肥，指当地前三年的平均施肥量（主要指氮、磷、钾肥）、施肥品种和施肥方法。

3.6

空白对照　control

无肥处理，用于确定肥料效应的绝对值，评价土壤自然生产力和计算肥料利用率等。

3.7

基质　substrate

不含目的微生物或目的微生物被灭活的物料。

4　田间试验

4.1　试验设计

不同类型微生物肥料（有机物料腐熟剂除外）的田间效果试验设计应当符合表 1 要求。

表 1　微生物肥料田间试验设计及要求

项　　　目	产　品　种　类	
	微生物菌剂类产品 0[a]	复合微生物肥料和生物有机肥
处理设计	1. 供试肥料＋常规施肥 2. 基质＋常规施肥 3. 常规施肥 4. 空白对照	1. 供试肥料＋减量施肥[b] 2. 基质＋减量施肥[b] 3. 常规施肥 4. 空白对照
试验面积	1. 旱地作物（小麦、谷子等密植作物除外）小区面积 30 m²； 2. 水田作物、小麦、谷子等密植旱地作物小区面积 20 m²； 3. 设施农业种植作物小区面积 15 m²，并在一个大棚内安排整个区组试验； 4. 多年生果树每小区不少于 4 株，要求土壤地力差异小的地块和树龄相同、株型和产量相对一致的成年果树	
重复次数	不少于 3 次	
区组配置及小区排列	小区采用长方形，随机排列	

表 1（续）

项　目	产　品　种　类	
	微生物菌剂类产品 0[a]	复合微生物肥料和生物有机肥
施用方法	按样品标注的使用说明或试验委托方提供的试验方案执行	
试验点数或试验年限	一般作物试验不少于 2 季或不少于 2 种不同地区，果树类不少于 2 年	

a　根瘤菌菌剂产品可设减少氮肥用量的处理。

b　减量施肥是根据产品特性要求，适当减少常规施肥用量。

4.2　试验准备

4.2.1　试验地选择

试验地的选择应具有代表性，地势平坦，土壤肥力均匀，前茬作物一致，浇排水条件良好。试验地应避开道路、堆肥场所、水沟、水塘、溢流、高大建筑物及树木遮阴等特殊地块。

4.2.2　试验地处理

a）整地、设置保护行、试验地区划（小区、重复间尽量保持一致）；

b）小区单灌单排，避免串灌串排；

c）测定土壤的有机质、全氮、速效磷、速效钾、pH；

d）微生物种类和含量、土壤物理性状指标等其他项目根据试验要求测定。

4.2.3　供试肥料准备

按试验设计准备所需的试验肥料样品，供试肥料经检验合格后方可使用。

4.2.4　供试基质准备

将供试的微生物肥料样品，经一定剂量 ^{60}Co 照射或微波灭菌后，随机取样进行无菌检验（见附录 A），确认样品达到灭菌要求后，留存该样品做基质试验。

4.2.5　试验作物品种选择

应选择当地主栽作物品种或推广品种。

4.3　试验实施

按 4.1 执行，并做好田间管理、记录、分析和计产等工作。

4.3.1　田间管理及试验记录

各项处理的管理措施应一致，并进行试验记录：

a）供试作物名称、品种；

b）试验地点、试验时间、方法设计、小区面积、小区排列、重复次数（采用图标的形式）；

c）试验地地形、土壤质地、土壤类型、前茬作物种类；

d）施肥时间、方法、数量及次数等；

e）试验期间的降水量及灌水量；

f）病虫害防治情况及其他农事活动等；

g）作物的生长状况田间调查，包括出苗率、移苗成活率、长势、生育期及病虫发生情况等。

4.3.2 收获和计产

a）先收保护行；

b）每个小区单收、单打、单计产；

c）分次收获的作物，应分次收获、计产，最后累加；

d）室内考种样本应按试验要求采样，并系好标签，记录小区号、处理名称、取样日期、采样人等。

4.3.3 作物品质、土壤肥力和抗逆性等记录

根据试验要求，记录供试肥料对农产品品质、土壤肥力及抗逆性等效应。

5 效果评价

5.1 产量效果评价

5.1.1 试验结果的统计分析按 NY/T 497—2002 附录 B 执行。

5.1.2 进行供试微生物肥料处理与其他各处理间的产量差异分析。

5.1.3 增产差异显著水平的试验点数达到总数的 2/3 以上者，判定该产品有增产效果。

5.2 品质效果评价

5.2.1 评价指标

5.2.1.1 外观指标包括外形、色泽、口感、香气、单果重/千粒重、大小、耐储运性能等。

5.2.1.2 内在品质指标：

a）粮食作物测定淀粉及蛋白质含量；

b）叶菜类作物测定硝酸盐含量、维生素含量；

c）根（茎）类作物测定淀粉、蛋白质、氨基酸、维生素等含量；

d）瓜果类作物主要以糖分、维生素、氨基酸等；

e）具体作物品质指标及测试方法参见附录 B。

5.2.2 效果评价

根据农产品的种类选择相应的标准进行评价。

5.3 抗逆性效果评价

抗逆性包括抑制病虫害发生（病情指数记录）、抗倒伏、抗旱、抗寒及克服连作障碍等方面。抗逆性指标比对照应提高 20％以上的效果。

5.4 土壤改良效果评价

若经过同一地块两季以上的肥料施用，可测定土壤中的微生物种群与数量、有机质、速效养分、pH、土壤容重（团粒结构）等。

5.5 安全指标评价

对试验作物或土壤进行农药残留、重金属等有毒有害物质含量的测定，以评价试验样

品对其是否具有降解和转化功能。

6 试验报告

6.1 试验来源和目的

6.2 试验材料与方法

——试验时间和地点；

——供试土壤分析；

——供试肥料；

——供试作物；

——试验设计和方法。

6.3 试验结果与分析

——不同处理对作物产量及产值的影响；

——不同处理对作物生物学性状的影响；

——品质效果评价；

——抗逆性效果评价；

——土壤改良效果评价。

6.4 试验结论

6.5 试验执行单位及主持人

附 录 A

（规范性附录）

基质无菌检验方法

A.1 取样

从基质样品中随机取样。

A.2 样品检验

A.2.1 培养基制备

分别配制 NY/T 1114—2006 中 A1、A9、A11、A13 四种培养基。

A.2.2 菌悬液的制备

称取样品 10 g（精确到 0.01 g），加入带玻璃珠的 100 mL 的无菌水中，静置 20 min，在旋转式摇床上 200 r/min 充分振荡 30 min，制成菌悬液。

A.2.3 加样及培养

在预先制备好的四种固体培养基平板上分别加入 0.1 mL 菌悬液，并用无菌玻璃刮刀将菌悬液均匀地涂于培养基平板表面，重复 3 次，于适宜温度条件下培养 2 d～7 d。以无菌水作空白对照。

A.2.4 灭菌效果鉴定

空白对照无菌落出现，而其他培养平板上菌落总数≤5 个，则该样品可用作基质试验。反之，应重新灭菌。空白对照有菌落出现，应重做无菌检验。

附 录 B
（资料性附录）
作物品质的评价指标

作物名称	品质指标	测试方法
芹 菜	纤维素	重量法
油菜、黄瓜、结球甘蓝、白菜	维生素C	2,6-二靛酚容量法
辣 椒	辣椒素	分光光度法
茄 子	可溶性固形物	手持糖量剂法
萝 卜	水溶性糖	便携式折光糖度计
花生、大豆	粗蛋白质	凯氏定氮法
棉 花	纤维长度	自动光电长度仪法
	纤维成熟度	偏光仪法
马铃薯	支链淀粉	碘—淀粉复合物测定法
水稻、小麦	粗蛋白质	凯氏定氮法
	支链淀粉	铜还原—直接滴定法
玉米、甘薯	支链淀粉	铜还原—直接滴定法
柑橘、苹果等瓜果类	水溶性糖	便携式折光糖度计
	有机酸	GB/T 5009.157—2003 食品中有机酸的测定
	维生素C	2,6-二靛酚容量法
	可溶性固形物	手持糖量剂法
人 参	人参皂苷	/
番 茄	水溶性糖	便携式折光糖度计
	可溶性固形物	手持糖量剂法
	有机酸	GB/T 5009.157—2003 食品中有机酸的测定
	维生素C	2,6-二靛酚容量法
烟 叶	落黄时间、一级、二级、三级烟叶的比率	/
茶 叶	外观、汤色、香气、滋味	GB/T 14487—93 茶叶感官评审术语
	水浸出物	GB/T 8305—2002 茶 水浸出物测定
	咖啡碱	GB/T 8312—2002 茶 咖啡碱测定
	茶多酚	GB/T 8313—2002 茶 茶多酚测定
	游离氨基酸总量	GB/T 8314—2002 茶 游离氨基酸总量测定
甘 蔗	可溶性糖	便携式折光糖度计
苦 荞	黄酮	乙醇提取，分光光度计法

缓释肥料 效果试验和评价要求

1 范围

本标准规定了缓释肥料效果试验相关术语、试验要求和内容、效果评价、报告撰写等要求。

本标准适用于缓释肥料试验效果评价。

2 术语和定义

下列术语和定义适用于本文件。

2.1

缓释肥料 slow-release fertilizers

指通过添加特殊材料和经特殊工艺制成的，使肥料氮、磷、钾养分在设定时间内缓慢释放的肥料。

2.2

肥料施用量 fertilizer application rate

指施于单位面积耕地或单位质量生长介质中的肥料质量（以纯养分计）。

2.3

常规施肥 conventional fertilization

指被当地普遍采用的肥料品种、施肥量和施肥方式。

2.4

肥料农学效率 agronomic efficiency of fertilizer

指肥料单位养分施用量所增加的作物经济产量。

2.5

肥料效应 fertilizer effect

指肥料对作物产量或农产品品质的影响效果，通常以肥料单位养分施用量所产生的作物增产（或减产）量或农产品品质的增量（或减量）表示。

2.6

肥料增产率 yield increasing rate of fertilizer

指所施肥料和常规施肥（或空白对照）处理的作物产量差值与常规施肥（或空白对照）作物产量的比率（以百分数表示）。

2.7

肥料利用率 fertilizer use efficiency

指作物吸收养分量与所施肥料养分量的比率（以百分数表示），分为当季肥料利用率和累积肥料利用率。

2.8

施肥纯收益 net income of fertilization

指施肥增加产值与施肥成本的差值。

2.9

施肥产投比 output/input ratio of fertilization

指施肥增加产值与施肥成本的比值。

3 一般要求

3.1 试验内容

3.1.1 基于供试作物需肥规律、常规施肥量、施肥方式，确定缓释肥料的施用量、施肥时间和方式，评价缓释肥料等量施肥、减量施肥或施肥方式变化对供试作物产量或品质的影响，推荐缓释肥料最佳施用量、施肥时间和方式，并根据肥料效应、收益和投入成本，评价施肥效益。

3.1.2 一般应采用小区试验和示范试验方式进行效果评价。必要时，以盆栽试验（见附录 A）方式进行补充评价。

3.2 试验周期

每个效果试验应至少进行 1 个生长季（3 个月以上）或达到缓释肥料释放时间要求。

3.3 试验处理

试验处理应根据缓释肥料所含的氮、磷、钾养分进行设计。

3.3.1 试验应至少设以下 4 个处理：

——空白对照；

——常规施肥；

——与常规施肥等养分量的缓释肥料；

——减施 20％与常规施肥等养分量的缓释肥料。

3.3.2 必要时，可增设其他试验处理：

——减施 30％（或更高量）与常规施肥等养分量的缓释肥料；

——推荐的缓释肥料最佳施用量；

——推荐的缓释肥料与常规肥料最佳配合施用量。

3.3.3 除空白对照外，其他试验处理均应明确施肥时间和方式，包括基肥施用量、追肥施用量和次数。

3.3.4 小区试验各处理应采用随机区组排列方式，重复次数不少于 3 次。

3.4 试验准备

3.4.1 试验地选择

——应选择地势平坦、形状整齐、中等（或以下）地力水平且相对均匀的试验地块；

——应满足供试作物生长发育所需的条件，如排灌系统等；

——应避开居民区、道路、堆肥场所和存在其他人为活动影响的特殊地块。

3.4.2 供试土壤和肥料分析

——根据需要分析试验前供试土壤基本性状，至少应包括有机质、全氮、有效磷、速效钾、pH 等；

——分析供试肥料的养分释放特性等。

3.5 试验管理

除试验处理不同外，其他管理措施应一致且符合生产要求。

3.6 试验记录

应按照附录 B 的要求执行。

3.7 统计分析

试验结果统计学检验应根据试验设计选择执行 t 检验、F 检验、新复极差检验、LSR 检验、SSR 检验、LSD 检验或 PLSD 检验等。

4 小区试验

4.1 试验内容

小区试验是在多个均匀且等面积田块上通过设置差异处理及试验重复而进行的效果试验，以确定缓释肥料最佳施用量和施用方式。

4.2 小区设置要求

——小区应设置保护行，小区划分尽可能降低试验误差；

——小区灌渠设置应单灌单排，避免串灌串排。

4.3 小区面积要求

小区面积应一致，宜为 20 m²～200 m²。密植作物（如水稻、小麦、谷子等）小区面积宜为 20 m²～30 m²；中耕作物（如玉米、高粱、棉花、烟草等）小区面积宜为 40 m²～50 m²；果树小区面积宜为 50 m²～200 m²。

注：处理较多，小区面积宜小些；处理较少，小区面积宜大些。在丘陵、山地、坡地，小区面积宜小些；而在平原、平畈田，小区面积宜大些。

4.4 小区形状要求

小区形状一般应为长方形。小区面积较大时，长宽比以（3～5）：1 为宜；小区面积较小时，长宽比以（2～3）：1 为宜。

4.5 试验结果要求

——各小区应进行单独收获，计算产量；

——统计处理小区节肥省工情况，计算纯收益和投产比；

——分析作物品质时应按检验方法要求采样。

5 示范试验

5.1 试验内容

示范试验是在广泛代表性区域农田上进行的效果试验，以展示和验证小区试验效果的安全性、有效性和适用性，为推广应用提供依据。

5.2 示范面积要求

——经济作物应不小于 3 000 m²，对照应不小于 500 m²；

——大田作物应不小于 10 000 m²，对照应不小于 1 000 m²；

——花卉、苗木、草坪等示范试验应考虑其特殊性，试验面积应不小于经济作物
要求。

5.3 试验结果要求

应根据缓释肥料的试验效果，划分等面积区域进行农学效率和经济效益评价。

6 评价要求

6.1 评价内容

根据供试肥料特性和施用效果，对不同处理的农学效益、经济效益等进行综合
评价。

——肥料农学效率评价：肥料效应、增产率、利用率和农学效率等综合评价
指标。

——施肥经济效益评价：施肥纯收益、施肥产投比、节肥和省工情况等。

——其他效益评价：生态环境安全效果、品质效果等。

6.2 效果评价

缓释肥料的效果评价应基于综合其农学效率、经济效益、生态效益等方面的试验结
果。试验指标与对照比较，其试验效果应差异显著。

——缓释肥料与等量养分常规施肥比较的试验结果；

——按养分计节省缓释肥料施用量 20% 以上的试验结果；

——应进行由于减少施肥量和用工时的经济效益评价结果；

——当试验结果涉及土壤、水或大气变化等研究数据时，应进行土壤微生物群落、包
膜材料降解性等生态环境效益评价。

注：评价计算所涉及的相关参数按照试验期间国家公布标准的平均值执行。

7 试验报告

试验报告的撰写应采用科技论文格式，主要内容包括试验来源、试验目的和内容、试
验地点和时间、试验材料和设计、试验条件和管理措施、试验期间气候及灌排水情况、试
验数据统计与分析、试验效果评价、试验主持人签字及承担单位盖章等。其中，试验效果
评价应涉及以下内容。

——不同处理对肥料利用率的影响效果评价；

——不同处理对作物产量及增产率的影响效果评价；

——不同处理的经济效益（纯收益、产投比、节肥和省工情况）评价；

——必要时，应进行作物生物学性状、品质或抗逆性影响效果评价；

——必要时，应进行保护和改善生态环境影响效果评价；

——其他效果评价分析。

附 录 A
（规范性附录）
缓释肥料 盆栽试验要求

A.1 试验内容

当需要进行适宜施用量、施用时间等试验条件的确定，并对其施用效果及可能引起的毒害性进行评价时，应在小区试验实施前进行盆栽试验。

A.2 试验要求

试验应满足以下要求，其他参照第 3 章的要求执行。

A.2.1 供试土壤采集和制备。

——土壤采集地点和取样点数的确定应考虑农作区的代表性，采样深度一般为 0 cm～20 cm。土壤采集和制备过程应避免污染；

——将所采集土壤过 5 mm 孔径的筛子，并充分混匀；

——将制备好的供试土壤标明土壤名称、采集地点、采集时间及主要土壤性状。

A.2.2 盆钵选择。

——盆钵因根据试验作物、试验周期和装盆土量等因素确定；

——试验盆钵可选用玻璃盆、搪瓷铁盆、陶土盆和塑料盆等；

——盆钵规格可选择 20 cm×20 cm、25 cm×25 cm、30 cm×30 cm 等。

A.2.3 各处理应随机排列，重复次数不少于 3 次。

A.2.4 试验记载。应记载盆栽试验取土、过筛、装盆等试验操作以及试验场所温度、湿度等试验情况。其他按照附录 B 要求执行。

A.2.5 试验结果要求。应参照 4.5 的要求执行。

A.3 效果评价

应按照试验内容要求并参照第 6 章的要求执行。

A.4 试验报告

应按照试验内容要求并参照第 7 章的要求执行。

附 录 B
（规范性附录）
缓释肥料 试验记录要求

B.1 试验时间及地点

应记录信息包括：试验起止时间（年月日）、试验地点（省、县、乡、村、地块等）、试验期间气候及灌排水情况、试验地前茬农作情况等农田管理信息等。其中，试验地前茬农作情况应包括前茬作物名称、前茬作物产量、前茬作物施肥量、有机肥施用量、氮（N）肥施用量、磷（P_2O_5）肥施用量、钾（K_2O）肥施用量等。

B.2 供试土壤

应记录信息包括：试验地地形、土壤类型（土类名称）、土壤质地、肥力等级、代表面积（hm^2）、供试土壤分析结果（土壤机械组成、土壤容重、土壤水分、有机质、全氮、有效磷、速效钾、pH 等）。

B.3 供试肥料和作物

应记录信息包括：缓释肥料技术指标（养分指标、养分释放指标）、作物及品种名称等。

B.4 试验设计

应记录信息包括：试验处理、重复次数、试验方法设计、小区长（m）、小区宽（m）、小区面积（m^2）、小区排列图示等。

B.5 试验管理

应记录信息包括：作物品种、播种期和播种量、施肥时间和数量（基肥、追肥）、灌溉时间和数量、土壤性状、植物学性状、试验环境条件及灾害天气、病虫害防治、其他农事活动、所用工时等。

B.6 试验结果

应记录信息包括：不同处理及各重复的产量（kg/hm^2）和增产率（％）结果、其他效果试验结果等。其中产量记录应按照下列要求执行。

——对于一般谷物，应晒干脱粒扬净后再计重。在天气不良情况下，可脱粒扬净后计重，混匀取 1 kg 烘干后计重，计算烘干率；

——对于甘薯、马铃薯等根茎作物，应去土随收随计重。若土地潮湿，可晾晒后去土计重；

——对于棉花、番茄、黄瓜、西瓜等作物，应分次收获，每次收获时各小区的产量都要单独记录并注明收获时间，最后将产量累加。

B.7 分析样品采集和制备

试验应按下列要求进行土壤或植物样品采集与制备，并记录样品采集和制备信息。

B.7.1 土壤样品采集和制备：采集深度一般为 0 cm～20 cm。样品制备应符合土壤分析和性状评价要求，避免混淆或污染。

B.7.2 植物样品采集和制备：根据试验目的和内容，选定具有代表性的植株及取样部位或组织器官。样品制备应符合植物分析和性状评价要求，避免混淆或污染。

注：用于硝态氮、氨基态氮、无机磷、水溶性糖、维生素等分析的植株在采集后即时保鲜冷藏。

肥料增效剂　效果试验和评价要求

1　范围

本标准规定了肥料增效剂效果试验相关术语、试验要求和内容、效果评价、报告撰写等要求。

本标准适用于脲酶抑制剂和硝化抑制剂的试验效果评价。

2　术语和定义

下列术语和定义适用于本文件。

2.1

肥料增效剂　fertilizer synergists

指脲酶抑制剂和硝化抑制剂的统称。

2.2

脲酶抑制剂　urease inhibitors

指在尿素中添加的一定数量物料。通过降低土壤脲酶活性，抑制尿素水解过程，以减少酰胺态氮的氨挥发损失量，提高肥料利用率。

2.3

硝化抑制剂　nitrification inhibitors

指在铵态氮肥中添加的一定数量物料。通过降低土壤亚硝酸细菌活性，抑制铵态氮向硝态氮转化过程，以减少肥料氮的流失量，提高肥料利用率。

2.4

脲酶抑制率　urease-inhibition rate

指在一定培养时间内，等氮量对照处理与抑制剂处理的铵态氮含量差值，与对照处理铵态氮含量的百分比。

2.5

硝化抑制率　nitrification-inhibition rate

指在一定培养时间内，等氮量对照处理与抑制剂处理的硝态氮含量差值，与对照处理硝态氮含量的百分比。

2.6

肥料施用量　fertilizer application rate

指施于单位面积耕地或单位质量生长介质中的肥料质量（以纯养分计）。

2.7

常规施肥　conventional fertilization

指被当地普遍采用的肥料品种、施肥量和施肥方式。

2.8

肥料农学效率 agronomic efficiency of fertilizer

指肥料单位养分施用量所增加的作物经济产量。

2.9

肥料效应 fertilizer effect

指肥料对作物产量或农产品品质的影响效果，通常以肥料单位养分施用量所产生的作物增产（或减产）量或农产品品质的增量（或减量）表示。

2.10

肥料增产率 yield increasing rate of fertilizer

指所施肥料和常规施肥（或空白对照）处理的作物产量差值与常规施肥（或空白对照）作物产量的比率（以百分数表示）。

2.11

肥料利用率 fertilizer use efficiency

指作物吸收养分量与所施肥料养分量的比率（以百分数表示），分为当季肥料利用率和累积肥料利用率。

2.12

施肥纯收益 net income of fertilization

指施肥增加产值与施肥成本的差值。

2.13

施肥产投比 output/ input ratio of fertilization

指施肥增加产值与施肥成本的比值。

3 一般要求

3.1 试验内容

3.1.1 基于肥料增效剂类型和特点，确定与其配施的氮肥种类、施用量、施肥时间和方式，根据肥料效应、收益和投入成本、土壤氮素转化抑制效应等进行试验效果的综合分析评价。

3.1.2 一般应采用小区试验和示范试验方式进行效果评价。必要时，以条件培养试验（见附录 A）或盆栽试验（见附录 B）方式进行补充评价。

3.2 试验周期

每个效果试验应至少进行 1 个生长季。若进行轮作、连作或肥料后效试验应达到相应的周期要求。

3.3 试验处理

试验处理应根据肥料增效剂的类型进行设计，还应充分考虑不同增效剂所配施的氮肥种类、配施用量及其配施均匀性等因素。

3.3.1 试验应至少设 4 个处理。

——空白对照。

——常规施肥。

——与常规施肥等养分量配施肥料增效剂的肥料。

——减施 10％与常规施肥等养分量配施肥料增效剂的肥料。

注：常规施肥中氮肥种类应与配施肥料增效剂中的种类相同；示范试验可不设空白对照。

3.3.2　必要时，可增设其他试验处理。

——减施 20％（或更高量）与常规施肥等养分量配施肥料增效剂的肥料。

——推荐的最佳配施肥料增效剂的肥料。

——推荐的配施肥料增效剂的肥料与常规肥料最佳配合施用量。

3.3.3　除空白对照外，其他试验处理均应明确施肥时间和方式，包括基肥施用量、追肥施用量和次数。

注：施肥方式可分为撒施、穴施、条施、喷施、浸种、灌根、蘸根等。

3.3.4　小区试验各处理应采用随机区组排列方式，重复次数不少于 3 次。

3.4　试验准备

3.4.1　试验地选择。

——应选择地势平坦、形状整齐、地力水平相对均匀的试验地。

——应满足供试作物生长发育所需的条件，如排灌系统等。

——应避开居民区、道路、堆肥场所和存在其他人为活动影响等特殊地块。

3.4.2　供试土壤和肥料增效剂分析。

——试验地土壤基本性状分析应根据试验要求进行。

——供试肥料增效剂技术指标分析。

3.5　试验管理

除试验处理不同外，其他管理措施应一致且符合生产要求。应根据不同作物种植需求和不同施肥方式进行试验管理。

3.6　试验记录

应按照附录 C 的要求执行。

3.7　统计分析

试验结果统计学检验应根据试验设计选择执行 t 检验、F 检验、新复极差检验、LSR 检验、SSR 检验、LSD 检验或 PLSD 检验等。

4　小区试验

4.1　试验内容

小区试验是在肥力均匀的田块上通过设置差异处理及试验重复而进行的效果试验。

4.2　小区设置要求

——小区应设置保护行，小区划分尽可能降低试验误差。

——小区灌渠设置应单灌单排，避免串灌串排。

4.3　小区面积要求

小区面积应一致，宜为 20 m²～200 m²。密植作物（如水稻、小麦、谷子等）小区面

积宜为 20 m²～30 m²；中耕作物（如玉米、高粱、棉花、烟草等）小区面积宜为 40 m²～
50 m²；果树小区面积宜为 50 m²～200 m²。

注：处理较多，小区面积宜小些；处理较少，小区面积宜大些。在丘陵、山地、坡地，小区面积宜
小些；而在平原、平畈田，小区面积宜大些。

4.4 小区形状要求

小区形状一般应为长方形。小区面积较大时，长宽比以（3～5）：1 为宜；小区面积
较小时，长宽比以（2～3）：1 为宜。

4.5 试验结果要求

——各小区应进行单独收获，计算产量。

——按小区统计节肥省工情况，计算纯收益和产投比。

——分析作物品质时应按检验方法要求采样。

5 示范试验

5.1 试验内容

示范试验是在广泛代表性区域农田上进行的效果试验，以展示和验证小区试验效果。

5.2 示范面积要求

——经济作物应不小于 3 000 m²，对照应不小于 500 m²。

——大田作物应不小于 10 000 m²，对照应不小于 1 000 m²。

——花卉、苗木、草坪等示范试验应考虑其特殊性，试验面积应不小于经济作物
要求。

5.3 试验结果要求

应根据示范试验效果，划分等面积区域进行综合评价。

6 评价要求

6.1 评价内容

根据供试肥料增效剂特点和施用效果，应对不同处理的脲酶抑制率或硝化抑制率进行
综合评价。同时还应包括：

6.1.1 肥料农学效率评价：肥料效应、增产率、利用率和农学效率等综合评价指标。

6.1.2 施肥经济效益评价：施肥纯收益、施肥产投比、节肥和省工情况等。

6.1.3 其他效益评价：生态环境安全效果、品质效果、抗逆性效果等。

注：抗逆性效果包括对干旱、低温、高温、盐碱、病虫、土壤和水体污染等抵抗能力的作用效果。

6.2 效果评价

肥料增效剂的效果评价应基于综合其农学效率、经济效益、其他效益等方面的试验结
果。试验效果评价应包括：

——脲酶抑制率或硝化抑制率的试验结果。

——添加肥料增效剂与常规施肥比较的试验结果。

——按养分计节省肥料施用量的试验结果。

 ——减少施肥量的经济效益评价结果。

 ——当试验结果涉及土壤、水或大气变化等研究数据时，应进行土壤微生物群落、肥料增效剂降解性等生态环境效益评价。

  注：评价计算所涉及的相关参数按照试验期间国家公布标准的平均值执行。

7　试验报告

  试验报告的撰写应采用科技论文格式，主要内容包括试验来源、试验目的和内容、试验地点和时间、试验材料和设计、试验条件和管理措施、试验数据统计与分析、试验效果评价、试验主持人签字及承担单位盖章等。其中，试验效果评价应涉及以下内容。

 ——不同处理对脲酶抑制率或硝化抑制率的影响效果评价。

 ——不同处理对肥料利用率的影响效果评价。

 ——不同处理对作物产量及增产率的影响效果评价。

 ——必要时，应进行作物生长性状、品质或抗逆性影响效果评价。

 ——必要时，应进行纯收益、产投比、节肥、省工情况等经济效益评价。

 ——必要时，应进行保护和改善生态环境影响效果评价。

 ——其他效果评价分析。

附　录　A

（规范性附录）

肥料增效剂　条件培养试验要求

A.1　试验内容

  采用条件培养试验评价脲酶抑制剂和硝化抑制剂对土壤氮素转化的抑制效果。土壤含水量保持在田间持水量 $65\%\sim80\%$ 范围内，恒温培养箱温度（25 ± 2）℃。

A.1.1　脲酶抑制剂试验：通过测定不同时间点土壤中 $NH_4^+ - N$ 量，计算各处理间的差异。

  注：脲酶抑制剂在一段时间内抑制土壤脲酶的活性，延缓尿素在土壤中水解，与对照比酰胺态氮含量高，$NH_4^+ - N$ 含量低。

A.1.2　硝化抑制剂试验：通过测定不同时间点土壤中 $NO_3^- - N$ 量，计算各处理间的差异。

  注：硝化抑制剂在一段时间内抑制亚硝酸细菌的活性，延缓 $NH_4^+—N$ 向 $NO_3^- - N$ 的转化，与对照比 $NH_4^+ - N$ 含量高，$NO_3^- - N$ 含量低。

A.2　试验处理

A.2.1　试验应至少设以下 3 个处理。

 ——空白对照。

 ——等养分肥料。

——等养分肥料添加肥料增效剂。

A.2.2 必要时，可增设其他试验处理及对照处理。

——等养分肥料添加不同量的肥料增效剂。

——减施 10%（或更高量）与等养分量的供试肥料添加肥料增效剂。

——推荐的最佳肥料和肥料增效剂的施用量。

A.3 各处理应采用随机区组排列方式，重复次数不少于 4 次。

A.4 试验周期

A.4.1 脲酶抑制剂试验设定取样时间点一般应包括 8 h、1 d、2 d、3 d、5 d、7 d、14 d。

A.4.2 硝化抑制剂试验设定取样时间点一般应包括 8 h、1 d、3 d、5 d、7 d、14 d、21 d、28 d、35 d、42 d。

注：可根据供试肥料增效剂特性增减取样时间点。

A.5 试验实施

A.5.1 供试土壤采集和制备

——土壤采集地点和取样点数的确定应考虑农作区的代表性，采样深度一般为 0 cm～20 cm。土壤采集和制备过程应避免污染。

——将所采集土壤过 2 mm 孔径的筛子，并充分混匀。

——将制备好的供试土壤标明土壤名称、采集地点、采集时间及主要土壤性状。

A.5.2 供试土壤和肥料增效剂分析

——分析供试土壤基本性状，至少应包括脲酶活性、有机质、全氮、碱解氮、铵态氮、硝态氮、有效磷、速效钾、含水量、pH 等。

——分析供试肥料增效剂的技术指标。

A.5.3 试验记载

应记载条件培养试验取土、过筛等试验操作以及试验场所温度、湿度等试验情况。其他按照附录 C 的要求执行。

A.5.4 实施步骤

根据试验设计要求，确定试验处理所需物料的添加量。分别称取 40.0 g 土壤和相应试验物料于 500 mL 烧杯中，充分混合均匀，全部移至 100 mL 烧杯中，依次称量并混合均匀。根据土壤水分含量计算每个烧杯应加入的水量，均匀加入土壤中。用封口膜密封后，均匀在膜上用针头刺破 5 个通气孔，置于 25 ℃ 的恒温箱中培养，试验过程中应及时称重补充土壤水分。按照取样间隔时间要求取出烧杯，将土壤全部倒入 500 mL 烧杯中充分混匀，测定土壤 $NH_4^+ - N$ 或 $NO_3^- - N$ 含量及含水量。

注：应根据供试土壤含水量分别计算出满足条件培养水分要求的烧杯质量，及时按质量要求分别补充土壤水分（试验物料含水量视同于土壤含水量）；土壤样品与试验物料混合可采取分级稀释方式使其混合均匀。

A.5.5 结果表述

A.5.5.1 脲酶抑制率以质量分数 X_1 计，数值以百分率表示，按式（A.1）计算。

$$X_1 = \frac{c_1 - c_2}{c_1} \times 100\% \quad\cdots\cdots\cdots\cdots\cdots\cdots\cdots\cdots\cdots\cdots\cdots \text{（A.1）}$$

式中：

c_1——等养分肥料处理的土壤 $NH_4^+ - N$ 量（以干土计），单位为毫克每千克（mg/kg）；

c_2——等养分肥料添加脲酶抑制剂处理的土壤 $NH_4^+ - N$ 含量（以干土计），单位为毫克每千克（mg/kg）。

A.5.5.2 硝化抑制率以质量分数 X_2 计，数值以百分率表示，按式（A.2）计算。

$$X_2 = \frac{c_3 - c_4}{c_3} \times 100\% \quad\cdots\cdots\cdots\cdots\cdots\cdots\cdots\cdots\cdots\cdots\cdots \text{（A.2）}$$

式中：

c_3——等养分肥料处理的土壤 $NO_3^- - N$ 含量（以干土计），单位为毫克每千克（mg/kg）；

c_4——等养分肥料添加硝化抑制剂处理的土壤 $NO_3^- - N$ 含量（以干土计），单位为毫克每千克（mg/kg）。

附 录 B

（规范性附录）

肥料增效剂 盆栽试验要求

B.1 试验内容

盆栽试验适用于较小区试验更为精准地评价肥料增效剂抑制土壤氮素转化的效果试验。

——通过人工控制试验处理和环境条件，使试验容器中土壤温度、水分、供试土壤调理剂均匀度、作物种植等试验管理一致性得到保障。

——盆栽试验供试土壤为非自然结构土壤，某些土壤性状会有所改变。

B.2 试验要求

试验应满足以下要求，其他参照 3 的要求执行。

B.2.1 供试土壤采集和制备

——土壤采集地点和取样点数的确定应考虑农作区的代表性，采样深度一般为 0 cm～20 cm。土壤采集和制备过程应避免污染。

——将所采集土壤过 5 mm 孔径的筛子，并充分混匀。

——将制备好的供试土壤标明土壤名称、采集地点、采集时间及主要土壤性状。

B.2.2 盆钵选择

——盆钵可选用玻璃盆、搪瓷铁盆、陶土盆和塑料盆等。

——盆钵规格可选择 20 cm×20 cm、25 cm×25 cm、30 cm×30 cm 等。

B.2.3 各处理应随机排列，重复次数不少于 4 次。

B.2.4 试验记载

应记载盆栽试验取土、过筛、装盆等试验操作以及试验场所温度、湿度等试验情况。其他按照附录C的要求执行。

B.2.5 试验结果要求

试验结果应参照4.5的要求执行。

B.3 效果评价

应按照试验内容要求并参照6的要求执行。

B.4 试验报告

应按照试验内容要求并参照7的要求执行。

附 录 C
（规范性附录）
肥料增效剂 试验记录要求

C.1 试验时间及地点

应记录信息包括：试验起止时间（年月日）、试验地点（省、县、乡、村、地块等）、试验期间气候及灌排水情况、试验地前茬农作情况等农田管理信息等。其中，试验地前茬农作情况应包括前茬作物名称、前茬作物产量、前茬作物施肥量、有机肥施用量、氮（N）肥施用量、磷（P_2O_5）肥施用量、钾（K_2O）肥施用量等。

C.2 供试土壤

应记录信息包括：试验地地形、土壤类型（土类名称）、土壤质地、肥力等级、代表面积（hm^2）、供试土壤分析结果（土壤有机质、全氮、碱解氮、有效磷、速效钾、pH等）等。

C.3 供试肥料增效剂和作物

应记录信息包括：肥料增效剂名称、技术指标和用量、作物及品种名称等。

C.4 试验设计

应记录信息包括：试验处理、重复次数、试验方法设计、小区长（m）、小区宽（m）、小区面积（m^2）、小区排列图示等。

C.5 试验管理

应记录信息包括：播种期和播种量、施肥量、施肥时间、施肥方式（基肥、追肥等）、灌溉时间和用量、土壤性状、植物学性状、试验环境条件及灾害天气、病虫害防治、其他农事活动、所用工时等。

C.6　试验结果

应记录信息包括：不同处理及重复间的脲酶抑制率或硝化抑制率、肥料利用率、产量（kg/hm²）和增产率（%）结果、其他效果试验结果等。其中产量记录应按照下列要求执行。

——对于一般谷物，应晒干脱粒扬净后再计重。在天气不良情况下，可脱粒扬净后计重，混匀取 1 kg 烘干后计重，计算烘干率。

——对于甘薯、马铃薯等根（块）茎作物，应去土随收随计重。

——对于棉花、番茄、黄瓜、西瓜等作物，应分次收获，每次收获时各小区的产量都要单独记录并注明收获时间，最后将产量累加。

C.7　分析样品采集和制备

试验应按下列要求进行土壤或植物样品采集与制备，并记录样品采集和制备信息。

C.7.1　土壤样品采集和制备：采集深度一般为 0 cm～20 cm；样品制备应符合土壤分析和性状评价要求，避免混淆或污染。

注：土壤酶活性等测定应采集新鲜土壤。

C.7.2　植物样品采集和制备：根据试验目的和内容，选定具有代表性的植株及取样部位或组织器官；样品制备应符合植物分析和性状评价要求，避免混淆或污染。

注：用于硝酸盐、亚硝酸盐、氨基酸、维生素、可溶性糖、可溶性蛋白质、代谢酶等分析的植物样品在采集后应即时保鲜冷藏、65 ℃干燥或 105 ℃杀青。

肥料效果试验和评价通用要求

1 范围

本标准规定了肥料效果试验相关术语、试验要求和内容、效果评价、报告撰写等要求。

本标准适用于粮食作物、经济作物、蔬菜、花卉、果树等肥料效果试验和评价。缓释肥料、肥料增效剂、土壤调理剂等除特殊试验要求外应执行本标准。

本标准不适用于微生物肥料。

2 术语和定义

下列术语和定义适用于本文件。

2.1

肥料 fertilizers

指用以提供植物必需营养成分，改善作物质量和品质并增强其抗逆性，改良土壤物理、化学、生物特性的物料。

2.2

肥料施用量 fertilizer application rate

指施于单位面积耕地或单位质量生长介质中的肥料质量（以纯养分计）。

2.3

常规施肥 conventional fertilization

指被当地普遍采用的肥料品种、施肥量和施肥方式。

2.4

肥料农学效率 agronomic efficiency of fertilizer

指肥料单位养分施用量所增加的作物经济产量。

2.5

肥料效应 fertilizer effect

指肥料对作物产量或农产品品质的影响效果，通常以肥料单位养分施用量所产生的作物增产（或减产）量或农产品品质的增量（或减量）表示。

2.6

肥料增产率 yield increasing rate of fertilizer

指所施肥料和常规施肥（或空白对照）处理的作物产量差值与常规施肥（或空白对照）作物产量的比率（以百分数表示）。

2.7

肥料利用率 fertilizer use efficiency

指作物吸收养分量与所施肥料养分量的比率（以百分数表示），分为当季肥料利用率和累积肥料利用率。

2.8

施肥纯收益　net income of fertilization

指施肥增加产值与施肥成本的差值。

2.9

施肥产投比　output/input ratio of fertilization

指施肥增加产值与施肥成本的比值。

2.10

粮食作物　food crops

指谷类作物（包括稻谷、小麦、大麦、燕麦、玉米、谷子、高粱等）、薯类作物（包括甘薯、马铃薯、木薯等）、豆类作物（包括大豆、蚕豆、豌豆、绿豆、小豆等）的统称。

2.11

经济作物　economic crops

指油料作物（包括花生、油菜、芝麻、向日葵、橄榄等）、糖料作物（包括甜菜、甘蔗等）、纤维作物（包括棉花、麻类、蚕桑等）、饮料作物（包括茶叶、咖啡、可可等）、药用作物（包括人参、灵芝等）、其他作物（包括橡胶、椰子、油棕、烟叶等）的统称。

3　一般要求

3.1　试验内容

3.1.1　基于供试作物需肥规律、常规施肥量、施肥方式，确定肥料的施用量、施肥时间和方式，评价肥料等量施肥、减量施肥或施肥方式变化对供试作物产量或品质的影响，推荐肥料最佳施用量、施肥时间和方式，并根据肥料效应、收益和投入成本，评价施肥效益。

3.1.2　一般应采用小区试验和示范试验方式进行效果评价。必要时，以盆栽试验（见附录 A）方式进行补充评价。

3.2　试验周期

每个效果试验应至少进行 1 个生长季。若进行轮作、连作或肥料后效试验应达到相应的周期要求。

3.3　试验处理

试验处理应根据供试肥料所含的养分及添加成分进行设计，应涉及所含养分的不同形态，或添加成分的有益特性，或由特殊工艺制成的使所含养分不同于其原料养分的特性，或有机物料所含养分，或水分等因素。

3.3.1　试验应至少设以下 3 个处理。

——空白对照。

——常规施肥。

——供试肥料或供试肥料配合常规施肥。

注：示范试验可不设空白对照。

3.3.2 必要时，可增设其他试验处理。

——减施 10%（或更高量）与常规施肥等养分量的供试肥料。

——推荐的最佳肥料施用量。

——推荐的供试肥料与常规肥料最佳配合施用量。

3.3.3 除空白对照外，其他试验处理均应明确施肥时间和方式，包括基肥施用量、追肥施用量和次数。

注： 施肥方式可分为撒施、穴施、条施、喷施、浸种、灌根、蘸根等。

3.3.4 小区试验各处理应采用随机区组排列方式，重复次数不少于 3 次。

3.4 试验准备

3.4.1 试验地选择

——应选择地势平坦、形状整齐、中等（或以下）地力水平且相对均匀的试验地块。

——应满足供试作物生长发育所需的条件，如排灌系统等。

——应避开居民区、道路、堆肥场所和存在其他人为活动影响的特殊地块。

3.4.2 供试土壤和肥料分析

——根据需要分析试验前供试土壤基本性状，至少应包括有机质、全氮、有效磷、速效钾、pH 等。

——分析供试肥料技术指标等。

3.5 试验管理

除试验处理不同外，其他管理措施应一致且符合生产要求。应根据不同作物种植需求和不同施肥方式进行试验管理。蔬菜、花卉、果树试验补充要求按照附录 B、附录 C、附录 D 执行。

3.6 试验记录

应按照附录 E 的要求执行。

3.7 统计分析

试验结果统计学检验应根据试验设计选择执行 t 检验、f 检验、新复极差检验、LSR 检验、SSR 检验、LSD 检验或 PLSD 检验等。

4 小区试验

4.1 试验内容

小区试验是在肥力均匀的田块上通过设置差异处理及试验重复而进行的效果试验。

4.2 小区设置要求

——小区应设置保护行，小区划分尽可能降低试验误差。

——小区灌渠设置应单灌单排，避免串灌串排。

4.3 小区面积要求

小区面积应一致，宜为 20 m²～200 m²。密植作物（如水稻、小麦、谷子等）小区面积宜为 20 m²～30 m²；中耕作物（如玉米、高粱、棉花、烟草等）小区面积宜为 40 m²～

50 m^2；果树小区面积宜为 $50 \text{ m}^2 \sim 200 \text{ m}^2$。

> 注：处理较多，小区面积宜小些；处理较少，小区面积宜大些。在丘陵、山地、坡地，小区面积宜小些；而在平原、平畈田，小区面积宜大些。

4.4 小区形状要求

小区形状一般应为长方形。小区面积较大时，长宽比以（3～5）：1为宜；小区面积较小时，长宽比以（2～3）：1为宜。

4.5 试验结果要求

——各小区应进行单独收获，计算产量。

——统计处理小区节肥省工情况，计算纯收益和投产比。

——分析作物品质时应按检验方法要求采样。

5 示范试验

5.1 试验内容

示范试验是在广泛代表性区域农田上进行的效果试验，以展示和验证小区试验效果。

5.2 示范面积要求

——经济作物应不小于 $3\ 000 \text{ m}^2$，对照应不小于 500 m^2。

——大田作物应不小于 $10\ 000 \text{ m}^2$，对照应不小于 $1\ 000 \text{ m}^2$。

——花卉、苗木、草坪等示范试验应考虑其特殊性，试验面积应不小于经济作物要求。

5.3 试验结果要求

应根据示范试验效果，划分等面积区域进行综合评价。

6 评价要求

6.1 评价内容

根据供试肥料特性和施用效果，对不同处理的农学效益、经济效益等进行综合评价。蔬菜、花卉、果树试验评价补充要求按照附录B、附录C、附录D执行。

6.1.1 肥料农学效率评价：肥料效应、增产率、利用率和农学效率等综合评价指标。

6.1.2 施肥经济效益评价：施肥纯收益、施肥产投比、节肥和省工情况等。

6.1.3 其他效益评价：生态环境安全效果、品质效果、抗逆性效果等。

> 注：抗逆性效果包括对干旱、低温、高温、盐碱、病虫、土壤和水体污染等抵抗能力的作用效果。

6.2 效果评价

肥料的效果评价应基于综合其农学效率、经济效益和其他效益等方面的试验结果。试验效果评价应包括：

——供试肥料或供试肥料配合常规施肥与常规施肥（或空白对照）比较的试验结果。

——按养分计节省肥料施用量的试验结果。

——由于减少施肥量和用工时的经济效益评价结果。

——当试验结果涉及土壤、水或大气变化等研究数据时，应进行土壤微生物群落、包膜材料降解性等生态环境效益评价。

注： 评价计算所涉及的相关参数按照试验期间国家公布标准的平均值执行。

7 试验报告

试验报告的撰写应采用科技论文格式，主要内容包括试验来源、试验目的和内容、试验地点和时间、试验材料和设计、试验条件和管理措施、试验期间气候及灌排水情况、试验数据统计与分析、试验效果评价、试验主持人签字及承担单位盖章等。其中，试验效果评价应涉及以下内容。

——不同处理对肥料利用率的影响效果评价。

——不同处理对作物产量及增产率的影响效果评价。

——不同处理的经济效益（纯收益、产投比、节肥和省工情况）评价。

——必要时，应进行作物生物学性状、品质或抗逆性影响效果评价。

——必要时，应进行保护和改善生态环境影响效果评价。

——其他效果评价分析。

附 录 A

（规范性附录）

盆 栽 试 验 要 求

A.1 试验内容

当需要进行适宜施用量、施用时间等试验条件的确定，并对其施用效果及可能引起的毒害性进行评价时，应在小区试验实施前进行盆栽试验。

A.2 试验要求

试验应满足以下要求，其他参照 3 的要求执行。

A.2.1 供试土壤采集和制备

——土壤采集地点和取样点数的确定应考虑农作区的代表性，采样深度一般为 0 cm～20 cm。土壤采集和制备过程应避免污染。

——将所采集土壤过 5 mm 孔径的筛子，并充分混匀。

——将制备好的供试土壤标明土壤名称、采集地点、采集时间及主要土壤性状。

A.2.2 盆钵选择

——盆钵应根据试验作物、试验周期和装盆土量等因素确定。

——盆钵可选用玻璃盆、搪瓷铁盆、陶土盆和塑料盆等。

——盆钵规格可选择 20 cm×20 cm、25 cm×25 cm、30 cm×30 cm 等。

A.2.3 各处理应随机排列，重复次数不少于 3 次。

A.2.4 试验记载

应记载盆栽试验取土、过筛、装盆等试验操作以及试验场所温度、湿度等试验情况。其他按照附录 E 的要求执行。

A.2.5 试验结果要求

应参照 4.5 的要求执行。

A.3 效果评价

应按照试验内容要求并参照 6 的要求执行。

A.4 试验报告

应按照试验内容要求并参照 7 的要求执行。

附　录　B
（规范性附录）
蔬菜试验和评价补充要求

B.1 范围

附录 B 规定了蔬菜试验和评价的补充要求。

B.2 术语和定义

下列术语和定义适用于本文件。

B.2.1

蔬菜　vegetables

指可供佐餐、富含维生素、矿物质和纤维素、柔嫩多汁植物和菌类的总称。

B.2.2

设施栽培　protected culture

指在人工建造的设施内，通过环境条件控制进行种植的现代栽培技术。

B.2.3

无土栽培　soilless culture

指以栽培基质（如草炭、森林腐殖质、蛭石等轻质材料）固定植物，直接施用植物营养液的现代栽培技术。

B.3 蔬菜分类

将蔬菜划分为 9 类：

——茄果类、瓜类：番茄、茄子、辣椒、黄瓜、南瓜、西瓜、冬瓜、甜瓜、丝瓜、苦瓜、瓠瓜、节瓜、佛手瓜、蛇瓜、越瓜、笋瓜、西葫芦、菜瓜等。

——根菜类、薯芋类：萝卜、胡萝卜、牛蒡、菊牛蒡、辣根、美洲防风、芜菁、芜菁甘蓝、根甜菜、婆罗门参、根用芥菜、马铃薯、生姜、山药、芋、豆薯、菊芋、魔芋、葛根、草石蚕等。

——白菜类、甘蓝类：结球白菜、不结球白菜、菜薹（心）、薹菜、紫菜薹、红菜薹、乌塌菜、结球甘蓝、球茎甘蓝、羽衣甘蓝、抱子甘蓝、花椰菜、青花菜、芥蓝等。

注：不结球白菜包括小白菜、青菜、油菜等。

——绿叶菜类：芹菜、莴苣、菠菜、芫荽、茼蒿、茴香、油麦菜、番杏、蕹菜、落葵、苋菜、薄荷、苦苣、紫苏、紫背天葵、叶用芥菜等。

——豆菜类：菜豆、豇豆、豌豆、毛豆、蚕豆、扁豆、刀豆、四棱豆、红花菜豆、豆芽菜等。

——葱蒜类：韭菜、大葱、大蒜、洋葱、韭葱、薤、分葱、细香葱、楼葱、胡葱等。

——多年生蔬菜类：香椿、竹笋、石刁柏、金针菜、百合、枸杞、朝鲜蓟、款冬、霸王花等。

——水生蔬菜类：莲藕、茭白、荸荠、菱、莼菜、水芹、芡实、慈姑、豆瓣菜、蒲菜等。

——食用菌类：双孢蘑菇、香菇、木耳、平菇、草菇、银耳、茯苓、猴头菌、金针菇等。

B.4 试验要求

根据不同蔬菜养分需要、品质特性及对土壤（或基质）条件的要求制订试验方案。

——设施栽培试验应满足不同处理间温度、湿度、光照、通风等条件的一致性要求。

——无土栽培试验应明确不同处理栽培溶液浓度、补充溶液间隔期和次数等。

附 录 C

（规范性附录）

花卉试验和评价补充要求

C.1 范围

附录 C 规定了花卉试验和评价的补充要求。

C.2 术语和定义

下列术语和定义适用于本文件。

C.2.1

花卉 flowers and plants

指可供观赏的地被植物、花灌木、开花乔木以及盆景等草本植物或木本植物。

C.2.2

花 flowers

指由花柄、花托以及着生在其上的花萼、花冠、雄蕊或雄蕊群、雌蕊或雌蕊群的组成部分。

C.2.3

花柄 flower stalk/anthocaulus

指枝条和花的连接部分，坐果后即为果柄。

C.2.4

花托 receptacle/cephalophorum

指花柄顶端着生花萼、花冠、雄蕊和雌蕊的部分。

C.2.5

花萼 calyx

指由若干萼片组成的部分。

C.2.6

花冠 corolla

指由若干花瓣组成的部分。

C.2.7

花被 perianth/floral envelope

指花萼和花冠的总称。

C.2.8

花序 inflorescence

指花在花柄上有规律的排列。花序分为无限花序和有限花序。

C.3 花卉分类

将花卉划分为5类。

——观花类：虞美人、菊花、荷花、霞草、飞燕草、晚香玉等。

——观叶类：龟背竹、花叶芋、菜叶草、五色草、蕨类等。

——观果类：五色椒、金银茄、冬珊瑚、佛手、气球果等。

——观茎类：仙人掌类、竹节蓼、文竹、光棍树等。

——观芽类：结香、银芽柳等。

注：根据可观赏性进行花卉分类。

C.4 试验要求

根据不同花卉养分需要、品质特性及对土壤（或基质）条件的要求制订试验方案。

——试验周期：多年生的草本植物、木本植物效果试验应至少进行连续2个生长季。

——盆装花卉：各处理应不少于7盆重复，采用随机区组排列方式。

C.5 效果评价

评价内容应包括花卉产量和品质等指标，不同用途的花卉应具有针对性。

C.5.1 用于鲜切花、切叶、切枝的花卉

——整体效果：花序（花朵）、叶片和茎秆间的相称性。

——花序排列：花序的排列方向、小花之间的分布和距离等。

——花形和花色：花型特征、花朵形状和色泽。

——花枝形状和长度：花枝上的整体布局、花茎粗度和长度以及花茎挺直程度等。

——叶片排列、形状和色泽：叶片在花枝上的排列角度和间距、叶片形态特征、叶片颜色和深浅以及叶片光泽等。

C.5.2 用于盆装的花卉

——整体效果：品种形态特征、株高、冠幅、花盖度、新鲜度、生长状况、衰老特征以及植株大小与盆相称性等；观叶类植物应涉及观赏期、株型、叶片完整度等。

——花部状况：花朵大小和数量均衡度（或初花者比例、含苞欲放的花蕾比例等）、花色、花形、花枝健壮程度等。

——茎叶状况：茎、枝（干）的健壮度及其分布、叶片形态、色泽及排列整齐度、均匀度等。观叶类植物应涉及叶片形状、光泽、色泽、大小、质地、斑纹等。

C.5.3 用于种球的花卉：应涉及围径或直径、饱满度（种球发育状况、营养状况、含水度等）、病虫害状况等。

C.5.4 用于种苗的花卉：应涉及地径、苗高、叶片数、根系发育状况、病虫害状况等。

注：花卉效果评价按照我国现行花卉质量评价标准执行。

附　录　D

（规范性附录）

果树试验和评价补充要求

D.1　范围

附录D规定了果树试验和评价的补充要求。

D.2　术语和定义

下列术语和定义适用于本文件。

D.2.1

果树　fruit tree

指果实、种子可供食用的多年生植物及其砧木的总称。

D.2.2

树龄　tree-age

指树的年轮。

D.2.3

树高　tree-height

指地面到树冠最高点的高度。

D.2.4

主干　tree-trunk

指从根颈到第一主枝或第一分枝的部分。

D.2.5

树冠　tree-crown

指树主干以上的部分。

D.2.6

干周 perimeter of trunk

指主干距离地面 20 cm 或 30 cm 处的周长。

D.2.7

冠径 diameter of crown

指东西或南北两个方向树冠的直径（以树冠东西或南北枝条伸展最远的计）。

D.2.8

新梢生长量 shoot length

指发育枝平均长度。

D.3 果树分类

将果树划分为 6 类。

——核果类：桃、李、杏、梅、樱桃、枣等。

——仁果类：梨、苹果、花红、山楂、榅桲等。

——浆果类：葡萄、草莓、猕猴桃、石榴、无花果、醋栗、越橘等。

——坚果类：核桃、板栗、榛、香榧、银杏、扁桃、腰果等。

——柑果类：柑、橘、橙、柚、柠檬等。

——南亚热带和热带果树类：龙眼、荔枝、芒果、椰子、香蕉、菠萝、番木瓜、油梨等。

注：根据果实形态结构、利用特征及生长习性进行果树分类。

D.4 试验要求

根据不同果树养分需要、品质特性及对土壤条件的要求制订试验方案。

——试验周期应至少进行连续 3 个生长季。

——小区试验处理宜按行设置，每处理不少于 5 株果树，重复次数不少于 4 次。

注：果树树冠间距小于 0.6 m 的应设隔离行。

D.5 试验准备

D.5.1 果树选择

——选择品种、砧木、树龄、生育状况相同或株间差异小的作为供试果树。新建果园的试验果树应选择在相同年份和地点繁殖的苗木，或在相同品种、相同树龄、相同母株上的砧木种子或接穗。

——对同一品种、同一树龄果树进行株间差异预选调查，应作变异系数测定，进一步选择出干周和花果量相似的植株作为供试果树。

——对同一品种、不同树龄果树进行性状调查，根据不同树龄果树的性状变化情况及随树龄增长的性状变化规律，选择出干周等主要性状差异小的植株；再根据枝梢生长量和当年花量调查结果，确定各处理、各重复的供试果树。

D.5.2　基础信息

——果园地形、面积、分布、平面图及基本建设情况。

——果树树种、品种、砧木、繁殖方法、苗木来源、树龄。一般按小区或单株注明区号或株号。

——试验地历史情况和目前土壤情况，如前作物、地下水位、土层深度、土壤性状及排水状况等。

——栽植技术，如栽植时期、深度、施肥及移植情况。

D.6　试验记录

D.6.1　试验目的及试验设计要求，绘制田间种植和试验排列设计图，注明处理和重复信息。

D.6.2　果树生长发育动态

——果树生长发育情况，如冠高、冠径、干周、新梢生长量、落果时期和数量等。

——不同处理的果树结果年龄、逐年产量、大小年情况。

——物候期观察情况，如萌芽、开花、成熟及落叶等时期，尤其是各生长发育临界期。

——果品质量和生化分析结果。

——抗逆性，如耐寒、耐热、耐旱、耐涝、耐盐碱等。

D.7　效果评价

评价内容应包括树体指标、果实产量、果实品质等。必要时，进行其他指标评价。

D.7.1　树体指标：树高、干周、冠径、新梢生长量、春梢大叶面积、秋梢大叶面积等。

D.7.2　产量指标：花芽数、坐果率、产量等。

D.7.3　品质指标：感官质量、营养质量等。

——感官质量指标：外观品质（包括果实大小、形状、颜色、光泽及缺陷等）、质地品质（包括果实汁液含量、果肉的硬度、粗细、韧度及脆性等）、风味品质（包括果实甜味、酸味、辣味、涩味、苦味和芳香味等）。

——营养质量指标：可溶性固形物含量、含糖量、含酸量、维生素含量等。

D.7.4　其他指标：耐贮性、抗逆性、重金属含量及其他限制性物质等。

附　录　E

（规范性附录）

试 验 记 录 要 求

E.1　试验时间及地点

应记录信息包括：试验起止时间（年月日）、试验地点（省、县、乡、村、地块等）、试验期间气候及灌排水情况、试验地前茬农作情况等农田管理信息等。其中，试验地前茬农作情况应包括前茬作物名称、前茬作物产量、前茬作物施肥量、有机肥施用量、氮（N）肥施用量、磷（P_2O_5）肥施用量、钾（K_2O）肥施用量等。

E.2 供试土壤

应记录信息包括：试验地地形、土壤类型（土类名称）、土壤质地、肥力等级、代表面积（hm^2）、供试土壤分析结果（土壤机械组成、土壤容重、土壤水分、有机质、全氮、碱解氮、有效磷、速效钾、pH 等）等。

注：无土栽培试验应记录栽培基质相关信息。

E.3 供试肥料和作物

应记录信息包括：肥料技术指标、作物及品种名称等。

E.4 试验设计

应记录信息包括：试验处理、重复次数、试验方法设计、小区长（m）、小区宽（m）、小区面积（m^2）、小区排列图示等。

E.5 试验管理

应记录信息包括：播种期和播种量、施肥量、施肥时间、施肥方式（基肥、追肥等）、灌溉时间和用量、土壤性状、植物学性状、试验环境条件及灾害天气、病虫害防治、其他农事活动、所用工时等。

E.6 试验结果

应记录信息包括：不同处理及各重复的产量（kg/hm^2）和增产率（％）结果、其他效果试验结果等。其中产量记录应按照下列要求执行。

——对于一般谷物，应晒干脱粒扬净后再计重。在天气不良情况下，可脱粒扬净后计重，混匀取 1 kg 烘干后计重，计算烘干率。

——对于甘薯、马铃薯等根（块）茎作物；应去土随收随计重。

——对于棉花、番茄、黄瓜、西瓜等作物，应分次收获，每次收获时各小区的产量都要单独记录并注明收获时间，最后将产量累加。

E.7 分析样品采集和制备

试验应按下列要求进行土壤或植物样品采集与制备，并记录样品采集和制备信息。

E.7.1 土壤样品采集和制备：采集深度一般为 0 cm～20 cm；样品制备应符合土壤分析和性状评价要求，避免混淆或污染。

E.7.2 植物样品采集和制备：根据试验目的和内容，选定具有代表性的植株及取样部位或组织器官；样品制备应符合植物分析和性状评价要求，避免混淆或污染。

注：用于硝酸盐、亚硝酸盐、氨基酸、维生素、可溶性糖、可溶性蛋白质、代谢酶等分析的植物样品在采集后应即时保鲜冷藏、65℃干燥或 105℃杀青。

土壤调理剂　效果试验和评价要求

1　范围

本标准规定了土壤调理剂效果试验相关术语、试验要求和内容、效果评价、报告撰写等要求。

本标准适用于土壤调理剂试验效果评价。

2　术语和定义

下列术语和定义适用于本文件。

2.1

土壤调理剂　soil amendments/soil conditioners

指加入障碍土壤中以改善土壤物理、化学和/或生物性状的物料，适用于改良土壤结构、降低土壤盐碱危害、调节土壤酸碱度、改善土壤水分状况或修复污染土壤等。

2.1.1

农林保水剂　agro-forestry absorbent polymer

指用于改善植物根系或种子周围土壤水分性状的土壤调理剂。

2.2

障碍土壤　obstacle soils

指由于受自然成土因素或人为因素影响，而使植物生长产生明显障碍或影响农产品质量安全的土壤。障碍因素主要包括质地不良、结构差或存在妨碍植物根系生长的不良土层、肥力低下或营养元素失衡、酸化、盐碱、土壤水分过多或不足、有毒物质污染等。

2.2.1

沙性土壤（沙质土壤）　sandy soil

指土壤质地偏沙、缺少黏粒、保水或保肥性差的障碍土壤，包括沙土和沙壤土等。

2.2.2

黏性土壤（黏质土壤）　clay soil

指土壤质地黏重、通气透水性差、耕性不良的障碍土壤，包括黏土和黏壤（重壤）土等。

2.2.3

结构障碍土壤　structural obstacle soil

指由于土壤有机质含量降低，团粒结构被破坏，通气透水性差而使土壤板结、潜育化，导致土壤生产力下降的障碍土壤。

2.2.4

酸性土壤　acid soil

指土壤呈酸性反应（pH 小于 5.5），导致植物生长受到抑制的障碍土壤。

2.2.5

盐碱土壤/盐渍土壤　saline-alkaline soil

指由于土壤含有过多可溶性盐和/或交换性钠，导致植物生长受到抑制的障碍土壤。盐碱土壤可分为盐化土壤和碱化土壤。

2.2.5.1

盐化土壤　saline soil

指主要由于含有过多可溶性盐而使土壤溶液的渗透压增高，导致植物生长受到抑制的障碍土壤，包括盐土。

2.2.5.2

碱化土壤　alkaline soil

指主要由于含有过多交换性钠而使土壤物理性质不良、呈碱性反应，导致植物生长受到抑制的障碍土壤，包括碱土（pH 大于 8.5）。

2.2.6

污染土壤　contaminated soil

指由于污水灌溉、大气沉降、固体废弃物排放、过量肥料与农药施用等人为因素的影响，导致其有害物质增加、肥力下降，从而影响农作物的生长、危及农产品质量安全的土壤。

2.3

土壤改良措施　measures of soil amelioration

指针对土壤障碍因素特性，基于自然和经济条件，所采取的改善土壤性状、提高土壤生产能力的技术措施。

2.3.1

土壤结构改良　soil structure improvement

指通过加入土壤中一定量的物料并结合翻耕措施来改良沙性土壤、黏性土壤及板结或潜育化土壤结构特性，以提高土壤生产力的技术措施。

2.3.2

酸性土壤改良　reclamation of acid soil

指通过施用一定量的物料来调节土壤酸度（pH），以减轻土壤酸性对植物危害的技术措施。

2.3.3

盐碱土壤改良　reclamation of saline-alkaline soil

指通过施用一定量的物料来降低土壤中可溶盐、交换性钠含量或 pH，以减轻盐分对植物危害的技术措施。

2.3.4

土壤保水　soil moisture preservation

指通过施用一定量的物料来保蓄水分，提高土壤含水量，以满足植物生理需要的技术措施。

2.3.5

污染土壤修复 contaminated soil remediation

指利用物理、化学、生物等方法，转移、吸收、降解或转化土壤污染物，即通过改变土壤污染物的存在形态或与土壤的结合方式，降低其在土壤环境中的可迁移性或生物可利用性等的修复技术，以使土壤污染物浓度降低到无害化水平，或将污染物转化为无害物质的技术措施。

注：本定义中土壤修复不包括改造农田土壤结构的工程修复技术。

3 一般要求

3.1 试验内容

3.1.1 基于土壤调理剂特性、施用量和施用方法，有针对性地选择适宜土壤（类型）或区域，对土壤障碍性状、试验作物的生物学性状进行试验效果分析评价。

3.1.2 一般应采用小区试验和示范试验方式进行效果评价。必要时，以盆栽试验（见附录 A）或条件培养试验（见附录 B）方式进行补充评价。

3.2 试验周期

每个效果试验应至少进行连续 2 个生长季（6 个月）的试验。若需要评价土壤调理剂后效，应延长试验时间或增加生长季。

3.3 试验处理

土壤调理剂按剂型分为固体和液体两类。固体类土壤调理剂主要用于拌土、撒施的土壤调理剂；液体类土壤调理剂主要用于地表喷洒、浇灌的土壤调理剂。

3.3.1 试验应至少设以下 2 个处理：

　　a）空白对照（液体类应施用与处理等量的清水对照）。

　　b）供试土壤调理剂推荐施用量。

3.3.2 必要时，可增设其他试验处理：

　　a）供试土壤调理剂其他施用量（最佳施用量）。

　　b）供试土壤调理剂与常规肥料最佳配合施用量。

　　c）针对土壤调理剂所含主要养分所设的对照处理，如仅含主要养分的对照处理，或仅不含主要养分的对照处理等。

3.3.3 除空白对照外，其他试验处理均应明确施用量和施用方法。

3.3.4 小区试验各处理应采用随机区组排列方式，重复次数不少于 3 次。

3.4 试验准备

3.4.1 试验地选择

　　a）应选择地势平坦、形状整齐、地力水平相对均匀的试验地。

　　b）应满足供试作物生长发育所需的条件，如排灌系统等。

　　c）应避开居民区、道路、堆肥场所和存在其他人为活动影响等特殊地块。

3.4.2 供试土壤和土壤调理剂分析

　　a）试验地土壤基本性状分析应根据试验要求进行。

　　b）供试土壤调理剂技术指标分析。

3.5 试验管理

除试验处理不同外，其他管理措施应一致且符合生产要求。

3.6 试验记录

应按照附录 C 的规定执行。

3.7 统计分析

试验结果统计学检验应根据试验设计选择执行 t 检验、F 检验、新复极差检验、LSR 检验、SSR 检验、LSD 检验或 PLSD 检验等。

4 小区试验

4.1 试验内容

小区试验是在多个均匀且等面积田块上通过设置差异处理及试验重复而进行的效果试验，以确定最佳施用量和施用方式。

4.2 小区设置要求

4.2.1 小区应设置保护行，小区划分尽可能降低试验误差。

4.2.2 小区沟渠设置应单灌单排，避免串灌串排。

4.3 小区面积要求

小区面积应一致，宜为 20 m²～200 m²。密植作物（如水稻、小麦、谷子等）小区面积宜为 20 m²～30 m²；中耕作物（如玉米、高粱、棉花、烟草等）小区面积宜为 40 m²～50 m²；果树小区面积宜为 50 m²～200 m²。

> 注：处理较多，小区面积宜小些；处理较少，小区面积宜大些。在丘陵、山地、坡地，小区面积宜小些；而在平原、平畈田，小区面积宜大些。

4.4 小区形状要求

小区形状一般应为长方形。小区面积较大时，长宽比以（3～5）∶1 为宜；小区面积较小时，长宽比以（2～3）∶1 为宜。

4.5 试验结果要求

4.5.1 根据土壤调理剂的试验目的，确定土壤性状评价指标的变化情况。

4.5.2 各小区应进行单独收获，计算产量。

4.5.3 按小区统计节肥省工情况，计算纯收益和产投比。

4.5.4 分析作物品质时应按检验方法要求采样。

5 示范试验

5.1 试验内容

示范试验是在广泛代表性区域农田上进行的效果试验，以展示和验证小区试验效果的安全性、有效性和适用性，为推广应用提供依据。

5.2 示范面积要求

5.2.1 经济作物应不小于 3 000 m²，对照应不小于 500 m²。

5.2.2 大田作物应不小于 10 000 m²，对照应不小于 1 000 m²。

5.2.3 花卉、苗木、草坪等示范试验应考虑其特殊性，试验面积应不小于经济作物要求。

5.3 试验结果要求

应根据土壤调理剂的试验效果，划分等面积区域进行土壤性状、增产率和经济效益评价。

6 评价要求

6.1 评价内容

根据供试土壤调理剂特点和施用效果，应对不同处理土壤性状、试验作物产量及增产率等试验效果差异进行评价。必要时，还应对试验作物的其他生物学性状（生长性状、品质、抗逆性等）、经济效益、环境效益等进行评价。

6.2 评价指标

6.2.1 土壤性状：根据土壤调理剂特点和施用效果选择下列指标进行评价，黑体字项目为必选项。

a) 改良沙性土壤障碍特性：田间持水量、容重、水稳性团聚体、萎蔫系数、阳离子交换量等。

b) 改良黏性土壤障碍特性：田间持水量、容重、水稳性团聚体、萎蔫系数、阳离子交换量等。

c) 改良土壤结构障碍特性：田间持水量、容重、萎蔫系数、氧化还原电位等。

d) 改良酸性土壤障碍特性：土壤 pH、交换性铝、有效锰、盐基饱和度等。

e) 改良盐化土壤障碍特性：土壤 pH、土壤全盐量及离子组成、脱盐率、阳离子交换量等。

f) 改良碱化土壤障碍特性：土壤 pH、总碱度、碱化度、阳离子交换量等。

g) 改良土壤水分障碍特性：田间持水量、萎蔫系数、氧化还原电位等。

h) 修复污染土壤障碍特性：汞、砷、镉、铅、铬、有机污染物的全量或有效态含量等。

i) 土壤养分指标：有机质、全氮、全磷、全钾、有效磷、速效钾、中量元素、微量元素等。

j) 土壤生物指标：脲酶、磷酸酶、蔗糖酶、过氧化氢酶、细菌、真菌、放线菌、蚯蚓数量等。

6.2.2 植物生物学性状：根据试验作物选择下列指标进行评价。

a) 生长性状指标：出苗率、株高、叶片数、地上（下）部鲜（干）重等。

b) 生物量指标：产量、果重、千粒重等。

c) 品质指标：糖分、总酸度、蛋白质、维生素 C、氨基酸、纤维素、硝酸盐、污染物吸收量等。

6.3 效果评价

土壤调理剂效果试验效果评价应基于试验周期内施用土壤调理剂对土壤障碍性状和生

物学性状影响效果而得出，应包括试验处理中不同性状指标与对照比较试验效果的统计学检验结论（差异极显著、差异显著或差异不显著）。

7 试验报告

试验报告的撰写应采用科技论文格式，主要内容包括试验来源、试验目的和内容、试验地点和时间、试验材料和设计、试验条件和管理措施、试验数据统计与分析、试验效果评价、试验主持人签字及承担单位盖章等。其中，试验效果评价应涉及以下内容：

a) 不同处理对土壤物理、化学和生物学性状的影响效果评价。

b) 不同处理对作物产量及增产率的影响效果评价。

c) 必要时，应进行作物生长性状、品质或抗逆性影响效果评价。

d) 必要时，应进行纯收益、产投比、节肥、省工情况等经济效益评价。

e) 必要时，应进行保护和改善生态环境影响效果评价。

f) 其他效果评价分析。

附 录 A

（规范性附录）

土壤调理剂 盆栽试验要求

A.1 试验内容

盆栽试验适用于较小区试验更为精准地评价某些土壤障碍性状指标差异性的效果试验。

a) 通过人工控制试验处理和环境条件，使试验容器中土壤温度、水分、供试土壤调理剂均匀度、作物种植等试验管理一致性得到保障。

b) 盆栽试验供试土壤为非自然结构土壤，某些土壤性状会有所改变。

A.2 试验要求

试验应满足以下要求，其他按照第3章要求执行。

A.2.1 供试土壤采集和制备

A.2.1.1 土壤采集地点和取样点数的确定应考虑农作区的代表性，采样深度一般为 0 cm～20 cm。土壤采集和制备过程应避免污染。

A.2.1.2 将所采集土壤过 2 mm 孔径的筛子，并充分混匀。

A.2.1.3 将制备好的供试土壤标明土壤名称、采集地点、采集时间及主要土壤性状。

A.2.2 盆钵选择

A.2.2.1 试验盆钵可选用玻璃盆、搪瓷盆、陶土盆和塑料盆等。

A.2.2.2 盆钵规格可选择 20 cm×20 cm、25 cm×25 cm、30 cm×30 cm 等。

A.2.3 各处理应随机排列，重复次数不少于 3 次。

A.2.4 试验记载

应记载盆栽试验取土、过筛、装盆等试验操作以及试验场所温度、湿度等试验情况。

其他按照附录 C 要求执行。

A.2.5 试验结果要求

试验结果应按照 4.5 要求执行。

A.3 效果评价

应按照试验内容要求并按照第 6 章要求执行。

A.4 试验报告

应按照试验内容要求并按照第 7 章要求执行。

附 录 B

（规范性附录）

土壤调理剂 条件培养试验要求

B.1 试验内容

条件培养试验适用于对多个土壤调理剂产品差异性效果试验的综合评价。

a) 在人工培养箱恒温、恒湿条件下，试验容器中土壤性状试验效果更为精准，统计学结果更为可信。

b) 条件培养试验供试土壤为非自然结构土壤，某些土壤性状有所改变。

B.2 试验要求

试验应满足以下要求，其他按照第 3 章要求执行。

B.2.1 供试土壤采集与制备

应按照 A.2.1 的要求执行。

B.2.2 试验设备和容器

B.2.2.1 恒温培养箱：温度在 0℃～50℃可调，具有换气功能。

B.2.2.2 培养盒：培养盒可选择玻璃盒、塑料盒等，规格可选择 10 cm×20 cm 或 20 cm×30 cm 等。

B.2.3 试验条件

B.2.3.1 温度条件：应控制在（25±2）℃范围内。

B.2.3.2 土壤水分含量：应保持在土壤最大田间持水量的 40%～60%范围。

B.2.3.3 通气条件：培养盒盖应设置通气孔，一般应占盒盖面积 3%～5%。

B.2.4 试验实施

B.2.4.1 各处理应随机排列，重复次数不少于 3 次。

B.2.4.2 保证试验物料均匀性：将供试土壤调理剂与土壤准确称量并充分混合均匀后装入培养盒。

B.2.4.3 控制土壤含水量：通过称重及时补充水分，保持土壤水分含量符合试验条件要求。

B.2.5 取样时间点选择

应至少设置 7 个取样点。一般应分别于培养前以及培养后的 7 d、14 d、21 d、35 d、63 d、91 d 等时间点进行取样。必要时，可根据供试土壤调理剂特性调整取样时间点。

a）对于作用效果周期短的土壤调理剂，应设置 7 个取样点，但时间可缩短。

b）对于作用效果周期长的土壤调理剂，应增加取样点，以完整验证其试验效果。

B.2.6 试验结果获取

试验结果应按照 4.5 的要求执行。

B.3 效果评价

应按照试验内容要求并按照第 6 章的要求执行。

B.4 试验报告

应按照试验内容要求并按照第 7 章的要求执行。

附　录　C

（规范性附录）

土壤调理剂　试验记录要求

C.1 试验时间及地点

应记录信息包括：试验起止时间（年月日）、试验地点（省、县、乡、村、地块等）、试验期间气候及灌排水情况、试验地前茬农作情况等农田管理信息等。其中，试验地前茬农作情况应包括前茬作物名称、前茬作物产量、前茬作物施肥量、有机肥施用量、氮（N）肥施用量、磷（P_2O_5）肥施用量、钾（K_2O）肥施用量等。

C.2 供试土壤

应记录信息包括：试验地地形、土壤类型（土类名称）、土壤质地、肥力等级、代表面积（hm^2）、供试土壤分析结果（土壤机械组成、土壤容重、土壤水分、有机质、全氮、有效磷、速效钾、pH）等。

用于污染土壤修复的土壤调理剂试验，应记录土壤的污染状况。

C.3 供试土壤调理剂和作物

应记录信息包括：土壤调理剂技术指标、作物及品种名称等。

C.4 试验设计

应记录信息包括：试验处理、重复次数、试验方法设计、小区长（m）、小区宽（m）、小区面积（m^2）、小区排列图示等。

C.5 试验管理

应记录信息包括：播种期和播种量、施肥时间和数量（基肥、追肥）、灌溉时间和数量、土壤性状、植物学性状、试验环境条件及灾害天气、病虫害防治、其他农事活动、所用工时等。

C.6 试验结果

应记录信息包括：不同处理及重复间的土壤性状结果、产量（kg/hm²）和增产率（%）结果、其他效果试验结果等。其中产量记录应按照下列要求执行。

 a）对于一般谷物，应晒干脱粒扬净后再计重。在天气不良情况下，可脱粒扬净后计重，混匀取1 kg烘干后计重，计算烘干率。

 b）对于甘薯、马铃薯等根茎作物，应去土随收随计重。若土地潮湿，可晾晒后去土计重。

 c）对于棉花、番茄、黄瓜、西瓜等作物，应分次收获，每次收获时各小区的产量都要单独记录并注明收获时间，最后将产量累加。

C.7 分析样品采集和制备

试验应按下列要求进行土壤或植物样品采集与制备，并记录样品采集和制备信息。

C.7.1 土壤样品采集和制备：采集深度一般为 0 cm～20 cm。测定土壤盐分时应分层采至底土；测定土壤碱化度时应采集心土的碱化层。采集次数和采集点数量应能满足评价障碍土壤性状指标变化的评价要求。一般应在作物收获同时采集；必要时，根据土壤调理剂特性增加采集次数和采集点数量。样品制备应符合土壤分析和性状评价要求，避免混淆或污染。

C.7.2 植物样品采集和制备：根据试验目的和内容，选定具有代表性的植株及取样部位或组织器官。样品制备应符合植物分析和性状评价要求，避免混淆或污染。

用于污染土壤修复的土壤调理剂试验，应采集根与地上植株结合部进行样品中污染物吸收增减量的评价。必要时，可分别采集根、秸秆、叶片、籽粒或果实等部位样品，应确保采样部位的可比性。

注：用于硝态氮、氨基态氮、无机磷、水溶性糖、维生素等分析的植株在采集后即时保鲜冷藏。

图书在版编目（CIP）数据

肥料田间试验指南 / 全国农业技术推广服务中心编
著 . —北京：中国农业出版社，2018.12（2019.7 重印）
ISBN 978 - 7 - 109 - 24857 - 1

Ⅰ.①肥…　Ⅱ.①全…　Ⅲ.①肥料-田间试验-指南
Ⅳ.①S146 - 62

中国版本图书馆 CIP 数据核字（2018）第 259999 号

中国农业出版社出版
（北京市朝阳区麦子店街 18 号楼）
（邮政编码 100125）
责任编辑　魏兆猛

北京万友印刷有限公司印刷　新华书店北京发行所发行
2018 年 12 月第 1 版　2019 年 7 月北京第 2 次印刷

开本：787mm×1092mm　1/16　印张：16.5
字数：385 千字
定价：59.00 元
（凡本版图书出现印刷、装订错误，请向出版社发行部调换）